零基础入门

Python

深度学习

刘文如 编著

U0178974

机械工业出版社

China Machine Press

图书在版编目（CIP）数据

零基础入门Python深度学习 / 刘文如编著. – 北京：机械工业出版社，2020.1

ISBN 978-7-111-64336-4

Ⅰ.S①零… Ⅱ.①刘… Ⅲ.①软件工具 – 程序设计 Ⅳ.①TP311.561

中国版本图书馆CIP数据核字（2020）第000723号

　　本书理论结合实践，详细介绍深度学习的基础理论以及相关的必要知识，同时讲解深度学习卷积神经网络模型并给出实例代码，以实际动手操作的方式来引导读者学习。

　　本书共分 12 章，主要包括深度学习的环境准备、深度学习的基础知识、神经网络相关知识及优化、卷积神经网络相关知识与可视化以及使用 Keras 构建神经网络、卷积神经网络、循环神经网络等内容。

　　本书适合希望了解深度学习、掌握深度学习基础、使用深度学习工具快速上手的学生和技术人员作为入门图书。

零基础入门 Python 深度学习

出版发行：机械工业出版社（北京市西城区百万庄大街22号　邮政编码：100037）

责任编辑：夏非彼　迟振春　　　　　　　　　　责任校对：王　叶
印　　刷：中国电影出版社印刷厂　　　　　　　版　　次：2020 年 5 月第 1 版第 1 次印刷
开　　本：188mm×260mm　1/16　　　　　　　印　　张：16.5
书　　号：ISBN 978-7-111-64336-4　　　　　　定　　价：59.00 元

客服电话：（010）88361066　88379833　68326294　　　投稿热线：（010）88379604
华章网站：www.hzbook.com　　　　　　　　　　　　读者信箱：hzit@hzbook.com

版权所有·侵权必究
封底无防伪标均为盗版

本书法律顾问：北京大成律师事务所　韩光/邹晓东

前　言

我们现在生活在一个智能化的时代。数据和人工智能的魅力在于，任何一种信息都可以有数据化的表现形式。大数据为我们提供了一个宝库，而深度学习就是开启这个宝库的一把钥匙。60 年前，当神经网络的概念初见雏形时，或许没有人能想到它会改变世界。如今，图像识别大赛上深度学习模型的准确度已经超越人类，人机对弈中阿尔法围棋取得胜利，谷歌的无人驾驶汽车投入商业运营，波士顿动力的机器人学会了奔跑、跳跃和后空翻……深度学习历经寒冬，走到聚光灯下，它既不是实验室中的空中楼阁，也不是计算机从业者的专利，所引领的人工智能变革关乎我们每一个人的生活体验和职业发展。

本书就是在这样的背景下产生的。拿到本书的你，无论是在校学习还是已经工作，无论是从事人工智能的研究还是关注着人工智能的发展，要想拥抱这个时代，就需要走进这一领域，在实践中找到应用场景并发挥其技术潜能。

对初学者而言，想掌握深度学习，就需要使用适合的编程语言以及简单易懂的框架。Python语言是当下深度学习领域的优选，而 Keras 在众多的深度学习框架中也是比较容易入门的，所以本书利用 Python 和 Keras 来学习深度学习方面的内容。

本书理论结合实践，详细介绍深度学习的基础理论以及相关的必要知识，同时讲解深度学习模型和代码。第 1 章介绍深度学习的基本概念、发展历程和应用领域。第 2、3 章介绍深度学习所需要的编程环境和基础知识。第 4~6 章介绍全连接神经网络，包括它的原理、在 Keras 中的实现和一些在实践中的优化建议。第 7~9 章介绍卷积神经网络，包括目前比较经典的卷积神经网络架构，如 AlexNet、VGG-16、Inception 和 ResNet。第 10 章在卷积神经网络的基础上介绍迁移学习，这是一种训练和应用深度学习模型的常用方法。第 11、12 章介绍循环神经网络，并通过预测时间序列的例子讲解循环神经网络的应用。

本书资源可以登录机械工业出版社华章公司的网站（www.hzbook.com）下载，搜索到本书，然后在页面上的"资源下载"模块下载即可。如果下载有问题，请发送电子邮件至 booksaga@126.com。

本书从开始编写到成稿历时一年，首先感谢父母的支持，同时感谢广汽研究院的裴锋和王玉龙，他们是我入行人工智能的领路人。由于编者经验有限，本书难免有疏漏之处，望各位读者不吝赐教。

刘文如

2020 年 1 月 10 日

目　录

前言

第1章　深度学习入门 1

1.1　什么是深度学习 1

1.1.1　深度学习是一种特定类型的机器学习 2

1.1.2　深度学习是数学问题 3

1.1.3　深度学习是一个黑箱 5

1.2　深度学习的发展 6

1.3　认识当前的深度学习 7

1.3.1　为什么是现在 8

1.3.2　当数据成为"燃料" 8

1.3.3　深度学习的突破 10

1.4　深度学习的应用领域 12

1.4.1　深度学习适合做什么 12

1.4.2　深度学习的应用场景 14

1.5　如何入门深度学习 15

第2章　深度学习的环境准备 17

2.1　选择 Python 作为深度学习的编程语言 17

2.2　深度学习常用框架介绍 18

2.3　选择适合自己的框架 21

2.4　Python 的安装 25

2.4.1　概述 25

2.4.2　安装 Anaconda 26

2.4.3　使用 conda 进行环境管理和包管理 27

2.5　Keras 的安装 29

2.5.1　什么是 Keras 29

2.5.2　安装 TensorFlow 30

2.5.3　安装 Keras 31

第3章　深度学习的知识准备 32

3.1　概率论 33

3.1.1　什么是概率 33

3.1.2　概率分布 35

3.1.3 信息论 38
3.2 线性代数 40
3.2.1 矩阵 40
3.2.2 矩阵的运算 43
3.2.3 从矩阵中取值 45
3.2.4 相关术语 46
3.3 导数 47
3.3.1 什么是导数 48
3.3.2 链式法则 49
3.4 机器学习基础 50
3.4.1 监督学习 50
3.4.2 分类和回归 51
3.4.3 训练、验证和预测 53

第 4 章 神经网络 56
4.1 神经网络与深度学习 56
4.1.1 生物学中的神经网络 56
4.1.2 深度学习网络 58
4.2 前向传播算法 60
4.2.1 神经网络的表示 60
4.2.2 神经元的计算 61
4.2.3 激活函数 62
4.2.4 神经网络的前向传播 64
4.3 反向传播算法 67
4.3.1 神经网络的训练 68
4.3.2 损失函数 69
4.3.3 梯度下降 71
4.3.4 神经网络的反向传播 73
4.4 更好地训练神经网络 75
4.4.1 选择正确的损失函数 75
4.4.2 选择通用的激活函数 76
4.4.3 更合适的优化算法 76
4.4.4 选择合适的批量 77
4.4.5 参数初始化 78

第 5 章 使用 Keras 构建神经网络 80
5.1 Keras 中的模型 81
5.2 Keras 中的网络层 82
5.3 模型的编译 83
5.3.1 优化器 83
5.3.2 损失函数 84

5.3.3　性能评估 85

5.4　训练模型 85

5.5　使用训练好的模型 86

5.6　实例：手写体分类问题 86

5.7　Keras 批量训练大量数据 92

5.8　在 Keras 中重复使用模型 97

第 6 章　神经网络的进一步优化 100

6.1　过拟合 100

6.2　梯度消失和梯度爆炸 106

6.3　局部最优 110

6.4　批量归一化 111

第 7 章　卷积神经网络 115

7.1　计算机视觉和图像识别 115

7.2　卷积神经网络基础 118

7.2.1　卷积神经网络的结构 118

7.2.2　卷积层 119

7.2.3　池化层 125

7.2.4　卷积神经网络的设计 126

7.3　为什么要使用卷积神经网络 128

7.4　图像处理数据集 130

7.5　CNN 发展历程 133

7.5.1　AlexNet 134

7.5.2　VGG 136

7.5.3　Inception 138

7.5.4　ResNet 139

第 8 章　使用 Keras 构建卷积神经网络 144

8.1　Keras 中的卷积层 144

8.2　Keras 中的池化层 147

8.3　Keras 中的全连接层 148

8.4　实例 1：使用卷积神经网络处理手写体分类问题 148

8.5　实例 2：重复使用已经训练好的卷积神经网络模型 152

8.6　图像的数据增强 158

8.6.1　使用 ImageDataGenerator 进行数据增强 158

8.6.2　使用增强数据进行模型训练 163

第 9 章　卷积神经网络可视化 166

9.1　概述 166

9.2　对神经网络进行可视化 168

　　　9.2.1　可视化神经网络的中间层 168
　　　9.2.2　可视化过滤器 173
　9.3　对关注点进行可视化 176
　　　9.3.1　显著图 177
　　　9.3.2　类激活图 180
　9.4　自动驾驶的应用 182

第 10 章　迁移学习 185
　10.1　什么是迁移学习 185
　10.2　为什么要使用迁移学习 186
　10.3　迁移学习的适用性 187
　10.4　在 Keras 中进行迁移学习 189
　　　10.4.1　在 MNIST 上迁移学习的例子 190
　　　10.4.2　迁移学习的适用情况 193
　　　10.4.3　实例 194

第 11 章　循环神经网络 205
　11.1　神经网络中的序列问题 205
　11.2　循环神经网络的使用 207
　　　11.2.1　输入/输出 207
　　　11.2.2　前向传播 209
　　　11.2.3　反向传播 213
　11.3　长短期记忆网络 215
　11.4　应用场景 217

第 12 章　使用 Keras 构建循环神经网络 221
　12.1　Keras 中的循环层 221
　12.2　Keras 中的嵌入层 224
　12.3　IMDB 实例 226
　　　12.3.1　全连接网络 227
　　　12.3.2　SimpleRNN 229
　　　12.3.3　LSTM 231
　　　12.3.4　双向循环神经网络 232
　　　12.3.5　用了卷积层的循环网络结构 234
　12.4　LSTM 实例 237
　　　12.4.1　深度学习中的时间序列问题 237
　　　12.4.2　使用更多的历史信息 242
　　　12.4.3　多个时间步长的预测 244
　12.5　有状态的循环神经网络 247
　　　12.5.1　字母预测问题 248
　　　12.5.2　有状态的 LSTM 252

第 1 章

◄ 深度学习入门 ►

欢迎走进深度学习。在过去的几年里,深度学习的风头可以说是一时无两。无论你是否了解深度学习,相信你或多或少都对人工智能、大数据、AI+这样的词汇有所耳闻。铺天盖地的媒体报道,也让当下这股科技化的浪潮占据着你我的视线。

不得不承认的是,过去的几年是深度学习真正从实验室走进公众视野的井喷期。昔日,机器学习仿佛还是高深莫测的研究课题;现在,人工智能(Artificial Intelligence,AI)会下围棋,会开车——AlphaGo战胜了李世石,百度无人车也已经开上了路。

人工智能是一艘通向未来的船,而深度学习就是其中的一张船票。在学术界,不少院校纷纷开设相关专业,成立深度学习研究院;在工业界,国内外一众巨头如谷歌(Google)、脸书(Facebook)、百度、阿里巴巴等,也都争先恐后地研究深度学习,AI中心化似乎成了战略级的必选项;在创投界,深度学习技术成为资本追逐的风口,创下一笔笔大额的融资记录,成就了众多的独角兽。在各个应用领域中深度学习百花齐放,经常看到"人工智能替代人类""机器像人类一样思考"之类的文章。

事实是否真的如此显而易见——深度学习是什么?深度学习有什么厉害之处?深度学习是否已经无所不能?

拨开喧嚣迷雾,本章我们从不同的角度来认识深度学习。1.1节将讨论什么是深度学习,并介绍人工智能、机器学习以及深度学习之间的关联和区别。1.2节将一探深度学习的发展历史,了解深度学习发展过程中的里程碑以及起起落落,以帮助我们更好地把握当前深度学习带来的机会。1.3节中将看到深度学习作为一种先进的技术,为什么在近几年迎来爆发式增长,并进一步了解这个时代我们所拥有的机遇。1.4节将看到深度学习在应用上的一些案例。1.5节将从知识结构方面探索如何入门深度学习。

1.1 什么是深度学习

入门深度学习的第一步,当然是了解什么是深度学习。本节将分别从机器学习、数学和直观感觉这三个方面入手,来一探深度学习的面貌。

1.1.1　深度学习是一种特定类型的机器学习

深度学习是一种特定类型的机器学习。深度学习的基础是神经网络，这本身就是一种机器学习算法。近年来，随着深度学习的火热和深入人心，人们逐渐将这一概念独立出来，由此有了深度学习和传统机器学习的区分。

在以人工智能（AI）为外延的概念甚嚣尘上的今天，人工智能、机器学习和深度学习这三个名词越来越普及，在很多情况下，这三个名词被无差别地使用，让人分不清彼此。事实上，这三者同归属于一个领域，一脉相承。广义上讲，试图让机器拥有接近人类智能的能力，都可划归为人工智能；在这个研究过程中，人们发现通过输入大量数据，机器可以学会其中的规律，并自己总结形成逻辑，这就有了机器学习；而深度学习是机器学习中的一类算法，最早被叫作神经网络，随着神经网络中的网络层数越来越深，深度学习这样的名词就出现了。它们之间的关系如图 1-1 所示。

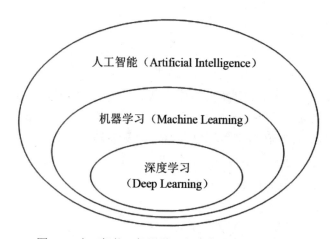

图 1-1　人工智能、机器学习和深度学习三者的关系

所以，理解深度学习的第一步——什么是机器学习？

卡内基-梅隆大学 Tom Michael Mitchell 教授在 1997 年出版了 *Machine Learning*（机器学习）一书，在该书中对机器学习的定义被广泛接受和引用："如果一个程序可以在任务 T 上，随着经验 E 的增加，效果 P 也可以随之增加，则称这个程序可以从经验中学习。"

怎么理解这句话呢？以推荐系统为例，我们使用某一类机器学习算法（一个程序），根据用户的过往记录进行推荐（任务 T），那么随着用户的过往记录不断积累（经验 E），能够进行的推荐越来越准确（效果 P）。

而更直截了当一点，机器学习就是机器认知和学习这个世界的一种方式。

人类是怎么学习的？对于特定的问题，人类根据目前已有的信息并结合过去的经验进行判断。事实上我们无时无刻不面临着这样的判断。例如，让我们一起做一个假设——临近下班时，你的朋友突然打来电话邀请你共进晚餐，问你大概什么时间能到。这时，你可能会思考，眼下的交通很拥堵，因为下班高峰期已经开始；假如你开车前往，需要想想行经的道路，因为某些道路（比如城区主干道）的通行车辆往往更密集，交通更拥堵；如果你对路况足够熟悉，或许还能想到一些交通拥堵路段的瓶颈处，比如经常水泄不通的某个十字路口；同时，还应该考虑一下天气，如果遇上倾盆大雨，路况就更加不妙了。综合以上这一系列分析，你会预估出一个到达的时间。

机器的学习过程，和以上你的思考过程异曲同工。比如上面这个例子，如果你提供了大量的数据（代表着过往的经验），并在数据中体现了高峰期、道路拥堵、道路瓶颈、天气等因素对于交通状况的影响，那么机器可以通过分析和归纳大量数据，学会这样一种数据的内部关系。

机器会不会思考和学习？通过对过往大量数据的分析和归纳，机器可以汇总或总结出一套逻辑规则，这个过程被称为对机器学习模型的训练。这个被总结出来的逻辑规则就叫作机器学习算法。有了这一套逻辑规则，到了解决问题的时候，机器就会将其运用在新出现的情景中，从而做出判断得到结论。这个新出现的情景有可能是机器在过往数据中见过的，也有可能没见过。机器针对这个新出现的情景得出的结论有可能很正确，也有可能不那么精确。这不要紧，我们将会学习如何让机器得到更好的结论。总而言之，机器针对新情景得出结论的这个过程，就是一个使用机器学习模型进行预测的过程，它给我们提供了一种试图预测和掌握未知信息的方式，这也正是机器学习的功能和魅力所在。

深度学习作为一种机器学习的算法，并没有脱离以上介绍的学习和预测的过程。深度学习仍然是通过过往的经验（即数据）学习数据内部的逻辑，并在新数据上体现预测的功能。

人工智能的研究领域很广泛，机器学习、计算机视觉、专家系统、规划与推理、语音识别、自然语言处理和机器人等都可以看成是人工智能的细分领域。而机器学习按其中学习方式的不同，又可以划分成深度学习、监督学习、无监督学习等多类。简单来讲，机器学习是实现人工智能的一种方法，而深度学习是实现机器学习的一种技术。人工智能、机器学习和深度学习是关联度极高的几个领域，所以也就无怪乎它们总是结伴出现。

如果读者还没有接触过机器学习也没有关系，我们会在之后的章节对机器学习的基础知识进行梳理和讲解。

1.1.2　深度学习是数学问题

在了解深度学习的概念和定位后，现在一窥深度学习背后的原理。深度学习的本质是数学问题。

无论是机器学习还是深度学习，解决问题的方法都是试图找到一个函数，这个函数可以简单或复杂，函数的表达并不重要，只是一个工具，重要的是这个函数能够尽可能准确地拟合出输入数据和输出结果之间的关系。

图 1-2 展示了这样一种拟合的功能。通过图中列出来的输入到输出的变换，我们来理解一下机器学习在试图做的事。

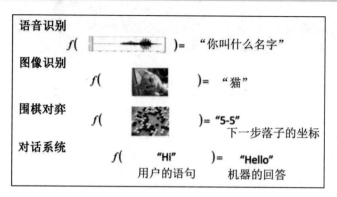

图 1-2　机器学习的拟合功能[1]

- 在语音识别功能中，如果输入一个音频信号 X，那么函数 f 就能输出如"你好""How are you？"等音频内容对应的文字信息。
- 在图像识别功能中，如果输入的是一个图像 X，那么函数 f 就能输出该图像属于一只猫或一条狗的判定。
- 在下棋博弈功能中，如果输入的是一个围棋的棋谱局势 X，那么函数 f 就能输出这局围棋下一步的"最佳"走法。
- 对于具备智能交互功能的系统（比如微软的小冰），如果给函数 X 输入如"Hi"，那么函数 f 就能输出诸如"Hello"这样对应的智能回答。

这就是机器学习要做的事，找到一个数学表达，即上述例子中的函数 f。

深度学习的魅力在于，它的数学表达特别强。深度学习背后是有数学原理支撑的，这个原理叫作"万能近似定理"（Universal Approximation Theorem）。这个定理的道理很简单，即神经网络可以拟合任何函数，而不管这个函数的表达有多么复杂。当然上述表达是不严谨的，对于该定理的正式表达和证明已超出了本书的范围，仅仅作为一种兴趣，我们浅显粗略地概括一下这个定理：

- 假如在实数集上，你知道有一个连续函数 f，这个函数 f 可以是任何函数，你并不知道这个函数的表达，但是想找到它。
- 你只需要定义一个神经网络，当然这个神经网络需要有隐藏层，隐藏层需要有足够的计算单元，并且在计算单元之后有"挤压"性质的激活函数（也称为激励函数，这都是我们在后面会了解的知识点，现在你只需要知道，技术上可以拥有这样一个神经网络）。
- 现在，这个神经网络可以无限逼近给出的连续函数 f。

因为这个定理，深度学习在拟合函数这方面的能力十分强大和神秘。这就是接下来要介绍的深度学习的第三个方面，也是神经网络给许多人留下的直观感受——深度学习是一个黑箱。

---

[1] 李宏毅. "Hello world" of deep learning[EB/OL]. http://speech.ee.ntu.edu.tw/~tlkagk/courses/ML_2016/Lecture/Keras.pdf.

1.1.3　深度学习是一个黑箱

说深度学习是一个黑箱，这是因为整个学习过程（包括结果）都不好解释。这种不好解释有两层意思：一方面，我们难以知道网络具体在做些什么；另一方面，我们很难解释神经网络在解决问题时为什么要这么做，为什么能产生效果。在日常解决问题的过程中和最后结果的呈现上，这两者无疑是值得关注的，而深度学习恰恰缺乏这种可解答性。

在传统的机器学习中，算法的结构大多充满了逻辑性，这种结构可以被人分析，最终抽象为某种流程图或者数学上的一个公式，最典型的比如决策树就具有非常高的可解释性。

图 1-3 关于要不要打球（打球或者不打球）的决策树。这个决策树遵从自上而下的顺序，列出做决策依据的条件（天气、湿度和大风），并列出每个条件下可能出现的情况。决策树实际上是把与决策相关的所有条件和情况都做了一个有限的穷举，在做决策时，只需要根据箭头的指向依次选择对应的情况，就可以达到一个决策点了。

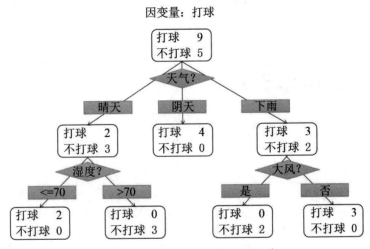

图 1-3　关于要不要打球的决策树[1]

决策树的决策就是这样得到的。配合着决策树的流程图，是不是一目了然呢？

深度学习却做不到如此直观的表达。如前所述，"万能近似定理"使得深度学习网络具有拟合复杂函数的本领，但也让这个拟合的过程变得不可知。简单来说，深度学习的工作原理是通过一层层神经网络，让输入的信息在经过每一层时都做一次数学拟合，这样每一层都提供了一个函数。因为深度学习有好多层，通过每一层函数的叠加，深度学习网络的输出就无限逼近目标输出了。这样一种"万能近似"很多时候是输入和输出在数值上的一种耦合，而不是真的找到了一种数学上的表达式。像写公式一样把输入和输出之间的关系列在黑板上，并不是深度学习要做的事情。

所以，很多时候深度学习网络能很好地完成任务，可是我们并不知道网络学习到了什么，也不知道网络为什么做出了特定的选择。知其然而不知其所以然，这可以看作深度学习的常态，也是深度学习工作中的一大挑战。

---

[1] Frank Kane. Hands-On Data Science and Python Machine Learning[M]. UK: Packt, 2017.

尽管如此，人们还是会试图解释深度学习。比如，谷歌公司的 TensorFlow 项目就提供了对神经网络进行可视化的网站 TF Playground（项目地址：https://playground.tensorflow.org/）。在这个网站上，用户可以像搭积木一样把神经网络一层层叠加起来，每一个步骤包括其结果都是直观可见的，这当然是帮助初学者理解深度学习的好工具。

除此之外，还有更多的网站和算法上的一些方式可以帮助我们理解深度学习的网络内部在发生着什么，什么被"看到"了，什么被"拟合"了，第 9 章将对这些资源和方式进行更多的介绍。深度学习网络的可视化和可解释性并不是训练模型的必需步骤，但是对于我们的工作，无论是训练出更好的模型还是向受众介绍自己的模型，都有很大的帮助。

基本上，深度学习是一个万能的黑箱子。如果读者觉得深度学习的概念不够直观，表达不够形象，那么也请不要灰心，先充分利用深度学习强大的功能，再通过一些可视化网站的工具帮助自己理解深度学习神经网络的工作原理。逐步深入研究，读者就会更好地认识深度学习。

现在对于深度学习解释性的挖掘，也是很热门的研究方向，相信在不久的将来，深度学习将不再是黑箱，而成为一个更可控的万能神器。

1.2 深度学习的发展

对于很多人来说，深度学习似乎是这两年才冒出来的新技术，其实是一种误解。目前我们所说的"深度学习"一词，基本上和神经网络、深层神经网络是通用的。而神经网络作为机器学习的一个子领域由来已久。

从 1943 年开始，神经网络横空出世，中间经过几次起起落落，至今已经是第三次研究热潮。本节将对神经网络 70 多年来的发展历程以及其中的起起落落做一个简要介绍。

神经网络的诞生可以追溯到 1943 年，由 Warren McCulloch 教授和 Walter Pitts 教授在论文"A logical calculus of the ideas immanent in nervous activity"[1]中提出，这是神经元的首次亮相。这里神经网络是个很贴切的命名，因为 McCulloch-Pitts 学说提出的神经元概念，旨在模仿人类大脑的学习功能。这是一个简单的线性模型，虽然在处理数据方面的能力是有限的，但是建立了加权和阈值函数等神经网络的基本结构。

1958 年，神经网络迎来第一次发展浪潮。当年，Frank Rosenblatt 教授提出了感知机模型（Perception），这是第一个能根据输入的数据样本来学习权值（即权重或权重值）的模型。这个模型的特点是能够通过自适应学习从数据中预测结果，这在当时是很进步的机器学习方式了。由感知机开始，研究人员纷纷把目光转向神经网络。可是，感知机仍是线性模型，它的局限性是显而易见的，无法学习异或（XOR）函数，简单来说就是处理不了复杂问题。这可以说是感知机的困境了。到了 1969 年，Marvin Minsky 教授和 Seymour Papert 教授证明了感知机在线性不可分问题上的无能为力，这让很多人对神经网络的能力和出路产生了怀疑和抵触，神经网络的研究进入第一次冬天。

---

[1] McCulloch W, Pitts W. A logical calculus of the ideas immanent in nervous activity[J]. Bulletin of Mathematical Biophysics Vol 5, 1943.

到了 20 世纪 80 年代，伴随着联结主义（Connectionism）的研究，神经网络有了第二次机会。联结主义的中心思想是，当网络将大量简单的计算单元连接在一起时，就可以实现智能行为[1]。这恰好符合神经网络的定义和结构。对联结主义的讨论超出了本书讨论的范围，但是其中有一个影响至今的概念，被称为分布式表示（Distributed Representation）。我们可以认为这种表示方式类似于数学上的排列组合。比如，在对服饰作描述时，我们可以说"红色的裙子"，"红色"是一种颜色，"裙子"是一种类型。那么，当我们面对一大堆服饰时，可能有 n 种颜色，m 种类型。如果一个模型中的每个神经元只能描述一种颜色和一种类型的组合，那么需要 $n×m$ 个神经元才能穷举我们手上这一大堆的服饰。而分布式表示给了我们另一种思路，在模型中可以设置一部分神经元来专门表示颜色，另一部分神经元专门表示类型，现在我们只需要 $n+m$ 个神经元就能包含所有的组合，这当然是一个更好的方法。时至今日，分布式表示依然是深度学习中很基础、很重要的一个思想，深度学习之所以能向深度发展，与这一思想也有着很大关系。

除了分布式表示之外，这一时期的另一个重要贡献是 Geoffrey Hinton 教授等人提出的反向传播算法（Back Propagation）。可别小看了这个算法，就是它使得神经网络不再那么难以训练了。如今反向传播算法仍是深度学习中训练模型的主要方法。第 4 章将看到深度学习网络是怎样通过反向传播完成训练的。

虽然在结构和算法方面都有了突破，但是神经网络仍然在 20 世纪 90 年代逐渐消沉，这并不是神经网络本身犯了什么错，当时的一个背景是传统机器学习算法（比如 SVM）表现出了十分显著的进步，从而使其成为当时机器学习领域的主流算法。神经网络似乎跟不上时代了，这引起了神经网络研究的第二次衰退，这一衰退就到了 21 世纪初。

2006 年，深度神经网络开始出现了，它迎来了神经网络研究的第三次兴起，这也是深度学习浪潮的开端。这一次，神经网络向着越来越深的方向发展，形式更丰富、结构更复杂、效率和功能更强大的神经网络也相继出现。卷积神经网络、递归神经网络等重要的网络结构纷纷被提出。现在，深度神经网络也逐渐被重新定义为深度学习，被更多人认识和接受。

如今，不但是深度神经网络自身的进步，而且伴随着大数据时代的到来，数据的积累、计算能力的提升、硬件的到位，使深度神经网络所要求的几个要素都得到了满足。这是我们所有人正在经历的一次浪潮。

1.3　认识当前的深度学习

我们已经回顾了深度学习的发展历史，知道了深度学习并非是无源之水，而是由来已久。现在，让我们聚焦当下。

既然早就有了神经网络的概念，为什么这一算法几经沉浮，直到今天才又以深度学习的面目重新出现？本节让我们从今日的技术进步、大数据的时代进步以及深度学习自身的技术突破这些方面来认识当下的深度学习浪潮。

---

[1] 伊恩·古德费洛，约书亚·本吉奥，亚伦·库维尔. 深度学习[M]. 赵申剑，译. 北京: 人民邮电出版社，2017.

1.3.1 为什么是现在

深度学习的本质在于深度。深度带来了一切好处，网络越深，表达能力越强。其实，这并不是今天才有的发现，从数学的角度解释，很早就有了这样的推论。理论没有变，变化的是理论变为现实的条件，以前深度神经网络的构建和计算是不现实的。神经网络变得越来越深的这种趋势，是随着时代的进步、科技的发展，才逐渐成为现实的。

首先，硬件的进步给深度学习提供了计算资源，伴随着 CPU 的强大、GPU 的提速，近年来的计算能力得到了极大的提升。有了相应的计算资源，训练层数就越来越多，神经网络中的连接也越来越复杂，参数越来越庞大的神经网络成为可能。

然后，大数据时代开启了数据的爆炸和积累，在研究机构和学者们的倡导下，以 ImageNet 为先驱，涌现出一批开放、丰富、可靠的数据集，数据作为一种"燃料"，给深度学习提供了大量的学习范例和样本。

同时，算法的发展也让人们对于机器学习有了更多的信心。近年来，深度学习算法的进步不负众望，反向传播算法、卷积神经网络、递归神经网络等训练方式以及网络结构上的创新层出不穷，一代比一代强，解决问题的能力与传统算法相比更是有了质的飞跃，这无疑点燃了人们持续创新的激情。

最后，作为一种服务和配套工具，面向深度学习的软件框架和配套服务也越来越多，巨头们纷纷就深度学习这一课题抛出自己的解决方案。到目前为止，亚马逊（Amazon）公司通过 AWS 服务主导着云 AI 的概念，基于云的深度学习工具将使 AI 的开发和应用变得触手可及。人们不再需要花费时间和金钱搭建自己的机器和开发环境，而是在 AWS 上，按时按需购买自己的计算资源，这对于计算密集型的深度学习来说无疑是巨大的便利。科技巨头谷歌公司一方面推出开源的 AI 框架——TensorFlow，另一方面致力于推进 AI 的易用性，近期发布了 Cloud AutoML。因此，作为深度学习的使用者，我们不但可以通过免费的 AI 库构建深度学习软件（TensorFlow），还可以使用谷歌公司预先训练好的系统（Cloud AutoML）。

当然，这一切都离不开业界对于深度学习的投入，一众科技公司（比如谷歌、脸书、亚马逊等）纷纷将资源和重心向深度学习倾斜，而随着大众和媒体对于深度学习的关注，深度学习的发展也早已蔓延到了各行各业大小不同的公司。深度学习的入场和转型，时不我待。

如前所述，神经网络、深度学习已经出现很久了，为什么直到最近这几年才广为人知，并以迅雷不及掩耳之势席卷学术界和工业界呢？

像我们一直强调的，深度学习是一门复合型学科，深度学习的崛起是各个相关领域发展的共同结果。要知道在 21 世纪初，因为硬件、数据和算法能力本身的限制，深层神经网络仍然是看上去很美却"不可行"的高级技术。而今天，随着算法的进步、硬件的发展以及数据的爆发式增长和积累，深度学习万事俱备，迎来了最好的时代——就是现在。

1.3.2 当数据成为"燃料"

特别值得关注的是，第三次神经网络浪潮，即当前所说的深度学习，和大数据时代是联系在一起的。

在谈论数据本身之前，让我们来看一看深度学习的一个重要特性。深度学习之所以广泛流行，是因为它超越了传统机器学习模型所表现的能力。深度学习的这种能力，比起模型结构和训练技巧，更大程度上要归功于数据的增长，深度学习的一大优势是，数据量越大，模型的表现越优异，这几乎是一种可以确定的正相关关系。深度学习和传统机器学习对于数据量的反应程度，可以通过图 1-4 做一个对比。

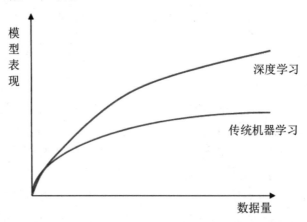

图 1-4　深度学习的模型表现随着数据量的增长而显著提升

深度神经网络一度"臭名昭著"吗？这是因为，在 20 世纪 90 年代时，人们就已经尝试将深度学习用于商业用途了，只是那时候训练一个神经网络是一个耗时耗力、花费钱财并且对从业者的专业技巧要求很高的工程，当时的深度学习更像是一门艺术，而非一种通用技术。反观今日，随着数据的增长和积累，深度学习所需的技巧正在减少，现在我们处理复杂问题时用到的算法，与 20 世纪 80 年代研究者努力解决简单问题的算法几乎是一模一样的，改变的只是数据。今日，深度学习应用百花齐放，遍地生金。这是大数据时代赋予的幸运。

回到数据本身，图 1-5 展示了基准数据集的大小如何随着时间的推移而显著增加的[1]。

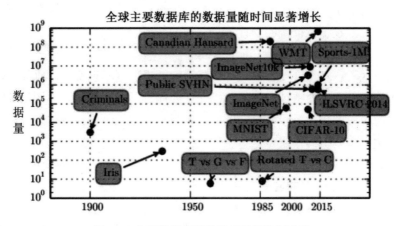

图 1-5　主要数据集的数据量呈指数级增长

---

[1] 伊恩·古德费洛，约书亚·本吉奥，亚伦·库维尔. 深度学习[M]. 赵申剑，译. 北京: 人民邮电出版社, 2017.

眼下的深度学习研究，主要的发力点仍然是比较传统的监督学习，这就要求提供大量带有标注的数据。所谓标注的数据，即是对于输入数据标定了输出数据，并匹配好了对应关系。比如，在语音识别问题上，输入音频和翻译出来的语句需要一一对应；在图像识别问题上，图像作为输入，而输出的是该图像所属的分类名词。以上提到的基准数据集，也都是这样一种标注好的数据集。

现在的深度学习研究，已经开始着眼于新的无监督学习技术和深度模型在小数据集上的泛化能力，相信这也是未来的研究趋势。

1.3.3 深度学习的突破

在 1.2 节中，我们提到过神经网络的第二次衰退是因为神经网络在性能方面比不上传统机器学习。那么，这一次深度学习的再次兴起，是因为深度学习本身有了突破性的改善。以经典的手写体识别为例，在 20 世纪 90 年代，支持向量机（Support Vector Machine）可以把错误率降低到 0.8%，直接碾压了神经网络能达到的成绩。到了 21 世纪，尤其是近几年，由于计算机视觉的发展和广泛应用，传统机器学习难以为继，而深度学习在突破了一系列技术上的瓶颈之后，其优势逐渐突显出来。以 ImageNet 的图像识别竞赛为例，使用传统机器学习能达到的最低错误率为 26%，而在 2012 年，深度学习第一次出现就将错误率降到了 16%，这只是开端而已。到 2013 年之后，这样的图像识别竞赛基本上就只能见到深度学习的身影了。

那么问题来了，深度学习为什么这么强？

这就要说到深度学习的两大优势——能够自动提取特征，并且能处理非线性问题。

在传统的机器学习中，要求对输入以人工来设计特征，才能进入机器系统进行学习。人工设计特征的意思是，我们要提取出认为对输出有影响的因素，并对其进行处理，要的是一套"干净的""规整的""有影响力的"输入。举个例子，如果我们要预测一个人的收入情况，那么需要知道有关这个人的一些信息，比如年龄、教育、职业等。我们需要找到一套特征，要尽可能全面地包含有用的信息，而不引入无用的信息，各类别的信息之间还要做到互不干扰。这其实是一项很难的任务。设计特征确实是件很复杂和仰仗经验的工作，所以传统机器学习中有一项专门的技巧叫作特征工程（Feature Engineering）。

相信读者也发现了，对于许多任务来说，这种特征提取是不现实的。比如图像识别，图像的像素本身并不构成有意义的特征，如果我们一定要通过几何形状来定义图像的特征，这种特征又是不可靠的，因为图像的场景各异，任何一点阴影、遮挡、光线变化等因素，在很大程度上都会影响其在学习系统中的作用。

而深度学习通过巨量分类器的堆叠，由许多简单函数复合成超强的表示（或表达）能力，能够学习到由简单特征复合而成的复杂特征，在特征的表示这一方面要远远强于人工设计的特征。

图 1-6 说明了对于图像输入，深度学习系统是如何通过组合较简单的概念（比如边角和轮廓）来识别图像中人的概念的。

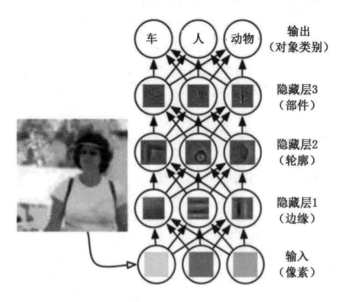

图1-6 深度学习网络通过网络层的堆叠来合成复杂的表示

事实上，深度学习的强大性在所谓的端到端（End-to-End）学习方式上体现得淋漓尽致。在数据量充足的情况下，甚至可以对输入不进行任何处理，而是依靠深度学习网络自身的拟合能力，就能学到输入和输出之间的关系，可以说这是很"简单粗暴"的方式了。

深度学习对于机器学习方式的第一大改进是：把机器学习从人工设计特征中解放出来，通过更少的工作来达到更好的结果。

深度学习的另一大突破是：现在的深度学习网络已经可以很好地处理线性不可分问题了。而这恰恰是传统机器学习的难点。

图 1-7 很好地展示了线性分割问题。图中左边部分使用的是笛卡儿坐标系，图中的圆形被三角形环绕，这时想要画一条直线，把圆形和三角形区分开是做不到的，这种情况就叫作线性不可分；如果把左图中的坐标系换成极坐标，那么分布就成了右图的样子，这个时候在中间画一条直线就可以将这两者分开，此时这个问题就成了线性可分的问题了。

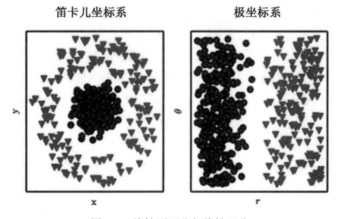

图 1-7 线性不可分与线性可分

在传统的机器学习中，要处理图 1-7 左图的线性不可分问题是比较有挑战的。但是深度学习可以很好地解决这个问题，也就是说，深度学习可以找到一个"圈"，把图中的圆形和三角形分开。这当然是我们希望看到的——算法对分类问题的处理方式。

非线性表示和对非线性问题的处理，是深度学习的重要内容和功能，这部分主要通过激活函数来实现。关于激活函数的原理和使用，我们将在后续的章节中进行详细讲解。

1.4 深度学习的应用领域

深度学习在我们的生活中无处不在，从名声大噪的 AlphaGo，到无人驾驶、iPhone X 上的人脸识别（FaceID）、几乎每部手机中都自带的美颜功能等，背后都有它的身影。

在人工智能崛起的大背景下，AI 简直是最为百搭的名词，如 AI 教育、AI 物流、AI 竞技、AI 医疗等。各行各业都正经历着 AI 变革的浪潮，似乎每一个行业每一种任务最终都将 AI 化，成为 AI 运用的一个新领域。这或许有点言过其实，但也确实代表了一部分的现实。本节我们将会看到深度学习的应用，从中了解深度学习适合做什么，有怎样的应用场景。

1.4.1 深度学习适合做什么

深度学习是一个万能的黑箱，但并不是所有的任务都是深度学习的拿手好戏。可以说，深度学习是锤子，可世间万物不都是钉子。作为一种机器学习算法，深度学习自然有其算法上的特性和适用的任务。以下列出深度学习的三种任务。

1. 规则性任务

一切有逻辑规则可循的任务，都可以被认为是规则性任务。比如棋牌类游戏、数学问题和各类逻辑问题，这算得上是深度学习最典型的应用。这一点也不值得奇怪，因为对规则和逻辑的归纳，本来就是机器学习适用的工作范畴。

比如棋牌类任务，从来都是智能系统的最佳展示平台，也是大众很熟悉的深度学习应用案例。机器人下棋早不是新鲜事，1997 年，由 IBM 公司研发的国际象棋智能系统深蓝（Deep Blue）就已经击败了世界冠军卡斯帕罗夫。只是彼时，这样的智能系统还是通过暴力搜索（Brute-Force）的方式穷举所有的可能性，在计算能力上碾压人类，更多的是计算机计算能力的展现。

到了现在，家喻户晓的 AlphaGo 是真正深度学习的应用。或许你不知道深度学习，不相信人工智能，但你总听说过 AlphaGo。事实上，AlphaGo 如数家珍的战绩让它声名远扬。2016 年 3 月 15 日，AlphaGo 以总分 4:1 战胜了韩国棋手李世石；2017 年年初，AlphaGo 又化名为"大师"（Master），在中国棋类网站上与中、日、韩的数十位围棋高手进行快棋对决，连续 60 局无一败绩；2017 年 5 月，AlphaGo 与排名世界第一的世界围棋冠军柯洁对战，以 3:0 的总比分获胜。

这个由谷歌公司开发的大杀四方的围棋人工智能程序，主要的工作原理就是深度学习。神经网络、深度学习、蒙特卡洛树搜索法等算法的应用，使 AlphaGo 的智能有了实质性的飞跃。

可以说，深度学习是 AlphaGo 的"大脑"。从原理上来说，AlphaGo 拥有两个"大脑"，分别是两个不同的神经网络，即深度学习网络，这两个"大脑"协同合作来下棋。其中，第一个大脑作为"落子选择器"（Move Picker），通过观察棋盘布局预测每一个合法下一步的最佳概率；第二个大脑是棋局评估器（Position Evaluator），在给定棋子位置的情况下，预测每一个棋手赢棋的概率，对棋局进行评估，通过整体局面的判断来辅助第一个大脑。

这些网络通过反复训练来检查结果，再去校对和调整参数，让下次执行得更好，这实际上就是神经网络一以贯之的学习过程。由于其中的网络拥有大量的随机性元素，因此人们是不可能精确知道网络如何"思考"的，但我们知道通过更多的训练后能让它进化得更好。AlphaGo对于神经网络的概念、用法和效果都是绝佳的展示，从此，神经网络具有如"大脑"一般的效果，深度学习的神秘和强大已深入人心。

2. 专业性任务

深度学习已被广泛应用于各种专业领域。也许读者会听到像下面这样的讨论：

- 机器会不会在短时间内取代人类医生？
- 机器是否能替代人类律师写法律公文？
- 机器能不能在金融市场上超越人类操盘手？

乍一看，这似乎有点危言耸听，医疗、法律、金融等都是通俗意义上的"高精尖"行业，机器怎么可能比受过长期专业训练和实际锤炼的医生、律师、操盘手还厉害呢？

但变革是实实在在发生的，在 2016 年 12 月，谷歌公司已经发表了关于糖尿病视网膜病变的论文。谷歌公司使用 Google Inception-v3 深层神经网络，用 13 万个视网膜照片作为样本，训练出了一个诊断糖尿病视网膜病变的模型。这个模型几乎与单个眼科医生表现出相同的水平，在与眼科医生的平均水平相比时也不落下风。

实际上，各行各业都受到了深度学习的影响。在普华永道发布的名为"探索 AI 革命"的全球 AI 报告中，特别推出了"AI 影响指数"，对最容易受到 AI 影响的行业进行了排名。其中，医疗和汽车并列第一位，接下来是金融、物流和娱乐传媒。

3. 重复性任务

像我们在上面看到的，随着深度学习大举进军各大行业，不少行业似乎都面临着"机器侵入"的风险，似乎每一位从业人员都会被替代。对深度学习的乐观是一回事，但机器替代人类的推断则言过其实了，至少对于当前是如此。值得我们思考的是，每一个行业里、每一种工作中，那些单一的、机械的、重复的任务却是实实在在面临着被取代的风险。一方面，对重复性任务的模仿，本来就是机器学习和深度学习的看家本领；另一方面，使用机器替代这些重复的、耗费人力的低附加值工作，恰恰又是极具商业动力的研究方向。两者相辅相成带动了这一大类的研究、开发和商业应用。目之所及，大到机器人、机械手臂，小到自动翻译、自动字幕，多多少少都是在替代重复性任务。

实际情况就是日常中所面对的重复性任务，其实比我们想象的要多。因为每一种任务总能拆分出一部分任务，具有单一的重复性，比如日常的对话，工作中生成的各类文本甚至包括行走。

1.4.2　深度学习的应用场景

深度学习在这三种类型任务下的应用，很常见也很有用。但更多时候，我们面对的经常是一个复合型任务，比如以下这些场景。

场景一：手机

今天，手机已经是我们生活中不可分割的一部分，是现代人的第三只手。是的，智能手机已经走进了千家万户，用"人手一台"来形容一点也不过分，甚至有可能被低估了。我们总是说着 AI 无处不在，深度学习就在我们身边，看看我们手中的智能手机就知道这不是虚言。

"打开相机。"在黑暗的场景中，我们对自己的手机在说话——手机相机打开了，我们用手机照了一张照片后，接着说："将照片通过微信发给妈妈。"这一连串的操作，只需要通过语音控制即可。

我们可以通过语音控制手机，手机助理能听懂我们的指示，这都是深度学习在发挥作用。深度学习所驱动的语音识别功能，使人和机器的语言交互成为可能。越来越多的智能手机配上了手机助理，比如苹果手机的"Siri"。而 AI 手机的本领已经不局限于此。我们可以使用手机进行实时翻译、实现智能家居远程操控；我们的手机助理可以通过获取的行程安排，智能推送行程动态信息；而使用了具有 AI 功能的 AI 芯片，其性能密度大幅优于 CPU 和 GPU，极大地提升了手机的性能和速度。

深度学习在手机上的应用可谓十分广泛，市面上的手机厂商纷纷宣称加入了 AI 技术，我们所选购的智能手机也都搭载有 AI 技术护航。这是实实在在的变革，是深度学习带给每一个人触手可及的便利。

场景二：驾驶

2017 年 7 月，百度公司的 CEO 李彦宏坐着百度研发的无人驾驶车开上了北京五环路。2018 年 10 月，谷歌公司旗下的无人驾驶车 Waymo 甚至开启了商业化的运营，开始提供计程车服务。

驾驶这一传统的行业，也因为深度学习的崛起而焕发了新的活力。自动驾驶技术在过去这几年牢牢占据了人工智能新闻的头条。自动驾驶汽车甚至被誉为"人工智能垂直应用之母"，这是因为自动驾驶是一项极复杂的应用，传感器多、需要实时响应、环境复杂，任务非常具有挑战性。虽然当前的深度学习或许还需要一定的时间才能真正实现自动驾驶，但是更加智能化的汽车和驾驶体验，已经成了我们现实生活的一部分。

由百度公司提供的 Apollo 小度车载系统，已具备了多项 AI 核心能力，包括智能语音助手、人脸识别、疲劳监测、AR 导航、HMI、车家互联、智能安全，这些 AI 能力大大地改变了传统的人车交互方式，而它们都离不开深度学习的助力。

场景三：医疗

计算机视觉、语音识别、自然语言理解，这些都是深度学习取得了一定成果和有一定技术积累的领域。使用这些专业技术，再与垂直行业的领域知识和业务场景相结合，往往能产生意义深远的结果。

"发烧持续多久了？腹痛腹泻吗？"没有排队、没有挂号，在接近 3 分钟的"问诊"后，一名发烧的病人被诊断为急性上呼吸道感染，并给出了用药方案。如果不放心的话，对方还建议病人到呼吸内科就诊。在这里，问诊的是广东省第二人民医院的 AI 医生。它不是一个具体的机器人，而是一套智能系统。

上述场景只是简单的问诊，AI 医生通过 AI 模型，预先判断疾病的几种可能性、检查并给出用药建议，它的"大脑"里有数十万份电子病历和十多万份医学词条，从中找出与病人病症类似的病例并不是难事。事实上，通过 AI 技术，令人闻之色变的癌症早期筛查变得更加精准，腾讯公司的一款 AI 医学影像产品"腾讯觅影"，对早期食道癌的筛查准确率高达 90%；IBM 公司的 Watson 对肺癌治疗建议的匹配度达 96%，超过了大部分专家级医生；谷歌公司早在两年前就开发了一套神经网络，它能通过眼部医学造影来探测视网膜的病变。2019 年，谷歌人工智能团队的深度学习模型已经能够利用同样的造影图像，高度精确地预测一位病人未来心脏病和脑出血的发病风险。

曾经我们认为机器的优势在于计算力强大，可是机器不能够理解人类，也没有智能，所以能做的事情很少。现在，有了深度学习这一技术，机器能够识别图像、理解人类语言。所以，在医疗健康领域所看到的智能变革，也就在意料之中了。

1.5 如何入门深度学习

至此，我们已经了解了什么是深度学习，并看到了它的一些应用。本节将谈论入门深度学习的准备知识，需要学习哪些基础知识？为什么要学习这些基础知识？如何学习这些基础知识？深度学习作为一门复合型学科，由数学和计算机领域的知识构建和衍生而成。因此入门深度学习时要求储备数学和计算机方面的知识。

下面先谈一谈入门深度学习的两个误区。

首先，深度学习的入门确实有一定的门槛，有些读者可能会有畏难的情绪，很容易过早放弃，其实完全没有必要。初学者在上深度学习的第一课时，面对的是一份长长的涵盖了数学、机器学习和编程等方面的书单和学习资料，在入门阶段，就像面对书山一般，路漫漫不知期。要把这些书单上的书都看完才能开始入门深度学习吗？当然不是。比较务实的做法是，在学习深度学习前，先用一小段时间对基础知识进行一次梳理，目的是对概念性知识有一个大致了解，掌握深度学习的基本术语；在之后的学习中会有更多的知识需要补充，这时可以根据自己的需求，有针对性地进行深入了解和学习。

其次，入门深度学习的误区之二就是觉得深度学习是各个学科的集合，觉得把各个学科的知识学一学，也就掌握了深度学习。这就掉进了轻敌的误区里。打个比方，深度学习的入门像是箍一个木桶，每一类知识是其中的一块木板，我们需要把每一块木板箍紧了，才谈得上理解、掌握并运用深度学习。在入门的阶段，面对的知识类别虽然多，但浅显，多是短平快就能理解并上手应用的。假设我们有良好的工具和方法，知识的增长是爆发性的，很容易就觉得自己掌握了许多知识，了解了深度学习。之后，随着我们学习的内容越来越多，一方面知识内容深化了，另一方面知识结构也非常庞杂，这时要想触类旁通，在深度学习的理解和实践上更进一步，反而有点"身在此山中，云深不知处"了。因此，很多人会有一种学得越多，反而自己不会的越多的感觉。有这种感觉一点也不奇怪，相反，很多时候这是入门深度学习的必经之路。所以关于深度学习，有人制作了图 1-8 这样的学习曲线，很好地说明了这一点。

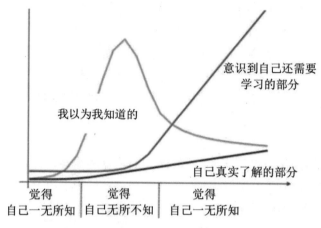

图 1-8 深度学习的学习曲线

入门深度学习需要一定的基础知识和前期准备，这是每一个人都需要经历的学习过程。接下来，我们将用一章的篇幅介绍深度学习所需的知识版图，帮助读者厘清概念，准备好入门深度学习的知识积累。

第 2 章
◀深度学习的环境准备▶

环境准备是进行深度学习的第一步。"工欲善其事，必先利其器"，选择一个合适的深度学习工具以及进行相应的环境配置，对于接下来学习和工作的便利都是至关重要的。

本章的重点是深度学习的环境准备。在 2.1 节中，我们首先一探深度学习的编程语言，并介绍为什么选择 Python 作为深度学习的语言，同时给出推荐的学习资源。在 2.2 节中，我们将看到一系列当前深度学习常用的框架。接下来，我们在 2.3 节进一步讨论在流行的深度学习框架中如何选择适合自己的框架，并介绍本书为什么选择 Keras 作为入门工具。在 Keras 框架的基础上，我们会在 2.4 节和 2.5 节中介绍 Python 和 Keras 的安装，帮助读者一步步在本地计算机上配置自己的深度学习环境。

2.1 选择 Python 作为深度学习的编程语言

编程是深度学习工作中必不可少的一环。无论是机器学习工程师还是深度学习工程师，编写代码来实现模型的构建、训练、调试和验证，是日常的工作。

那么，深度学习可以用哪些编程语言？作为初学者，应该选择哪种语言？这是我们在这一节中要回答的问题。对于初学者而言，选择一种通用性高并且易上手的编程语言，是深度学习入门的关键。

之所以有此一说，是因为针对机器学习和深度学习，可以选择的编程语言很多，如 Python、R、C/C++、Java 等，都可以用于实现机器学习和深度学习的通用功能。其实，每种语言各有优势，比如 Python 和 R 比较擅长数据分析，C/C++很适合工程级别的开发，选择哪种语言取决于我们希望实现哪一个层级的应用。在机器学习和数据挖掘的应用领域中，Python 和 R 是常见的编程语言，这是因为 Python 和 R 自带了大量用于数据处理、机器学习和深度学习的包（Package，也称为程序包或库）。使用这些封装好的包，就可以通过调用封装好的语句，短平快地完成所需要的功能，免去了大量烦琐的编写代码工作。在深度学习的工作中，我们常提醒初学者不要自己"再发明一次轮子"，就是这个意思。

本书选用的编程语言是 Python，一方面，Python 是深度学习中最常用的语言，几乎每一种常用的深度学习框架都支持 Python；另一方面是由于 Python 的易用性。本书所有章节中展示的例子都是用 Python 编写的。

在深度学习的编程语言学习中，有一点建议是，对于编程语言的学习应该求专不求多。编程语言只是深度学习中的一种工具，在初学时，能够使用一门编程语言完成一个完整的深度学习项目，就已经达到预期了。如果贪图新鲜，在几种编程语言中摇摆不定，就会在编程语言本身的学习上耗费无谓的时间。当然，如果是在时间和精力都充裕的前提下，多看看并尝试几种不同的编程语言，也是百利而无一害的。

关于 Python 的学习，基本上可以遵循以下思路。

在使用 Python 前，首先需要安装 Python 并且配置好使用的环境，这里就需要我们安装 Anaconda，同时学会用 conda 作为环境管理。在 2.4 节中会具体讲述。

其次，熟悉并且掌握 Python 的语法，不过如何使用 Python 进行编程并不在本书的讨论范围之内。学习 Python 的书籍和资料很多，大家可根据自己的需求找到适合自己的学习材料。

最后，必须指出的是，Python 的最大优势是其中的包，这里我们列出深度学习中比较常用的包，在实际工作中按需学习这些包即可。

- 数据处理：NumPy，Pandas。
- 概率统计：SciPy。
- 可视化：Matplotlib，Seaborn。
- 机器学习：Sckit-learn，StatsModel。
- 深度学习：Keras（实际上，Python 深度学习中可选框架很多，Keras 是我们在本书中选择使用的框架）。

2.2 深度学习常用框架介绍

随着深度学习的流行，深度学习的工具也越来越多，且影响力不可小觑。

深度学习可以使用的框架非常多，这些框架的热度各异。每个框架都有其拥护者，但是有些框架明显更受欢迎，比如 TensorFlow 和 Caffe。这是为什么？面对如此多的深度学习框架，初学者应该怎样选择适合自己的框架呢？

下面来认识目前常用的几种深度学习框架以及它们的优劣。由于遇到不同的项目可能要使用不同的框架，另外我们自己使用的框架也并不是一成不变的，因此针对不同的开发场景和自身的需求，我们会转换深度学习的框架。

1. TensorFlow

TensorFlow 的官网地址为 https://www.tensorflow.org/。

TensorFlow 逐渐成为最流行的深度学习框架，目前在 GitHub 中已经有 1500 多个与深度学习相关的包中提到了 TensorFlow，而其中只有 5 个是谷歌公司官方提供的，可想而知它的应用是多么广泛。TensorFlow 在很大程度上推动了深度学习的发展，并成为这个行业的标准，目前可以说是深度学习的代名词了。

TensorFlow 支持 Python 和 C++，也允许使用 CPU 和 GPU 进行计算。TensorFlow 是一个非常全面的框架，基本可以满足我们对深度学习的所有需求。但是，它的缺点是非常底层，使用

TensorFlow 需要编写大量的代码,而如果我们不想什么事都自己手动去写,就可以使用更简单、更高层的包——比如 Keras，这也是本书采用的深度学习工具。

2. Caffe

从名字来看 Caffe（Convolutional Architecture for Fast Feature Embedding，卷积神经网络框架）就是一个专注于视觉领域的框架。实际上，Caffe 可以算得上是老牌框架了，在计算机视觉系统的工具上，Caffe 是无可争议的领导者。但是 Caffe 的文档不够友好，安装的过程也是痛点，因为要求大量的依赖包，总的来说并不是一个适合深度学习入门者上手使用的框架。

3. MXNet

MXNet 诞生于分布式机器学习社区（DMLC），这个包是亚马逊公司选择的深度学习库，业界对其充满了信心。MXNet 同时也是一个支持大多数编程语言的框架，支持的编程语言包括 Python、R、C++、Julia 等。由于目前支持 R 语言的深度学习框架并不是很多，因此使用 R 语言的开发者通常会选择 MXNet。

在使用体验上，MXNet 性能非常好，运行速度快，对 GPU 的要求也不高。但它的缺点是上手难度比较大，对于深度学习的新手有一定的技术要求。

4. PyTorch

PyTorch 是近期比较热门的一个框架，其前身为 Torch。Torch 本身是性能优良的框架，但选用的人不多，这是因为 Torch 基于一个不怎么流行的语言——Lua，在使用 Torch 前还必须学习 Lua 语言，这就大大增加了入门的难度。所以，在以 Python 为大趋势的深度学习环境中，脸书公司于 2017 年 1 月 18 日推出了 PyTorch，这一次再也没有编程语言问题了，PyTorch 于是以极迅猛的势头流行开来。

PyTorch 的官网是 http://pytorch.org/。配套的文档和教程十分完整和友好，推荐读者看一看。

5. Cognitive Toolkit（CNTK）

这是微软公司研究院维护的一套框架，通常被称作微软认知工具箱（Cognitive Toolkit），更广为人知的缩写是 CNTK。GitHub 的地址为 https://github.com/Microsoft/CNTK。

相对来说 CNTK 并不是很流行，这可能和微软公司的推行力度不够有关。其实作为一个背靠微软研究院的框架，CNTK 的表现力还是很强劲的。但是和主流框架相比，CNTK 最大的劣势在于文档和社区支持度上，CNTK 有关的技术博客相对较少，在 Kaggle 中的相关讨论和在 StackOverFlow 上的提问也很少。由于 CNTK 和 Keras 在 Python 上的语法非常类似，对于深度学习的入门者，我们推荐使用 Keras。鉴于微软研究院在深度学习方面的强大实力，建议读者持续关注此框架的发展。

6. Theano

Theano 是蒙特利尔大学 LISA 实验室推出的深度学习框架，它的官网地址为 http://deeplearning.net/software/theano。

Theano 在日前已经宣布终止开发，这里简单了解一下即可。就深度学习而言，Theano 是很老牌的包，它具有优化的数值计算，曾用于很多深度学习包的开端。如果读者是还没有上手深度学习框架的初学者，那么把 Theano 作为历史名词了解即可；如果读者曾经选用了 Theano，那么最相似、最直接的转换选择是 TensorFlow 或者 PyTorch。

7. DL4J

DL4J 的全称是 DeepLearning4J，是一套基于 Java 语言的深度学习工具包，由 Skymind 公司支持并维护，它的官网地址为 https://deeplearning4j.org/。

DL4J 是很适合程序员和数据工程师的包。DL4J 兼容 JVM，也适用 Java、Clojure 和 Scala，并且包括了分布式、多线程的深度学习框架。这显然与大多数程序员日常编程的语言和工作环境相类似。

同时，DL4J 有着极其精美友好的文档和活跃的社区支持，社区中提供的科学论文、案例和教程都很有参考价值，推荐大家关注。

8. PaddlePaddle

PaddlePaddle 由百度公司在 2016 年 9 月推出，它的官网地址为 http://www.paddlepaddle.org/。

至此，百度公司成为继谷歌公司、脸书公司、IBM 公司之后另一个将人工智能技术开源的科技巨头，同时也是国内首个开源深度学习平台的科技公司。Paddle 的全称是 Parallel Distributed Deep Learning，即并行分布式深度学习，是在百度公司内部已经使用多年的框架。

总的来说，PaddlePaddle 整体的设计和 Caffe 很像，对 Caffe 有一定了解的学习者应该很容易上手。PaddlePaddle 打出的宣传语即是易学易用的分布式深度学习平台。同时，背靠百度公司扎实的开发功底，PaddlePaddle 也算是一个十分成熟、稳定可靠的开发工具。

9. Lasagne

Lasagne 是一个工作在 Theano 之上的包，它的官网地址为 https://lasagne.readthedocs.io/en/latest/index.html。

同 Keras 的定位类似，此类搭建在低层框架（Theano）上的包，旨在降低深度学习算法的上手难度。Lasagne 的优点在于它严谨的架构逻辑和较强的可适应性，但它的缺点是，作为一个老牌的包，和 Keras 相比，Lasagne 的更新速度、社区活跃度和文档友好程度都稍显落后。现在随着 Theano 的终止开发，Lasagne 的使用率应该会越来越低。对于初学者而言，目前并不建议选用 Lasagne。但是 Theano + Lasagne 的组合，在深度学习项目上是很常见的选择，如果读者日后参阅 GitHub 上的项目，还有可能会遇到，所以在此介绍一下，供读者参考。

10. DSSTNE

DSSTNE 是 Deep Scalable Sparse Tensor Network Engine（深度可伸缩稀疏张量网络引擎）的缩写，由亚马逊公司发布和维护，它的官网地址为 https://www.amazon.com/amzn/amazon-dsstne。

这并不是一个面向主流的深度学习框架，因为 DSSTNE 就是为了推荐系统而设计的。DSSTNE 是针对稀疏数据的情况完全从头开始构建的，并且完全使用 GPU 运行，即设计了针对单服务器多 GPU 的计算环境。其结果是，在稀疏数据的场景下，DSSTNE 的运算速度比其他深度学习包快得多。虽然这个框架并不支持用户随意在 CPU 和 GPU 之间切换，但是这个功能却在深度学习中经常用到。

虽然 DSSTNE 框架并不具备普适性，但在大热的自然语言理解与视觉识别之外，它在搜索与推荐领域也有着巨大的应用空间，相信这也是亚马逊公司开源 DSSTNE 的初衷。

11. Keras

最后，我们列出本书所使用的深度学习工具——Keras。从严格意义上来讲，Keras 并不算是一个深度学习框架。Keras 是一个高层的 API（应用程序编程接口），它运行在 TensorFlow、CNTK、Theano 或 MXNet 这些学习框架上。Keras 于 2015 年 3 月首次发布，之后即因其易用性和语法简洁性而广受支持，并得到快速发展。Keras 也是谷歌公司支持的框架之一。

接下来会详细地介绍 Keras，同时一步步搭建基于 Keras 的深度学习环境。

2.3　选择适合自己的框架

本节将讨论如何选择适合自己的框架。诚然，本书选用了 Keras 来构建神经网络。但是，我们还是有必要就这一选择做一些说明，因为这一选择对于初学者十分重要，框架的易懂和易用程度直接决定了入门深度学习的难度。本着易懂易用的原则，对于初学者，我们强烈推荐 Keras 或 PyTorch。这两者都是非常强大的工具，且非常容易上手。

1. 为什么不使用 TensorFlow 作为入门框架

TensorFlow 更多时候像是深度学习的代名词，但是对于初学者来说，TensorFlow 并不直观，在入门深度学习时，TensorFlow 的难度会让人沮丧，这也是非常普遍的一种反馈。

首先，大多数人在深度学习开发中使用的语言是 Python，但 TensorFlow 并不是一个标准的 Python 包，甚至可以说，TensorFlow 的写法十分"不 Python"，这无疑增加了编程的难度。

其次，TensorFlow 通过构建"计算图"来运行神经网络，对于很多新手来说，这不是一个浅显的概念，无论是构建网络还是理解其逻辑都会遇到很多困难。

2. 在 TensorFlow 之外的一些框架

我们已经知道了 Theano 不再处于活跃开发状态，Caffe 缺少灵活性，Torch 使用 Lua 语言而非 Python。MXNet、Chainer 和 CNTK 目前应用不那么广泛。这样一来，不难得出结论，选用 Keras 或者 PyTorch 作为一种入门框架也就很自然了。

在接触深度学习时，如果项目中并没有指定的框架，那么完全可以选择更容易上手的框架，降低编程的门槛，更便捷地开始入门深度学习。要知道，深度学习的入门是一个体系，其中的核心概念和基础知识是可转移的。一旦我们掌握了一个框架中的核心概念和基础知识，就能学以致用，举一反三，进而顺利掌握新的深度学习框架。

3. 为什么选择 Keras

首要的原因就是 Keras 的易用性和灵活性。Keras 是一个简练易学的 API，易于用标准层进行实验。我们基本上可以把 Keras 当成 Python 的一个包，在安装好这个包之后，只需要使用 import Keras 即可导入，就像在 Python 中导入任何一个包那样使用 Keras，可谓是"即插即用"。

Keras 作为一个高级别的框架，将常用的深度学习层和运算封装到像乐高积木式的基本构件中，构建神经网络就像搭积木一样简单。使用者不用再考虑深度学习的复杂度。

下面给出了一段 Keras 代码，这段代码构建了一个简单的卷积网络。在 Keras 中，我们只需要将网络层一层层叠加（add）上去即可。

```
model = Sequential()
model.add(Conv2D(32, (3, 3), activation='relu', input_shape=(32, 32, 3)))
model.add(MaxPool2D())
model.add(Conv2D(16, (3, 3), activation='relu'))
model.add(MaxPool2D())
model.add(Flatten())
model.add(Dense(10, activation='softmax'))
```

在构建好模型后，若要编译和训练模型，在 Keras 中分别只需要一行语句。

```
model.compile(
    loss='categorical_crossentropy',
    optimizer='sgd',
    metrics=['accuracy'])
model.fit(x_train, y_train, epochs=5, batch_size=32)
```

从上面的例子中很明显可以看出，Keras 确实可读性强，写法也简练，允许用户跳过一些实现细节，更快地构建自己的端到端的深度学习模型。

除了本身灵活可用，Keras 所提供的教程也是一大优势。Keras 的初学者深度学习课程要比其他框架的课程简单，这当然是初学者的福音。Keras 不但有着友好完整的文档，创建者 François Chollet 还提供了开源的图书 *Deep Learning with Python*。这使得 Keras 有一套体系完整的入门教程，并具备大量可重复使用的代码。

说了这么多 Keras 的优点，也有必要提一提 Keras 的弊端。Keras 最大的问题是，作为一个易用的高级 API，Keras 封装了大量计算模块。这样限制了用户探索深度学习流程中每个计算模块内在工作原理的机会。更重要的是，在实际使用中使得确定或定位导致问题的代码较为困难。

总结起来，Keras 极大地降低了入门深度学习的难度，可以说是当前最简单的深度学习工具之一，本书也是基于这样一种考虑选择了 Keras。也正是因为 Keras 的这种封装特性，在实际项目中，读者需要考虑 Keras 是否能满足自己的深度学习应用所需的灵活性。随着学习的深入，建议读者根据自己的需求接触和尝试更多的框架，比如 TensorFlow 和 PyTorch 这一类框架，更好地理解和掌握深度学习中的计算原理。

4. Keras 的资源支持

选择一个深度框架时，考虑其简单性是一个方面，社区支持也很重要。这些支持包括教程、程序包（或简称为包）和讨论组。Keras 有着非常好的社区支持，那么我们可以去哪里找到这些资源支持呢？

首先，应该充分利用 Keras 的官方文档：

- Keras API 文档：https://keras.io/
- Keras 官方博客：https://blog.keras.io/
- Keras 源代码项目：https://github.com/keras-team/keras

当我们在学习的过程中，遇到了深度学习和 Keras 使用方面的问题时，还可以上论坛社区寻找答案：

- StackOverflow：StackOverflow（https://stackoverflow.com/）是一个编程类的问答网站，我们可以在上面搜索日常遇到的编程方面的问题，也可以通过"Keras"标签浏览相关的问题，还可以在网站上提问。图 2-1 是 StackOverflow 网站的一个截图。

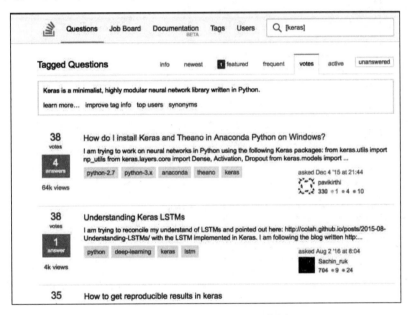

图 2-1　StackOverflow 网站截图

- CrossValidated 和 Data Science：CrossValidated（https://stats.stackexchange.com/）和 Data Science Stack Exchange（https://datascience.stackexchange.com/）这两个网站，都是机器学习方面的问答网站，里面有很多 Keras 相关的问题，不过这两个网站上的问答更多是偏理论方面的而不是面向实际应用方面的，所以更适合查找深度学习知识相关的问题。图 2-2 和图 2-3 分别是 CrossValidated 和 Data Science 网站的一个截图。

图 2-2　CrossValidated 网站截图

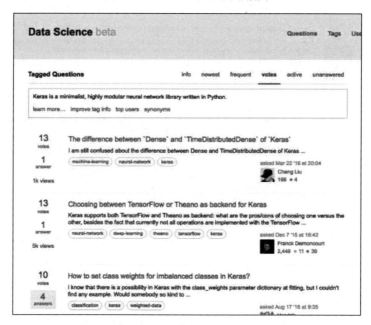

图 2-3　Data Science beta 网站截图

● KerasGitHub Issues：KerasGitHub Issues（https://github.com/keras-team/keras）是一个由 GitHub 托管的开源项目，可以直接搜索 Keras 的问题，不过只有在发现错误或者有新功能请求时才会发布 request，这里的讨论更多是有关 Keras 自身的功能和发现的。图 2-4 是 Keras GitHub Issues 网站的截图。

图 2-4　Keras GitHub Issues 网站截图

2.4 Python 的安装

本节将介绍 Anaconda 的安装以及使用 Anaconda 对 Python 进行环境管理。参照本节的步骤，读者可以配置好自己本地计算机上的 Python 环境，为接下来的学习做好准备。

2.4.1 概述

Anaconda 是一个可用于科学计算的 Python 发行版。因为除了使用 Python 编写代码之外，还有很多其他的配套工作要做，比如运行脚本、下载各种需要用到的包、管理环境等，所以 Anaconda 把这些功能全部集成好了，省去了我们很多琐碎的工作。可以说，Anaconda 最大的作用就是管理在使用 Python 时用到的包和环境。

让我们来看一看 Anaconda 的特长：

（1）Anaconda 集成了大部分需要用到的 Python 包，尤其是数据科学类的包，在数据处理方面，可以在安装后直接使用。

（2）利用自带的 conda，Anaconda 能够安装、卸载和更新 Python 包。Python 的一大优势即是丰富的第三方的包，比如数据处理的 NumPy、数据分析的 Pandas 以及我们进行深度学习用到的 Keras。安装和管理这些包是使用 Python 的日常工作之一。Anaconda 是一个简单便捷的包管理器。

（3）此外，通过使用 conda，Anaconda 为我们提供了容易操作的环境管理方式。这里说的环境是独立的、互不干扰的开发环境。一种情况是，在项目 A 中使用了 Python 2，然而新的项目 B 要求使用 Python 3，那么在同一套开发环境中同时安装 Python 2 和 Python 3，必然会因为

25

版本的不同引发混乱；另一种情况是，在不同的项目中使用包的版本不同，不可能在同一个地方同时启用两个不同版本的包。这时，正确的做法是，对不同的项目（通常是对 Python 或者包的版本要求不同的项目）建立不同的环境，在彼此独立的子环境中使用各自统一的 Python 版本以及安装所使用的包。在这样相互独立的环境中工作，就能够做到版本间互不干扰，而环境管理的工作就可以通过 conda 轻松完成。

2.4.2 安装 Anaconda

Anaconda 可以从官网（https://repo.continuum.io/archive/index.html）下载，支持 Linux、Mac、Windows 系统。

这里有两个版本，分别对应 Python 2.7 和 Python 3.7，如图 2-5 所示。这里建议下载 Python 3.7 版本，一方面，因为 Windows 版本下的 TensorFlow 暂时不支持 Python 2.7；另一方面，Python 3 正在逐渐替代 Python 2。本书选用了 Python 3，其实，版本的选择在 Anaconda 中并不是一个问题，因为通过环境管理，我们可以很方便地切换运行时所需的 Python 版本，读者可以根据自己的使用习惯进行选择。

图 2-5　Anaconda 提供的两个 Python 版本的安装包

如果官网的速度太慢，建议大家使用清华镜像网站（https://mirrors.tuna.tsinghua.edu.cn/help/anaconda/）下载，从中找到目标操作系统对应的 Anaconda 版本，下载后按提示进行安装即可。

安装完 Anaconda，就相当于安装了 Python、命令行工具 Anaconda Prompt、集成开发环境 Spyder、交互式笔记本 IPython 和 Jupyter Notebook。图 2-6 列出了 Anaconda 的一套工具，可以在"开始"菜单栏中找到这些应用组件和工具。

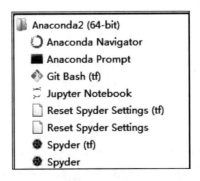

图 2-6　Anaconda 提供的应用组件和工具

2.4.3　使用 conda 进行环境管理和包管理

conda 是 Anaconda 中的环境管理器和包管理器。

对于 conda 的操作都发生在命令行内，可以打开 Anaconda Prompt 进行操作。

1. 检查 conda

在使用 conda 前，先检查 conda 是否已经安装，以及当前版本是否是最新版本。

```
# 检查 conda 是否已经安装好，此命令会返回系统中已安装 Anaconda 软件对应的版本号
conda --version
>>conda 4.3.40


# 通过以下命令升级 conda 到最新版本
# 如果有新版本可用，在提示 proceed ([y]/n)？中输入 y 进行升级
conda update conda
```

2. 环境管理

环境管理是 Python 使用中的一大好习惯，如果读者不想一遍遍地重新安装 Python，那么环境管理是学习 Python 的过程中非常必要的一环。下面我们示范使用 conda 进行环境管理。

（1）创建环境

```
# 创建一个名为 py34 的环境，指定使用 Python 的版本是 3.4
#（不用管 3.4.x，conda 会为我们自动寻找 3.4.x 中的最新版本）
conda create --name py34 python=3.4


# 通过创建环境，我们可以使用不同版本的 Python
conda create --name py27 python=2.7
```

（2）激活环境

```
# 在 Windows 环境下使用 activate 激活 Python 环境
activate py34


# 在 Linux & Mac 中使用 source activate 激活 Python 环境
source activate py34
```

激活后，会发现 terminal 输入的地方多了"py34"的字样，这表示我们已经进入了 py34 的环境中。

（3）退出环境

```
# 在 Windows 环境下使用 deactivate
deactivate


# 在 Linux & Mac 中使用 source deactivate
```

```
source deactivate
```

（4）删除环境

如果不想要这个名为 py34 的环境，可以通过以下命令删除。

```
conda remove -n py34 --all
```

可以通过以下命令查看已有的环境列表，现在 py34 已经不在这个列表中，所以我们知道它已经被删除了。

```
conda info -e
```

3. 包管理

我们可以使用 conda 安装、卸载和更新第三方的包。

对于包的下载，可以先设置从国内的镜像网站或服务器下载。因为 http://Anaconda.org 的服务器在国外，所以 conda 在下载包的时候速度往往很慢。所幸清华 TUNA 镜像网站（https://mirrors.tuna.tsinghua.edu.cn/help/anaconda/）有 Anaconda 仓库的镜像，我们将其加入 conda 的配置，即可解决从国外服务器下载慢的问题。

```
# 添加 Anaconda 的 TUNA 镜像
conda config --add channels
https://mirrors.tuna.tsinghua.edu.cn/anaconda/pkgs/free/
conda config --add channels
https://mirrors.tuna.tsinghua.edu.cn/anaconda/pkgs/main/
conda config --set show_channel_urls yes
```

接下来我们进行包的安装，请进入指定的环境中（如上节中的 py34），这里我们以 pandas（一个数据处理和分析的包）为例进行操作。

查看已安装的包：

```
#使用这条命令来查看在当前环境中已安装的包和对应的版本
conda list
```

查找可安装的包：

```
#可以通过 search 命令检查 pandas 这个包是否能通过 conda 来安装
#如果命令返回了这个包的信息，那么表示能通过 conda 来安装
conda search pandas
```

安装包：

```
#通过 install 安装 pandas
#如果 pandas 已经存在于环境中，会提示已经安装
#否则在提示 proceed ([y]/n)？中输入 y 进行安装
conda install pandas
```

更新包：

```
#通过 update 更新 pandas
conda update pandas
```

卸载包：

```
#通过 remove 卸载 pandas
conda remove pandas
```

以上就是 conda 对于包的安装、更新和卸载。值得一提的是，conda 将 conda、Python 等都视为包，因此，完全可以使用 conda 来管理 conda 和 Python 的版本，例如：

```
# 更新 conda 到最新版本，这里 conda 被当作一个包处理
conda update conda

# 同样可以更新 Anaconda 到最新版本
conda update anaconda

# 更新 Python
# 例如我们所启用的环境是 py34，使用的是 Python 3.4,那么 conda 会将 Python
# 升级为 3.4.x 系列中的最新版本
conda update python
```

2.5　Keras 的安装

深度学习框架因为用到了 GPU，所以需要很多的依赖包，而配置环境本身是件很麻烦的事情。下面将介绍在 Anaconda 下基于 TensorFlow 后台安装 Keras 的过程。

2.5.1　什么是 Keras

Keras 是一个深度学习包，是一个用 Python 编写的高级神经网络的 API，它能够以 TensorFlow、CNTK 或者 Theano 作为后端来运行。

关于 Keras，我们需要知道以下三点：

- Keras 使用 Python 语言。
- Keras 是一个深度学习包，使用 Keras 基本可以满足我们对深度学习的一般要求。
- Keras 是一个高层的包。这里的意思是，Keras 对底层深度学习框架（这里是 TensorFlow、CNTK 或者 Theano）进行了封装。当我们调用 Keras 的语句时，所搭载的后台框架实际上进行了一长串的操作。很多时候，TensorFlow 等框架十几行的语句，在 Keras 中只是一行命令。也正是因为这样的封装，使 Keras 变得十分简单。

Keras 的简单易用性，也正是我们选择它作为深度学习入门工具的主要原因之一。

2.5.2 安装 TensorFlow

我们首先使用 conda 创建环境。

在 Windows 系统中，TensorFlow 支持 Python 3.5.x 和 3.6.x，在本书中我们指定环境为 Python 3.6。Linux 和 Mac 系统对 Python 版本没有要求。以下安装命令对 Windows、Linux 和 Mac 系统都同样适用。

```
# 创建环境
conda create --name py36 python=3.6

# 进入环境
activate py36

# 检查 Python 版本，应该返回 Python 3.6.X
Python --version
>> Python 3.6.5
```

接下来，使用 conda 来安装 TensorFlow。conda 同时会自动安装依赖的第三方包，不需要我们手动执行更多的操作。需要注意的是，我们要确定安装哪种 TensorFlow，是使用 CPU 运行的 TensorFlow 还是使用 GPU 运行的 TensorFlow。

仅支持 CPU 的 TensorFlow。如果我们的目标系统中没有配备 NVIDIA® GPU（英伟达公司的显卡），就必须安装此版本。这是一个比较容易安装的版本（安装过程用时通常为 5~10 分钟），是最为基础的版本，所以即使在拥有 NVIDIA GPU 的系统中，也可以预先安装此版本。

支持 GPU 的 TensorFlow。如果系统中配备了 NVIDIA® GPU，那么 GPU 可以大大提高 TensorFlow 程序的运行速度。这时应该选择安装此版本。

要安装仅支持 CPU 的 TensorFlow 版本，请输入以下命令：

```
conda install tensorflow
```

要安装 GPU 版本的 TensorFlow，请输入以下命令：

```
conda install tensorflow-gpu
```

GPU 版本的 TensorFlow 因为依赖的包比较多，所以安装需要的时间较长，从十几分钟到几十分钟不等。

无论是 CPU 版本还是 GPU 版本，在安装完成后，都可以使用以下代码测试 TensorFlow 是否安装成功：

```
# Python
import tensorflow as tf
hello = tf.constant('Hello, TensorFlow!')
sess = tf.Session()
print(sess.run(hello))
```

如果安装成功，在上面的命令运行完之后可以看到如下的输出：

```
Hello, TensorFlow!
```

到这一步，表明我们已经成功安装了 TensorFlow。有关 TensorFlow 安装的更多知识，可以参考 TensorFlow 官网的安装页面，网址如下：

```
https://www.tensorflow.org/install/
```

2.5.3　安装 Keras

在 TensorFlow 搭建成功之后，安装 Keras 就变得很简单。

在相同的环境下（比如我们现在使用的是 py36），输入以下命令即可。

```
pip install keras
```

同样，Keras 的安装也可以参考官网指南，网址如下：

```
https://keras.io/#installation
```

提示安装完成后，进入 Python，载入 Keras，没有错误提示就表示安装成功了。

```
# python
import keras
```

第 3 章
◀ 深度学习的知识准备 ▶

本章将简单介绍入门深度学习所需要的知识。我们从概率论、线性代数、导数和机器学习基础这四个方面，对深度学习的相关基础知识做一个梳理。

图 3-1 来自 Ian Goodfellow、YoshuaBengio、Aaron Courville 编著的 *Deep Learning*。这本书的第一部分将深度学习所要用到的基础知识基本上都罗列了，建议读者仔细阅读，在时间允许的情况下建议读者多读几遍，每读一遍都会有新的收获。

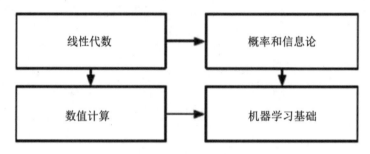

图 3-1　深度学习所要求的数学和机器学习基础知识[1]

根据图 3-1 的建议，我们也按照类似的板块进行讲解。在 3.1~3.3 节中，介绍深度学习所用到的数学知识——概率论、线性代数和微积分。在 3.4 节中讲解机器学习的方法和术语，如前文所述，深度学习是机器学习的一种，所以在方式上，深度学习和机器学习的体系一脉相承。

本章涉及的知识和领域比较宽泛，但都是我们在入门和深入学习的过程中会用到的，这些知识与深度学习的原理、应用和实现息息相关。在 AI 类公司招聘面试时，这些知识也经常出现在考察应聘者的问题里。而对于日后立志于深度学习研究的读者，则更需要理解和掌握这些知识。

这些基础知识和深度学习的相关性在哪里？以深度学习的过程为例，首先深度学习网络的输入是一个矩阵，最简单也是个二维矩阵。在深度学习的训练过程中，首先要进行前向传播，就会涉及矩阵乘法，这是线性代数的知识；其次每一次的输出都要求计算损失，而损失函数的原型（比如 sigmoid）很多来自概率论；最重要的反向传播涉及大量矩阵求导，则用到了微积分

---

[1] 伊恩·古德费洛，约书亚·本吉奥，亚伦·库维尔. 深度学习[M]. 赵申剑，译. 北京：人民邮电出版社，2017.

和线性代数；最后，在训练结束并分析结果时，会用到交叉熵这一概念，这属于信息论的应用。以上我们所说的整个学习过程，就是机器学习训练和测试过程的体现。

3.1　概率论

机器的智能建立在概率论的基础上。这话乍一听很武断。所谓的机器智能，不就是为了最大程度拟人化，为什么不是依靠模仿人类，而是学习概率？可是，回顾一下机器智能的发展历程，就能理解为何是从学习人类到学习概率的转换。

以自然语言处理为例，早期对自然语言处理的研究，即从 20 世纪 50 年代到 70 年代，科学家们试图以人类学习语言的方式来教计算机像人类一样"理解"语句，来处理自然语言。这是很符合人类认知的想法，但结果就是这 20 年的研究成果近乎空白。直到 20 世纪 70 年代，一些自然语言处理的先驱尝试了基于序列模型和统计的方法，开辟出一条新路子，这个领域才有了实质性的突破和进展。直到现在，自然语言处理在很多产品和场景中都得到了广泛应用，采用的仍然是基于序列模型和统计的方法。

机器学习、图像识别等领域亦是同理。本质上，数字化是机器认识这个世界的第一步。无论是语音、文字还是图像，首先都要转换成机器可以理解的信息格式，这才谈得上处理、理解和识别。所以，当面对的"世界"是一堆数的时候，概率就是我们认识这个世界的方式。对于深度学习，概率论的重要性不言而喻。

无论是机器学习还是深度学习，要做的是用已有的信息来对未知做出预测，这种通过已有信息在数学上进行分析推论，并对分析过程中不确定性进行估计和评价，就是概率论的工作。概率论是整个机器学习和深度学习的理论基石。

与概率论十分相关且相似的领域是信息论，信息论提供了关于熵、条件熵、交叉熵的概念。基于此，我们可以更好地理解和设计深度学习中的目标函数。

一言以概之，概率论使我们能够提出不确定的声明以及在不确定性存在的情况下进行推理，而信息论使我们能够量化概率分布中的不确定性总量[1]。

大多数深度学习模型都是概率模型，训练参数的过程就是调整概率模型参数的过程。在学习和设计深度学习模型的过程中贯穿了各种统计学知识，因此概率和统计非常重要。

本节旨在建立起概率论和信息论的基本概念，这块大领域要学习的知识很多。不过，也不必过度受限于深度学习的数学基础。在学习和应用深度学习的不同阶段，都会对相关的数学知识有不同的需求，可根据自己的需要学习相应的知识。

3.1.1　什么是概率

概率是我们了解概率论所要掌握的第一个概念。概率本身是一个数值，代表了某件事发生

---

[1] 伊恩·古德费洛，约书亚·本吉奥，亚伦·库维尔. 深度学习[M]. 赵申剑，译. 北京：人民邮电出版社，2017.

的可能性。在数学上，很自然地把必然发生的事件的概率定为 1，把不可能发生的事件的概率定为 0，而一般随机事件的概率是介于 0~1 之间的一个数，概率越大，发生的可能性就越大。这里必须强调的是，概率衡量的是发生的可能性，这种可能性由累积统计得出。

累积统计就需要数据。这种数据可以通过观测或者实验得到。我们以抛硬币为例，在以下表格中记录了抛掷硬币实验的数据结果，其中 1 代表正面，0 代表反面。可以看到，在 10 次实验中，得到了 4 次正面、6 次反面。那么这次实验告诉我们的是，抛掷硬币得到正面的概率是 0.4（4/10），得到反面的概率是 0.6（6/10），如下表。

1	1	0	1	0	0	1	0	0	0

这看上去是不正确的，因为我们都知道抛掷硬币是一个公平的游戏，出现正面和反面的概率各为一半，即 0.5。这就是关于概率的重要背景条件了，一个事件发生的概率，只有基于大量的数据累积才有意义。这意味着，当我们抛掷硬币的次数足够多时，比如 10000 次，很有可能在最后的统计结果中得到 5000 个左右的正面和近似数量的反面，基本就是一半对一半。而如果我们只实验了 10 次，那么这种恰好接近一半的结果是很难观测到的。换言之，得到硬币正面和反面的概率都是 0.5，但是这种描述发生可能性的量，只在大量数据统计的前提下才有意义，才接近真实的情况。

一直抛硬币是一件枯燥的事情，所以我们借助 Python 程序来完成抛硬币实验。在模拟实验中，用 random() 函数来生成一个介于 0~1 之间的随机数，如果这个数在 0.5 以下，就计为 heads（正面朝上），最后用正面朝上的次数除以总次数，就可以得到硬币正面朝上的概率。

```python
import random

def coin_simulation(n):
    heads = 0
    for i in range(n):
        if random.random() <= 0.5:
            heads += 1
    prob = heads / n
    return prob
```

重复这一实验，观察硬币正面朝上的概率。

实验 10 次：

```python
coin_simulation(10)
```

得到的结果如下（因为是随机数实验，结果可能会有所差异）：

```
0.4
```

实验 100 次：

```python
coin_simulation(100)
```

结果如下：

```
0.47
```

　　实验 1000 次：

```
coin_simulation(1000)
```

结果如下：

```
0.505
```

　　实验 10000 次：

```
coin_simulation(10000)
```

结果如下：

```
0.4917
```

　　我们发现，随着实验次数的增加，硬币正面朝上的概率越来越接近 0.5。这很好地说明了概率的性质——概率描述了事件发生的可能性，概率是通过大量统计得到的。

　　概率是一个数值，概率论正是试图用恒定的量描述不定的事件，这是概率的意义，也是我们在学习概率论时贯穿始终的一个概念。而在机器学习或者深度学习中，概率无处不在。比如在分类问题中，深度学习模型的预测结果就是一个概率值。

　　图 3-2 是一个分类模型的输出，这个分类模型读入一张图像，试图预测图中的数字是 0~10 的哪个数字。那么，这个模型的最后一层（接下来我们会看到这叫作 Softmax 层）会产生 $y_1, y_2, \cdots,$ y_{10} 这 10 个输出，这 10 个数值每一个都是一个概率。如果我们得到的输出中以 y_1 的值最大，比如 $y_1 = 0.9$，那么可以推论这个模型预测输入图像中的数字是 1，因为输出告诉我们这张图像属于类别 1 的概率很高，达到了 0.9 的概率值，比其他类别都要高，所以预测结果为 1，这一切都是根据概率做出的选择。这就是概率对机器学习或深度学习中的意义。

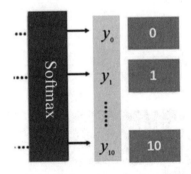

图 3-2　神经网络最后一层（Softmax）层的概率值

3.1.2　概率分布

　　接下来的问题就是如何描述概率。这就需要用到随机变量（Random Variable），它是一个变量，并且可以随机取值。有了随机变量，就可以将任意一个随机事件数量化，然后进行统计。

　　随机变量可以是离散的或者连续的。离散（Discrete）的意思是随机变量可取到的值是有限的，比如我们提到的硬币正面出现的次数总是一个整数；而连续型（Continuous）随机变量可以取任意值，比如人的身高值，1.50m、1.51m、1.511m，能无限分割细化下去。

继续上面的例子，在以上抛硬币的实验中出现正面的次数就是一个随机变量，在这一次实验中出现了 4 次正面，那么这个随机变量这一次的取值就是 4，而事实上，这个随机变量可以是 0~10 的任意一个数。如果我们以抛 10 次硬币为一组实验，重复进行这样的实验，就得到了一组随机变量。

我们通常用小写字母表示随机变量本身（如 x），用带下角的小写字母表示随机变量能够取到的值，比如x_1，$\cdots$，x_n。

下表中列出了出现正面的次数这个随机变量的取值，以抛 10 次硬币为一组实验，在做了 10 次实验之后，我们得到了x_1，$\cdots$，x_{10}的取值。

x_1	x_2	x_3	x_4	x_5	x_6	x_7	x_8	x_9	x_{10}
3	3	5	6	9	6	5	6	4	7

我们通过一个程序来模拟抛硬币的实验，在 count_heads(*n*)这个函数中模拟抛 *n* 次硬币，得到正面朝上的次数。

```
def count_heads(n):
    heads = 0
    for i in range(n):
        if random.random() <= 0.5:
            heads += 1
    return heads
```

如果以抛掷 10 次硬币为一组实验，count_heads(10)返回给我们正面朝上的次数，每一个 count_heads(10)是一个随机变量。

```
for i in range(10):
    print('random variable %d: get %d heads' %(i, count_heads(10)))
```

重复 10 次实验，得到 10 个随机变量。

结果如下：

```
random variable 0: get 7 heads
random variable 1: get 6 heads
random variable 2: get 6 heads
random variable 3: get 5 heads
random variable 4: get 6 heads
random variable 5: get 5 heads
random variable 6: get 4 heads
random variable 7: get 5 heads
random variable 8: get 7 heads
random variable 9: get 5 heads
```

如果我们做更多次实验，比如 100000 次。我们知道，每一次 count_heads(10)都会返回一个 0~10 的值，这就是随机变量的取值范围。我们使用一个字典 d 来计数，计算每一个随机变量值的出现次数。

```
import collections
d = collections.defaultdict(int)
for i in range(100000):
    rv_head = count_heads(10)
    d[rv_head] += 1
```

我们用字典 d 记录 100000 次实验每一个随机变量出现的次数。

```
defaultdict(int,
        {0: 95,
         1: 1010,
         2: 4519,
         3: 11689,
         4: 20716,
         5: 24461,
         6: 20580,
         7: 11451,
         8: 4397,
         9: 984,
         10: 98})
```

这时随机变量就发挥作用了。当我们有了大量的随机变量的取值，就可以得到一个事件的发生概率。计算概率没有什么简单的方法，必须依靠数据和统计。

在以上的实验中，随机变量定义的是在 10 次抛硬币的实验中出现正面朝上的次数。这个随机变量有 0~10 的取值范围，对应每一个取值都有一个概率，我们使用概率分布（Probability Distribution）来描述随机变量取值的概率规律。

在 Python 中，Matplotlib 是很常用的可视化工具，这里使用 Matplotlib 将之前的字典 d 绘制出来。我们使用随机变量 x 的取值（0~10）作为 x 轴，以对应的出现次数作为 y 轴。

```
import matplotlib.pyplot as plt
lists = sorted(d.items())
x, y = zip(*lists)
plt.plot(x, y)
plt.show()
```

对随机变量的取值和出现次数（在大量统计下，即概率）绘图，得到的是数据的分布。当我们说到分布时，是指数据在统计图中的形状，对于概率分布，一种直观的方式是将随机变量的概率以统计图的形式绘制出来，结果如图 3-3 所示。

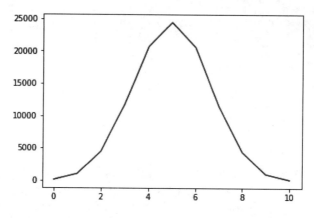

图 3-3　随机变量的取值和出现次数

图 3-3 中的分布图，已经非常接近我们常见的正态分布了。

图 3-4 是一个正态分布（Normal Distribution），也叫作高斯分布（Gaussian Distribution），我们常称其为钟形曲线（Bell-Shaped Curve）。这是因为整个分布图呈一个古钟的形状。在正态分布中，最高点表示发生概率最大的事件。离这个事件越远，概率下降越厉害。也就是说，事件的发生集中在中点值，两端的点与均值存在极高的偏差，而且这类偏差高的样本非常罕见。

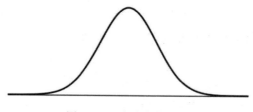

图 3-4　正态分布的形状

正态分布是应用最多的一种概率分布。除了正态分布，还有指数分布、均匀分布等许多概率分布。

在进行数据分析、机器学习或者深度学习时，概率分布是帮助我们了解手中数据性质的重要工具。比如在深度学习的数据平衡问题上，必须通过绘制概率分布来查看样本是否平衡，并决定是否进行必要的预处理，这种数据的预处理和模型最后的性能紧密相关。

3.1.3　信息论

一个与概率论非常相关的领域——信息论，也是深度学习的必要模块，信息论涉及复杂的公式和烦琐的计算，我们在本书中并不会列出大堆的公式，因为无论是深度学习的框架，还是 Python 中用于数学计算的 SciPy 包都提供了对应的计算功能，并不需要自己动手编写计算公式的代码。这里，我们的侧重点是理解信息论和深度学习的关系，以及信息论中熵的概念，信息论中的熵经常被用来设计深度学习中的目标函数，我们会一再遇到此类名词，所以需要理解这一概念，并且理解为什么熵可以被用来作为深度学习的目标函数。

信息论和机器学习、深度学习的联系非常紧密，剑桥大学的 David MacKay 教授就说

"Information theory and machine learning are the two sides of the same coin"（信息论和机器学习是同一个硬币的两面）。机器学习和深度学习中的 Encoder-Decoder 模型（Autoencoder，机器翻译中的 Seq2Seq 等）在结构上非常类似于一个通信系统，对应到通信系统中就是编码、解码，所以这个模型也被翻译成编码-解码模型。有关两者的应用也一直互有借鉴，比如用于训练深度学习网络的反向传播算法，最早就是用来反向求编码的，而信息论中的熵又被用于很多算法的代价函数。

有关信息论，我们的第一个问题是，什么是熵？

在信息论的语境下，熵是一个用来量化不确定性的指标。通俗的表述是：越难确定的事件，越混乱的系统，熵越高。图 3-5 的例子可以帮助我们理解熵对于不确定性的量化。从左到右，盒子中的小球从纯粹的红色逐步增加到红绿混杂，其不确定性越来越高，换言之，我们想要把盒子中不同颜色的小球分开，需要的信息也越来越多，所以图 3-5 中的熵也是随着小球颜色的不确定性同而升高的。

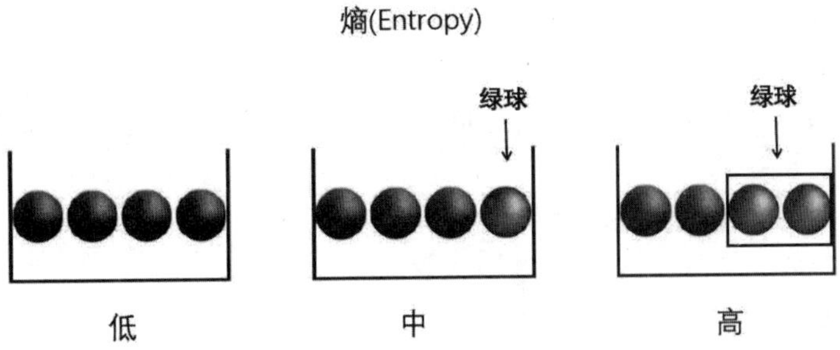

图 3-5　熵的示例图

在机器学习中，这个例子就是一个典型的分类问题。分类问题的目的是得到一个尽可能纯粹的系统，对应图 3-5 是要把红球和绿球分开。对于机器学习，其中的学习过程是一个减熵的过程。而在深度学习中，设计学习的目标函数时，通常会用到交叉熵（Cross Entropy），道理就是如此。

当我们应用交叉熵时，面对的是概率值，而不是单个数值。所以深度学习中的模型，如果使用了交叉熵，输出一定是概率。在图 3-2 的分类模型中提到过，如果神经网络要输出概率值，最后一层往往会使用 Softmax 层。在深度学习中，交叉熵的使用一般也和 Softmax 函数联系在一起。

在机器学习中，比如上述分类问题，如果把结果当作概率分布来看，数据的标签表示的就是数据真实的概率分布，由 Softmax 函数产生的结果其实是对于数据的预测分布，预测分布和真实分布的差值叫作 KL 散度或是相对熵。我们希望预测值尽量接近真实分布，也就是希望相对熵可以越来越小。相对熵又等于交叉熵减去数据真实分布的熵，后者是确定的，所以最小化相对熵就等价于最小化交叉熵。这就是交叉熵损失函数的由来，衡量的是预测值和真实标签之间的差异性，训练的目的是不断减少损失函数，也就是让预测值不断接近真实值。这就是信息论在深度学习中最基本的应用。

3.2 线性代数

为什么要学习线性代数？因为深度学习的一切运算都是张量的运算，比如常用的深度学习框架——TensorFlow，其命名已经说明了深度学习中最重要的两个概念——Tensor 和 Flow。Tensor 即是张量，说的是深度学习的数据结构；Flow 可翻译成"流"，体现的是张量之间通过计算流动，即相互转化的过程。

张量的数学表示就是线性代数中的矩阵。深度学习中的神经网络，无论结构多复杂、功能多强大，本质上都是矩阵运算和非线性变换的结合。而我们面对的问题，形式复杂的声音、图像、文本等各种各样的格式，都要先转换成数学上的表达（即张量），才能输入网络进行学习。

对于线性代数，读者需要掌握如下知识点：

- 基础概念：标量、向量、矩阵和张量。
- 矩阵的各项基本运算：矩阵和向量的四则运算。
- 范数（Norm）：计算和衡量向量的大小。
- 特殊类型的矩阵和向量：如对角矩阵、对称矩阵、单位向量、正交矩阵。
- 单位矩阵和逆矩阵。
- 线性相关和生成子空间。
- 特征分解。
- 奇异值分解。

我们从线性代数的核心——矩阵，开始介绍，弄清楚矩阵及其运算，并配以在 Python 中的例子，这些例子主要以 NumPy 来实现。

NumPy 是一个为 Python 提供的高性能向量、矩阵和高维数据结构的科学计算包（也称为程序包或者程序库）。我们用到的数据科学或者机器学习的包，都在一定程度上依赖 NumPy。深度学习中的张量运算基本上都可以借助 NumPy 来完成。

使用 NumPy 的第一步是进行安装。在第 2 章中已经安装好了 Anaconda。现在，可以使用命令行，通过终端或命令提示符（比如 Anaconda Prompt）来安装 NumPy。

```
conda install numpy
```

安装好 NumPy 之后，在 Python 中导入 NumPy 包，为了方便程序的编写，通常会把 NumPy 简写为 np。在使用以下命令导入 NumPy 包之后，就可以开始使用了。

```
import numpy as np
```

3.2.1 矩阵

矩阵（Matrix）是一个二维数组。比如一个常见的 m 行 n 列矩阵，即是由 $m \times n$ 个数排成的 m 行、n 列的数表，简称 $m \times n$ 矩阵，如下：

$$A = \begin{bmatrix} a_{11} & a_{12} & \cdots & a_{1n} \\ a_{21} & a_{22} & \cdots & a_{2n} \\ \vdots & \vdots & & \vdots \\ a_{m1} & a_{m2} & \cdots & a_{mn} \end{bmatrix}$$

下面将使用 NumPy 来定义以下的矩阵：

$$a = \begin{bmatrix} 1 & 2 & 3 \\ 4 & 5 & 6 \end{bmatrix}$$

```
import numpy as np
a = np.array([[1,2,3],[4,5,6]])
```

通过 np.array，NumPy 生成了一个数组类（Array Class）叫作 ndarray。在实际使用中，我们经常称其为数组（Array）。注意 numpy.array 和标准 Python 包中的类 array.array 是不同的。标准 Python 包中的类 array.array 只处理一维的数组，只提供了少量的功能，而 ndarray 提供的属性多得多。通过下面的例子，来了解一下 ndarray 的这些功能。

```
# 将 0~14 这 15 个数字，排列为形状是(3, 5)的矩阵
a = np.arange(15).reshape(3, 5)
```

结果如下：

```
array([[ 0,  1,  2,  3,  4],
       [ 5,  6,  7,  8,  9],
       [10, 11, 12, 13, 14]])
```

```
# a 是一个数组类（array class），类型为 ndarray
type(a)
```

结果如下：

```
numpy.ndarray
```

```
# 通过 shape 来获取数组的大小
# 如 n 行 m 列的矩阵，它的 shape 就是（n,m)
a.shape
```

结果如下：

```
(3, 5)
```

```
# ndim 显示的是数组的轴线数量（又称维度）
# 这个数组的 shape 中有两个数值，所以是二维
a.ndim
```

结果如下：

```
2
```

41

```
# 显示数组元素的类型
a.dtype.name
```

结果如下：

```
'int64'
```

```
# 数组中所有元素的总量
# 相当于矩阵的行与列的乘积
a.size
```

结果如下：

```
15
```

有一些特殊类型的矩阵，也值得我们关注。

1. 对角矩阵（Diagonal Matrix）

仅在主对角线上含有非 0 元素，其他位置都是 0。对角矩阵通常由 $\boldsymbol{D}$ 表示：

$$\boldsymbol{D} = \begin{bmatrix} 3 & 0 & 0 \\ 0 & 7 & 0 \\ 0 & 0 & 1 \end{bmatrix}$$

NumPy 中提供了 np.diag 函数来构建对角矩阵。

```
# 提供对角线上的数值，生成对角函数
np.diag([3, 7, 1])
```

结果如下：

```
array([[3, 0, 0],
     [0, 7, 0],
     [0, 0, 1]])
```

2. 单位矩阵（Identity Matrix）

主对角线的元素都是 1，其余位置的元素都是 0 的矩阵，单位矩阵通常由 $\boldsymbol{I}$ 表示：

$$\boldsymbol{I} = \begin{bmatrix} 1 & 0 & 0 \\ 0 & 1 & 0 \\ 0 & 0 & 1 \end{bmatrix}$$

单位矩阵可以用 np.eye 函数来生成。

```
np.eye(3, dtype=int)
```

结果如下：

```
array([[1, 0, 0],
     [0, 1, 0],
     [0, 0, 1]])
```

除此之外，我们还经常会用到 np.zeros 和 np.ones 来生成元素全为 0 或者 1 的矩阵。

```
np.zeros((2,2))
```

结果如下：

```
array([[0., 0.],
       [0., 0.]])
```

```
np.ones((2,2))
```

结果如下：

```
array([[1., 1.],
       [1., 1.]])
```

3.2.2　矩阵的运算

1. 矩阵的加法

两个矩阵的相加，就是把两个矩阵中的元素按顺序逐个相加，即把在相同位置上（相同的行和列）的元素进行相加。只有当两个矩阵的行列数相同时，比如矩阵 A 和 B，都是 $m×n$ 矩阵，才能够进行相加。

$$A + B = \begin{bmatrix} a_{11} + b_{11} & a_{12} + b_{12} & ... & a_{1n} + b_{1n} \\ a_{21} + b_{21} & a_{22} + b_{22} & \cdots & a_{2n} + b_{2n} \\ \vdots & \vdots & & \vdots \\ a_{m1} + b_{m1} & a_{m2} + b_{m2} & \cdots & a_{mn} + b_{mn} \end{bmatrix}$$

```
A = np.array([[2, 4], [1, 2]])
B = np.array([[3, 1], [6, 4]])
C = A + B
```

这 3 个变量 A、B、C 的数值打印出来分别如下：

A

```
array([[2, 4],
       [1, 2]])
```

B

```
array([[3, 1],
       [6, 4]])
```

C

```
array([[5, 5],
       [7, 6]])
```

2. 矩阵的乘法

（1）数与矩阵的相乘

数 μ 与矩阵 A 的乘积记作 μA，即是将数字 μ 与矩阵 A 中的每一个元素相乘。数与矩阵的相乘对于矩阵的形状没有要求。

$$\mu A = \begin{bmatrix} \mu a_{11} & \mu a_{12} & \cdots & \mu a_{1n} \\ \mu a_{21} & \mu a_{22} & \cdots & \mu a_{2n} \\ \vdots & \vdots & & \vdots \\ \mu a_{m1} & \mu a_{m2} & \cdots & \mu a_{mn} \end{bmatrix}$$

```
C = 5 * A
```

C

```
array([[ 5, 10],
       [15, 20]])
```

（2）矩阵与矩阵相乘

矩阵与矩阵之间的乘法，要特别注意两个矩阵的形状，只有当第一个矩阵（左矩阵）的列数等于第二个矩阵（右矩阵）的行数时，两个矩阵才能相乘。

假设 A 是一个 $m \times k$ 的矩阵，B 是一个 $k \times n$ 的矩阵，那么 A 和 B 的乘积是一个 $m \times n$ 的矩阵 C。对于这个矩阵 C，其中（i 行，j 列）元素，就是 A 第 i 行和 B 的第 j 列的乘积的和：

$$C = A \times B$$

以下将矩阵中的元素展开来表示，矩阵 C 中的元素（2 行，1 列），即是由 A 的第 2 行和 B 的第 1 列相乘得来的。矩阵的乘法就是矩阵 A 的第 1 行乘以矩阵 B 的第 1 列，各个元素对应相乘后求和作为第一元素的值：

$$\begin{bmatrix} c_{11} & c_{12} & \cdots & c_{1n} \\ c_{21} & c_{22} & \cdots & c_{2n} \\ \vdots & \vdots & & \vdots \\ c_{m1} & c_{m2} & \cdots & c_{mn} \end{bmatrix} = \begin{bmatrix} a_{11} & a_{12} & \cdots & a_{1k} \\ a_{21} & a_{22} & \cdots & a_{2k} \\ \vdots & \vdots & & \vdots \\ a_{m1} & a_{m2} & \cdots & a_{mk} \end{bmatrix} \begin{bmatrix} b_{11} & b_{12} & \cdots & b_{1n} \\ b_{21} & b_{22} & \cdots & b_{2n} \\ \vdots & \vdots & & \vdots \\ b_{k1} & b_{k2} & \cdots & b_{kn} \end{bmatrix}$$

所以，对于矩阵和矩阵的乘积，以下是一个数值上的例子：

$$A = \begin{bmatrix} 2 & 4 \\ 1 & 2 \end{bmatrix}, \ B = \begin{bmatrix} 3 & 1 \\ 6 & 4 \end{bmatrix}$$

$$A \times B = \begin{bmatrix} 2 \times 3 + 4 \times 6 & 2 \times 1 + 4 \times 4 \\ 1 \times 3 + 2 \times 6 & 1 \times 1 + 2 \times 4 \end{bmatrix} = \begin{bmatrix} 30 & 18 \\ 15 & 9 \end{bmatrix}$$

两个矩阵的相乘要通过 np.matmul 来实现。

```
C = np.matmul(A, B)
```

C

```
array([[30, 18],
       [15, 9]])
```

（3）矩阵与矩阵的点乘

两个矩阵还有一种相乘的方式，称为点乘，也叫作矩阵的内积，就是元素对元素相乘

（Element-Wise Multiplication）：

$$A = \begin{bmatrix} 2 & 4 \\ 1 & 2 \end{bmatrix}, \ B = \begin{bmatrix} 3 & 1 \\ 6 & 4 \end{bmatrix}$$

$$A \cdot B = \begin{bmatrix} 2 \times 3 & 4 \times 1 \\ 1 \times 6 & 2 \times 4 \end{bmatrix} = \begin{bmatrix} 6 & 4 \\ 6 & 8 \end{bmatrix}$$

这种元素间的相乘，一般通过 Python 内置的乘法运算就可以完成了。

```
C = A * B
```

C

```
array([[6, 4],
       [6, 8]])
```

3. 矩阵的转置

转置（Transpose）是指把矩阵 *A* 的行换成同序数的列得到一个新矩阵，叫作 *A* 的转置矩阵，记作 A^T。像在上面看到的，矩阵的乘法对于矩阵的形状有要求，所以在神经网络中经常会用到矩阵的转置操作，在不影响矩阵内容的前提下保证乘法运算。

比如上一节中，我们看到矩阵 *A* 为：

A

```
array([[2, 4],
       [1, 2]])
```

那么，通过 np.transpose 可以实现矩阵 *A* 的转置。

```
C = np.transpose(A)
```

C

```
array([[2, 1],
       [4, 2]])
```

3.2.3　从矩阵中取值

很多时候，我们需要用到矩阵的一部分和其中的元素，这就要从矩阵中取值。矩阵是一个很规整的排列，由行和列的组合构成。因此，定位矩阵中的值可以通过行和列的编号。

1. 矩阵按行列选取

假设我们有一个二维矩阵 *a*，这个矩阵有 2 行 5 列。

```
a = np.array([[1,2,3,4,5],[6,7,8,9,10]])
```

那么，*a* 矩阵为：

```
array([[ 1,  2,  3,  4,  5],
       [ 6,  7,  8,  9, 10]])
```

矩阵的第一个索引，对应的是矩阵的行数。所以 *a*[0]代表的是第一行。这里 *a*[0]省去了列数，其实完整的写法应该是 $a[0,:]$，其中第二个索引代表的是列数，冒号代表的是这一列中所有的元素都被包含在内。

```
# 选取第一行
a[0]
```

结果如下：

```
array([1, 2, 3, 4, 5])
```

矩阵的第二个索引，对应的是列数。

```
# 选取第一列
a[:, 0]
```

结果如下：

```
array([1, 6])
```

如果要定位矩阵中的元素，那么使用对应的行数和列数的位置即可。

```
# a 中的第一个元素，位于第一行第一列
a[0,0]
```

结果如下：

```
1
```

2. 矩阵按条件截取

对于矩阵，还可以按自定义的条件截取所需要的元素。自定义的条件是一个布尔语句，使用布尔语句生成一个布尔矩阵，这个矩阵告诉我们矩阵中的每个元素是否符合条件。

```
a > 7
```

结果如下：

```
array([[False, False, False, False, False],
       [False, False,  True,  True,  True]])
```

再用这个布尔矩阵来截取矩阵，就得到了我们需要的元素。

```
a[a > 7]
```

结果如下：

```
array([ 8,  9, 10])
```

3.2.4 相关术语

至此，我们已经了解什么是矩阵，并看到了如何对矩阵进行运算和从中取值。在学习线性代数时，会听到各种不同的"量"，其实这些不同的定义，所涉及的是数据在数学上的不同表达形式，在概念和相关操作中都是和我们以上介绍的内容一脉相承。

以下对线性代数中除矩阵之外的几个数学概念进行介绍：

- **标量**（Scalar）：一个标量就是一个单独的数，一般用小写的变量名称来表示。比如方程式中，$y = 5x + 10$，这里面的数字 5 和 10 就是标量，也是我们说的常量。在代数中，我们用斜体表示标量，比如 $y = ax + c$，其中 a 和 c 就是标量。
- **向量**（Vector）：一个向量就是一列数，这些数是有序排列的。我们用粗体的小写斜体代表向量，如 x。一个向量 x 由若干个元素表示，这些元素通常用带脚标的斜体来表示。如下所示用一个方括号包围的纵列表示一个向量 x 和其中从 x_1 到 x_n 的元素。

$$x = \begin{bmatrix} x_1 \\ x_2 \\ \vdots \\ x_n \end{bmatrix}$$

在运算中，我们也会经常用到横列的向量。其实就是把纵列的向量横过来，这里涉及矩阵的转置，表示为 x^{T}，如下：

$$x^{\mathrm{T}} = \begin{bmatrix} x_1 & x_2 & \dots & x_n \end{bmatrix}$$

对于向量，有时需要衡量它的大小，简单来说就是计算向量 x 到原点的距离，这时就会用到范数（Norm），定义如下：

$$||x||_p = \left(\sum_i |x_i|^p \right)^{\frac{1}{p}}$$

- **张量**（Tensor）：张量也是一个数组，这个术语被深度学习广泛采纳，是因为它可以容许任意数值的维度，并且张量通常涉及超过两维度的数组，这就很适合深度学习中多维空间的概念。

表 3-1 列出了不同维数的张量的表达。

表 3-1　不同维数的张量的表达

数学实例	属性	Python 例子
标量	只有大小	s = 483
向量	有大小和方向	v = [1.1, 2.2, 3.3]
矩阵	二维数据表	m = [[1, 2, 3], [4, 5, 6], [7, 8, 9]]
3 维张量	数据立体	t = [[[2], [4], [6]], [[8], [10], [12]], [[14], [16], [18]]]
n 维	多维空间	……

3.3　导数

导数是微积分中的一个重要概念，在深度学习中也会用到导数。在以后的学习中，我们还会不断看到一个词，叫作梯度（Gradient），通过计算梯度来更新深度学习中网络的参数。这里梯度的意思就是导数。所以，在进入深度学习之前，我们有必要了解一下什么是导数以及与之相关的一些计算。

3.3.1　什么是导数

导数在微积分中有着严格的定义，这里不讲这些严格的数学理论，在深度学习中反复看到的这些名词——导数（Derivative）、梯度（Gradient）和斜率（Slope）。在深度学习的语境中，这些名词是通用的。

所以，我们要知道的第一点，导数就是斜率，是表示一条直线或曲线的切线关于（横）坐标轴倾斜程度的量。比如在图 3-6 中取了一点，在这一点上作一条切线，这条切线的斜率就是这一点的导数。

那么，怎么计算这一点的导数呢？在图 3-6 中，我们画出的函数是 $f(x) = x^2$，如果 $x = 3$，那么 $f(x) = 9$。

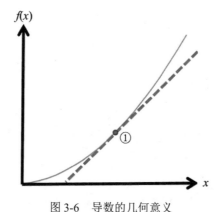

图 3-6　导数的几何意义

在图 3-7 中，将 x 稍稍往右推进一点点，现在 $x=3.001$，则 $f(x) \approx 9.006$。

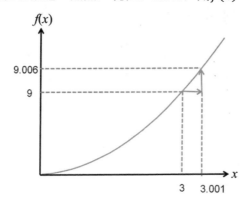

图 3-7　斜率的示意图

如果在这点附近画一个小三角形，就会发现，如果把 x 往右移动 0.001，那么 $f(x)$ 将增大 0.006。

在微积分中将这个三角形斜边的斜率，称为 $f(x)$ 在点 $x = 3$ 处的导数（即为 6），或者写成微积分的形式，当 $x = 3$ 时，

$$\frac{\mathrm{d}f(x)}{\mathrm{d}x} = 6$$

对于$f(x) = x^2$，在任意一点上都有导数值，所以可以得出$f(x) = x^2$的导数公式。

$$\frac{df(x)}{dx} = 2x$$

所以，在深度学习中，我们需要知道的是：

- 导数就是斜率。
- 函数在不同点处的斜率是不一样的。

不同的函数对应不同的导数公式。我们通常不需要手动写出函数的斜率，但不妨了解一下。

（1）$y=c$（c 为常数），则 $y'=0$

（2）$y=x^n$，则 $y'=nx^{n-1}$

（3）$y=a^x$，则 $y'=a^x\ln a$；$y=\mathrm{e}^x$，则 $y'=\mathrm{e}^x$

（4）$y=\log a^x$，则 $y'=\log_a{}^{\mathrm{e}}/x$；$y=\ln x$，则 $y'=1/x$

（5）$y=\sin x$，则 $y'=\cos x$

（6）$y=\cos x$，则 $y'=-\sin x$

（7）$y=\tan x$，则 $y'=1/\cos^2 x$

（8）$y=\cot x$，则 $y'=-1/\sin^2 x$

（9）$y=\arcsin x$，则 $y'=1/(1-x^2)^{1/2}$

（10）$y=\arccos x$，则 $y'=-1/(1-x^2)^{1/2}$

（11）$y=\arctan x$，则 $y'=1/(1+x^2)$

（12）$y=\text{arccot} x$，则 $y'=-1/(1+x^2)$

3.3.2　链式法则

导数在深度学习中的应用，必须提到的是链式法则。使用链式法则，我们可以求一个复合函数的导数。所谓的复合函数，是指以一个函数作为另一个函数的自变量，即将函数一个一个嵌套起来。比如$f(x) = 3x$，$g(x) = x + 1$，$g(f(x))$就是一个复合函数，并且$g(f(x)) = 3x + 3$。

链式法则告诉我们：由两个函数嵌套起来的复合函数，其导数等于嵌套在里边的函数代入外边函数的值之导数，再乘以嵌套在里边的函数的导数。

如果

$$h(x) = g(f(x))$$

则

$$h'(x) = g'(f(x))f'(x)$$

一个使用链式法则对复合函数求导的例子是：

$$f(x)=x^2, g(x)=2x+1$$

则

$$\{f[g(x)]\}'$$
$$=2[g(x)]\times g'(x)$$
$$=2[2x+1]\times 2$$
$$=8x+4$$

我们需要在深度学习中用到链式法则的原因是，深度学习网络由一层层的网络层堆叠而成的，其数学表达就是一个复合函数。深度学习网络的训练是基于梯度的，这个过程就涉及对复合函数进行求导。所以，我们有必要知道怎么使用这一法则。

3.4 机器学习基础

虽然深度学习算法有别于传统的机器学习算法，但是在学习和处理任务的方式上可以说和机器学习一脉相承。本节将从学习方式、学习任务和整体流程这三部分来介绍机器学习相关的知识，以此作为深度学习的基础入门知识。

3.4.1 监督学习

从概念上来说，一个学习任务大致可以分为监督学习（Supervised Learning）和非监督学习（Unsupervised Learning）。监督学习和非监督学习的区别在于：用于训练的数据是否拥有标注信息。

在监督学习中，用来训练的样本数据都是拥有标注的，即利用一组已知类别的样本来学习一个模型。使用标注过的样本进行学习，这是监督学习最大的特点。在监督学习的训练数据中，每个实例都是由一个输入对象和该对象对应的标签所组成，而训练得到的模型会输出一个期望的输出值。比如在图像识别问题中，输入对象是一张图像，这张图像本身有一个人工给定的标注，指出图像中的物体是猫，用许多这样的实例训练出来的模型，所要做的就是告诉我们，这张图中的物体是猫的概率，这个概率越高，模型就训练得越成功，如图 3-8 所示。

图 3-8　监督学习中用来训练的标注数据

对于图 3-8 中的图像，在没有标注的情况下，可以对这些图像进行聚类处理（Clustering）。比如通过算法将这些猫的图像分成若干组，这些自动形成的组可能对应一些潜在的概念上的分类，例如"长毛猫""短毛猫""橘色的猫""黑色的猫"等群组。这个过程区别于监督学习的是，我们在进行分类的时候，"长毛猫""短毛猫""橘色的猫""黑色的猫"这样的概念事先是不知道的。也就是说，我们在将图像提供给算法的时候，图像并没有诸如"长毛猫""短毛猫""橘色的猫""黑色的猫"这样的标签。这样一种不知道标注信息的学习过程，就叫作非监督学习。

在深度学习中，根据学习方式的不同，又可以分为监督学习、无监督学习、半监督学习和强化学习。本书讨论的都是监督学习问题。

3.4.2　分类和回归

在监督学习的任务中，常面临的是两种任务——分类和回归。

1. 分类

分类（Classification），顾名思义，就是把样本分成几个类别。

还是输入一张猫的图像，在分类问题中，输出的预测值是离散的，比如"猫""花朵""狗"这样的种类。如果预测仅涉及两个类别，比如"是猫"和"不是猫"，那么这是一个二分类任务（Binary Classification）；如果涉及多个类别，比如"猫""花朵""狗"等，这就是一个多分类任务（Multi-class Classification）。在深度学习中，二分类和多分类的任务在网络的设计和评价上略有区别。

分类算法是机器学习中的大户，许多广泛应用的机器学习算法，比如决策树、逻辑回归、SVM（支持向量机）处理的都是分类问题。分类问题也是深度学习中最主要的任务，比如图像识别。因此，有时也会把训练出的模型叫作"分类器"。这其实是个非常形象的名字，对于一个模型，我们在入口输入一个样本，在出口得到一个分类的标签。如图 3-9 给出了一个决策树的决策过程，这个决策树以天气、湿度、风力的条件为选择点，在每个条件下又进行选择，在每个选择下再产生一个分支，最终完成一个决策。在以下的决策树中，假如我们输入的样本是<晴天，湿度=88>，那么得到的分类是去打球的决定。

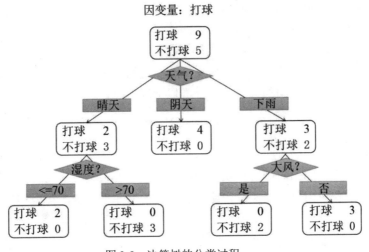

图 3-9　决策树的分类过程

51

在深度学习中，分类的过程并不是如图 3-9 所示那样一目了然。相反，深度学习中的分类器是一个"黑箱"。比如图像分类问题，我们在分类器的入口输入一张猫的图像，在出口得到一个猫的标签，可是中间的分类过程——这个分类器用到了哪些逻辑，这张图像是怎样被分类到这个标签，我们一无所知，这也正是深度学习叫人头疼也令人着迷的地方。

2. 回归

回归（Regression）和分类的最大区别在于，分类的预测值是离散的，是一个类别；而回归的预测值是连续的，例如一个数值 1000。回归是一种数学模型，旨在找出因变量（Y）和自变量（X）之间的关系。

机器学习中的回归有常见的两大类——线性回归和非线性回归。线性和非线性描述的都是 Y 和 X 之间的关系，前者可以用一条直线拟合出来，而后者往往是一条曲线。如图 3-10 列出了两种回归关系的示意图。

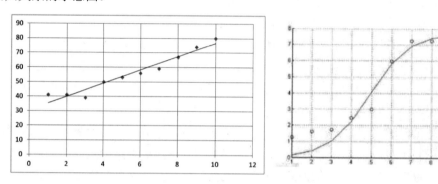

图 3-10　线性回归和非线性回归

在诸多回归中，最简单的是一元线性回归，由有线性关系的一个自变量和一个因变量组成；模型是 $Y=a+bX+\varepsilon$（X 是自变量，Y 是因变量，ε 是随机误差），如图 3-10 中的线性回归就是这样一种情况。

让我们通过一个房价预测的例子来了解机器学习如何处理回归任务。

在这个任务中会得到一系列与房屋有关的信息，比如房屋面积、房间数、地段、新旧程度、环境等，使用这些信息来预测房价。

让我们简化这个问题，假设只是用房屋面积和房间数来预测房价。那么使用回归可以得到一个房价和这两个自变量之间的关系，一个类似于以下等式的关系：

$$房价 \; = \; 100×面积 \; + 1000×房间数$$

现在给定任意的面积和房间数作为输入，我们都可以得到一个房价数值的输出。

以上就是一个简单回归的例子。线性回归是机器学习领域中最为基础的算法，非常简单、符合直觉、容易解释。但是，线性回归能够适用的场景并不太多，在现实中大多数问题都比线性回归复杂。

在深度学习中，回归问题依然是在找出预测值 y 和因变量 x 之间的关系，深度学习中的回归函数不像上面的线性回归那么简单。如果我们有了一系列和房价有关的特征，使用深度学习网络来做回归，实际上是拟合了一个函数 f。

$$房价 = f（输入的特征）$$

函数 f 在拟合房价和输入特征的能力上非常强大，不过我们难以知道函数 f 的表达形式，这是深度学习难以解释的部分，但也正是有了这样的函数，深度学习才具备了强大的学习能力。

3.4.3　训练、验证和预测

一个完整的机器学习，通常包括了训练、验证和预测的过程，如图 3-11 所示。

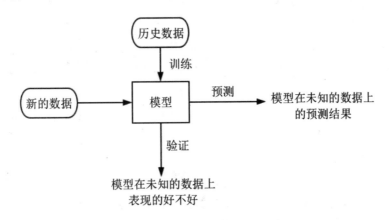

图 3-11　机器学习训练、验证和预测的过程

从已有的数据中学到模型的过程是训练（Training）的过程，也是我们常说的学习（Learning）。这个过程通过执行某个学习算法，得到一个模型。那么，这个模型的效果好不好呢？可以使用这个模型在训练过程中没有用过的一部分数据来进行验证（Validation）。当我们将这个模型投入使用，在未知的数据上使用模型进行预测，这就是预测（Prediction）部分，或者叫作测试（Test）部分。

机器学习和人类的学习还是很相似的。机器学习中的"训练"与"预测"过程可以对应到人类的"归纳"和"推测"过程。我们可以从过去的事情中"归纳"出一些经验，这就像是训练出了一个模型；而使用已有的经验进行"推测"，这又很像机器学习的预测。通过这样的对应，可以发现机器学习的思想并不复杂，仅仅是对人类在生活中学习成长的一个模拟。不过从中也可以注意到，机器学习是基于编程形成的结果，它的处理过程不是一种像人类这样因果的逻辑关系，而仅仅是通过归纳思想得出的相关性结论。也就是说，机器学习所学习的是模型中的参数（Parameter），这和人类学习到的有意义的逻辑和道理有一定的区分，这是什么意思呢？

1. 关于参数的解释[1]

统计学家认为模型中的参数必须在现实世界中是有意义的。就以线性回归模型来说，模型中的参数往往都对应着现实世界中的某种行为或者现象，因此模型可以看作是现实世界的某个

---

[1] Rachel Schutt , Cathy O'Neil. 数据科学实战[M]. 冯凌秉，译. 北京：人民邮电出版社，2015.

缩影。而参数在软件工程师或计算机科学家的眼中又是另一番景象，他们主要关心的是如何将算法（包括其中的参数）应用到数据产品中，有些模型可以很复杂，甚至难以解释。有些模型甚至被叫作黑匣子，因为软件工程师或计算机科学家根本不知道模型内部到底是如何运作的，他们通常不会关注模型参数的意义，即便他们想要关注，也可能只是为了提升模型的预测能力，而不是为了解释这些参数。

2. 深度学习中的参数[1]

既然模型是通过参数学习和预测的，那么大多数的机器学习算法都有调参（Parameter Tuning）的工作，即对模型中的参数进行设置和调整，以得到一个性能好的模型。这部分工作在深度学习中尤其显著。

深度学习的调参可以看成两类：一类是算法的参数，这一部分可以称为"超参数"（Hyperparameter），比如学习速率、迭代次数、层数、每层神经元的个数等。对于这些超参数，在接下来的神经网络学习中都会了解到，它们决定了神经网络的结构。对于不同的超参数，构建的模型在结构上也不一样。超参数也是在构建模型的时候就需要设置的参数；另一类是模型的参数，这是模型在训练过程中根据数据自动学习的变量。模型参数的数量为数众多，一个大型的深度学习网络可以有上百亿个参数。

无论是超参数还是参数，调参的方式都很类似。在训练出多个模型之后，基于某种评估方式，选择性能最优的模型，确定其超参数和参数。不同之处在于，超参数由人工设定，而参数有模型自己学习获得。在深度学习中，我们说"训练一个模型"，其实就是确定模型的参数；而调优一个模型，很多时候是从人工设定的一定范围内的超参数中，选择能使模型最优的那一组。调参是深度学习中重要的课题，我们在之后的学习中都会涉及。

总结起来，在机器学习中要训练一个模型和使用这个模型进行预测，流程都是通用的，一般的步骤如下：

（1）准备一个训练数据集（Training Data Set）。

（2）使用训练数据集，通过学习方法训练模型，根据学习的策略选择出最优的模型。

（3）在测试数据集（Testing Data Set）上，使用最优模型进行预测。

对应机器学习中的训练、验证和预测，我们也需要对数据做相应的数据准备，划分出训练集和测试集，这些方法在一般的机器学习算法和深度学习中都是基本通用的。这里我们介绍两种划分训练集和测试集的方法。

3. 留出法

将数据集 D 划分为两个互斥的集合，一个作为训练集 S，另一个作为测试集 T，满足 $D = S \cup T$，且 $S \cap T = \Phi$，常见的划分为：大约 2/3~4/5 的样本用作训练，剩下的用作测试。需要注意的是：训练/测试集的划分要尽可能保持数据分布的一致性，以避免由于分布的差异引入额外的偏差，常见的做法是采取分层抽样。同时，由于划分的随机性，单次的留出法结果往往

---

[1] 周志华. 机器学习[M]. 北京: 清华大学出版社, 2016.

不够稳定，一般要采用若干次随机划分，重复实验取平均值的做法。

4. 交叉验证法

将数据集 D 划分为 k 个大小相同的互斥子集，满足 $D = D_1 \cup D_2 \cup \cdots \cup D_k$，$D_i \cap D_j = \Phi$（$i \neq j$），同样地尽可能保持数据分布的一致性，即采用分层抽样的方法获得这些子集。交叉验证法的思想是：每次用 $k-1$ 个子集的并集作为训练集，余下的那个子集作为测试集，这样就有 K 种训练集/测试集划分的情况，从而可进行 k 次训练和测试，最终返回 k 次测试结果的均值。交叉验证法也称"k 折交叉验证"，k 最常用的取值是 10，图 3-12 给出了 10 折交叉验证的示意图。

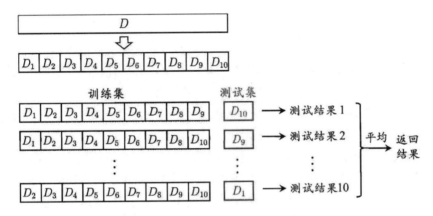

图 3-12　10 折交叉验证的示意图[1]

根据数据量的不同，我们可以按照需要划分训练集和测试集的比例。在相对通用的情况下，训练集和测试集的划分比例为 80:20。

---

[1] 周志华. 机器学习[M]. 北京: 清华大学出版社, 2016.

第 4 章
◄ 神经网络 ►

我们已经搭建了深度学习的工作环境，且掌握了入门深度学习的基础知识。本章将正式走进深度学习。如我们一再重复的那样，深度学习是机器学习的一种，深度学习所用到的具体算法是神经网络，所以本章的内容将围绕神经网络的构建和训练展开。

4.1 节将介绍神经网络和深度神经网络，从而了解当今的深度学习概念，并了解领域的一些术语，这些术语在之后的学习中会不断重复。4.2 节将看到神经网络是怎样构建的，这是深度学习的基础——前向传播算法。4.3 节将训练这个神经网络，以得到我们想要的结果，神经网络的训练过程，被称为反向传播算法。在深度学习中，网络的前向和反向是使用和训练这一算法的重要方式，我们将在 4.2 和 4.3 节中详细解析网络这两个方向的算法，这也是整个深度学习算法的基础。最后，4.4 节将给出如何更好地使用神经网络的一些建议。神经网络的优化是个大课题，我们将在第 6 章中专门讨论，4.4 节中所列出来的优化建议是构建一个最初的神经网络所需注意的事项，掌握这些内容我们就可以着手构建一个完整的神经网络。

4.1 神经网络与深度学习

4.1.1 生物学中的神经网络

顾名思义，神经网络（Neural Network）是一个生物学名词，它起源于生物学，至今已经发展为一个覆盖范围极广的多学科领域。除了生物学之外，工程学、数学、计算机都从神经网络中汲取灵感，同时保持持续发展。

在进入神经网络这个话题之前，让我们回到最初的问题，什么是神经网络？事实上，神经网络对于我们人体本身，无处不在。我们依靠大脑中的神经网络，处理日常的每一个瞬间，却鲜少感受到它的存在。在图 4-1 中，我们可以看到生物学中一个神经网络的结构图。

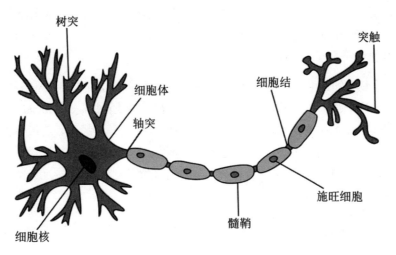

图 4-1　生物学中的神经网络[1]

让我们一起走进神经网络，看看一些事实，这些事实寻常又惊讶，同时给人工神经网络提供了启发。

- 神经网络的最基本成分是神经元（Neuron）。神经元多，且紧密相连。人类大脑中的神经元数量达到 10^{11} 的数量级。每个神经元与其他神经元的连接数平均达到 10^4。神经元的概念和神经元之间的连接，如此重要，在接下来讨论的人工神经网络算法中，神经元也是最基本的组成。

- 神经元的切换时间在 10^{-3} 这个量级。可以说是非常快了，有多快呢？要知道，所谓一眨眼的时间，是 0.2～0.4 秒，神经元的反应时间可比一眨眼的时间快得多。我们常形容下意识的反应为"不知道怎么样就发生了"，这应当归功于人类神经网络中神经元电光火石一般的超级处理速度。这种"下意识的反应"，一直延伸到了人工神经网络中。在包含人工神经网络的智能设计中，人工神经网络处理的往往就是这类"下意识反应"的任务。

- 人类的感知能力事实上强悍得令人震惊。我们认出一个物体的时间，比如一只猫，通常不超过 0.1 秒。不得不说这可谓是人类和机器设计最难逾越的鸿沟，人工设计的神经网络已经可以在象棋、围棋等规则性任务上击败人类的世界冠军，而在认出一张图像、听懂一段话这类人类看上去很轻松的任务上却费时耗力。

- 感知是一个复杂的过程，而就这 0.1 秒而言，不太可能完成大规模的顺序任务处理，所以，科学家们的普遍假设是，人们脑中的神经网络，能够胜任复杂的任务，依靠的是高度并行的处理机制。这一推断直接决定了人工神经网络的结构，我们在接下来的章节里会更清晰地了解到这种结构。

- 感知是怎样的一种处理机制呢？这就要通过神经元的兴奋和传导。在人类的神经网络中，每个神经元与其他神经元相连，通过这种连接，当神经元"兴奋"时，会产生化学物质，向与之相连的神经元发送信号。对于接收信号的神经元，如果这种信号超过

---

[1] Neuron[EB/OL]. https://simple.wikipedia.org/wiki/Neuron.

了一个"阈值"（Threshold），那么该神经元将被"激活"（Activated），成为一个"兴奋"的神经元，继续向其他与之连接的神经元发送信号。激活的概念，在人工神经网络中也得到了相应的体现。

以上内容在生物学知识中也就是沧海一粟，但是对于我们要理解的神经网络算法，已经很足够了。在机器学习的这个领域中，所提到的神经网络特指人工神经网络（Artificial Neural Network，ANN）。人工神经网络的构建，就是基于以上的这几个概念——神经元、连接、激活。

值得一提的是，从生物学机制中寻找事实，以此打造人工智能，是机器学习和人工智能领域的优良传统，毕竟人工智能的可预见目标，就是让机器智能无限地接近人类智慧。所以在人工智能或者深度学习中读到生物学的论文，也就不足为奇了。

4.1.2　深度学习网络

我们一再强调神经网络是深度学习的基础，这是因为在很多时候，我们所说深度学习指的就是深度神经网络（Deep Neural Network，DNN）。从字面上理解，就是层数比较多的神经网络，这里的深度，并没有要求具体的层数，但通常来说至少也超过了两层——也就是至少包含了 1 个隐藏层和 1 个输出层。

神经网络何以就进化成了深度学习？深究起来其实并没有什么特别的理由，神经网络经历过 20 世纪 80 年代的寒冬，在新时代再一次被提起，是很需要一个新的名号的。用深度学习领域的领军老师吴恩达的话来说：深度学习，听上去很酷，很有深度。

深度，是深度学习中绕不开的一个关键词。深度学习的成果是由网络的深度取得的，而数据量的增长、计算力的提升和训练技巧的提出，又使网络的深度在技术上成为事实。所以我们看到的直接现象，就是网络越来越深了。在 2012 年，深度神经网络首次在 ImageNet 竞赛中取得了冠军，那时的网络层数是 8 层；到 2015 年，这个数字是 152 层；到 2016 年，是 1207 层。

深度学习，真是深得叫你心服口服！

深度学习中网络的深度是毫无疑问的，在了解了这个事实之后，我们不妨来问一问——为什么网络需要深度？

深度神经网络由一层一层网络层堆叠而成。其中每一个网络层，都对上一层的输入进行了处理，并传递给了下一层。这样的结构，使网络具备了逐层处理的能力。

所以，回到问题的本质——网络的深度带给了网络学习的能力，通过对对象的逐层深度的加工，网络一点点由浅入深地对输入对象进行学习。

从这个角度可以解释深度学习成功的关键因素，因为扁平的神经网络没有办法进行逐层深度地加工。

图 4-2 很好地说明了网络的宽度和深度的对比。其实，我们所讨论的一切，都是围绕网络的学习能力展开的。对于一个机器学习模型而言，一般情况下，模型越复杂，容量越大，学习能力就越强。所以，我们通常会通过扩充一个模型的复杂度来提升它的学习能力。从这个意义上来说，无论神经网络变宽还是变深，网络都变得更为复杂，继而提升了学习能力。但是，对于神经网络，变深会更有效。这是因为，当神经网络变宽时，网络只不过增加了一些计算单元，

增加了函数的个数；而当神经网络变深时，网络不仅增加了计算单元，还增加了函数间的嵌套，这类似于加法和乘法的关系。正如我们在图 4-2 中看到的，左边是一个扁平的神经网络，通过 8 个神经元有 8 个计算结果；右边是一个深度的神经网络，这个网络同样有 8 个计算结果（2×4=8），但只用到了 6 个神经元（2+4=6）。因此，深度所带来的函数的嵌套，比宽度更有效地提升了网络的学习能力。

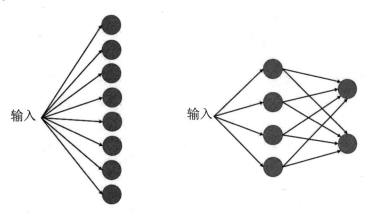

图 4-2　扁平神经网络和深度神经网络的对比

不要被名字吓唬住，深度学习只是一种机器学习算法，深度学习就是神经网络，只不过在很多情况下，特指了网络层数比较多（超过两层）的神经网络。之后，我们还会看到很多的术语，比如深度前馈网络（Deep Feedforward Network）、前馈神经网络（Feedforward Neural Network）、多层感知机（Multilayer Perceptron，MLP），其实这些模型和深度神经网络（Deep Neural network）一样，都是典型的深度学习模型。

在图 4-3 中，我们用一幅漂亮的插图给出了深度学习中的各种神经网络结构，正是这些结构各异、功能强大的网络支持起了深度学习的浪潮。希望大家在学习的过程中，爱上神经网络。

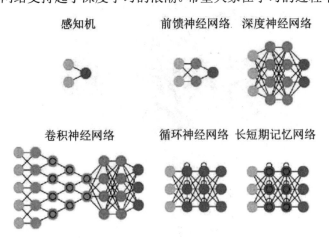

图 4-3　深度学习中的各种神经网络结构[1]

---

[1] Fjodor van Veen. The Neural Network Zoo[EB/OL]. (2016-9-14). http://www.asimovinstitute.org/neural-network-zoo/.

4.2 前向传播算法

4.1 节介绍了神经网络的概念和深度学习的一些背景。本节将介绍深度学习的前向传播，并以感知机（Perceptron）为例，详细讲述前向传播算法，以此为基石，开始深度学习。

在本节中，我们学习一种最基础的神经网络类型，叫作前馈神经网络（Feedforward Neural Network）。这是最简单的一种神经网络，也是目前理论研究和实际应用都达到了很高水平的神经网络。

前馈（Feedforward）一词实际上已经告诉我们，神经网络是有方向性的。神经网络的算法基础，就是神经网络计算和训练的两个方向——前向传播过程（Forward Propagation）和反向传播过程（Backward Propagation）。可以简单认为前向传播过程负责神经网络的构建和计算，而反向传播过程负责神经网络的修正和训练。在本节和下一节中，我们将分别学习针对前馈神经网络的前向和反向传播算法。在本节的讨论中，神经网络都特指前馈神经网络。

4.2.1 神经网络的表示

神经网络，本质上是一层层连接的网络，其中第一层是输入层，数据由输入层进入网络，在接下来的隐藏层中进行计算，最后在输出层计算并输出。通过中间层和输出层的计算，神经网络试图找到能预测目标值的函数进行拟合。

按照上面的思路，神经网络的表示是很直观的，如图 4-4 所示，是一层层连接的网络。

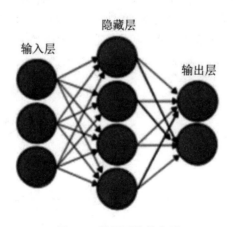

图 4-4　神经网络的表示

我们来认识一下神经网络中的各个部分。

1. 神经元

图 4-4 中的黑色圆点叫作神经元。

在隐藏层和输出层，神经元是实际进行运算的组件，就是通过这样一个个神经元，神经网络对输入值和输出值之间的关系进行拟合。神经元的关键功能是计算，之后我们会看到每个单独的神经元是怎样进行计算的。

2. 隐藏层

隐藏层是输入层和输出层间的中间层，隐藏层会计算和输出数值，但是只作为中间计算的作用，不会在最后的输出结果中表示出来，故而被称为隐藏层。

隐藏层同时担任计算和传输的功能。在计算这个问题上，可以把隐藏层看作若干个排列在一起的神经元，这几个神经元同时工作来完成计算功能；传输的意思是，隐藏层接受上一层的结果作为输入，在自己这一层，通过自身的神经元，计算结果并输出结果，这个结果通过与下一层中神经元的连接，传输给下一层，成为下一层的输入。

3. 输出层

网络的最后一层是输出层。输出层可以根据问题类型来定义，可以适用于分类问题或者回归问题。

图 4-4 中的输出层有两个神经元，如果定义为分类，则是一个二分类问题。

4. 层数

通常所说的神经网络层数，只包括隐藏层和输出层，并没算上输入层，在图 4-4 中，网络的层数是两层。

5. 连接

箭头方向代表了网络的连接和流通方向，即从输入到输出的计算方向，是数据和信息从输入网络经过中间层的计算再到最后输出。

网络中的连接，发生在相邻的网络层中。在前馈神经网络中，相邻两层的神经元会两两相连，这就是常说的"全连接"（Fully Connected）。图 4-4 中输入层和隐藏层的连接数是 3×4=12，隐藏层和输出层的连接数是 4×2=8。箭头方向代表了网络的前向，我们本节讲述的前向传播算法，就是按照此路径对网络进行构建和计算。

4.2.2　神经元的计算

在上一小节中，我们反复提到，在神经网络中输入值会通过接下来几层的计算，得到输出值；也强调神经网络可以通过层层计算，实现拟合输入和输出之间关系的功能。那么，神经网络中的计算是怎样一回事，输出值是如何得到的，所谓的拟合函数实际上是什么样的，这一系列问题，都是本章节讨论的前向传播算法所要解决的问题。在进入算法之前，我们需要了解神经元的结构，神经元承担的计算功能，它是神经网络中最重要的部分。

图 4-5 显示了一个单独的神经元的结构示意图。每一个神经元（图中的圆形节点）可以有多个输入 $[x_1, x_2, \cdots, x_n]$ 和一个输出 y。这个输出是经过神经元对输入进行计算得到的：

$$y = x_1 w_1 + x_2 w_2 + \cdots + x_n w_n$$

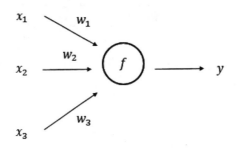

图 4-5　神经元结构示意图

这里的 w 是一个权值，可以看到，这个神经元的计算结果就是对输入的一个加权求和，每个输入 x_i 都有对应的权值（Weight）w_i。有时，我们还会加上一个偏置值（Bias）b：

$$y = x_1 w_1 + x_2 w_2 + \cdots + x_n w_n + b$$

这就是神经元的计算功能，对于给定的输入 $[x_1, x_2, \cdots, x_n]$，神经元需要计算以得到对应的权值 $[w_1, w_2, \cdots, w_n]$ 和偏置值 b。每一个神经元都提供了一套权值 $[w_1, w_2, \cdots, w_n]$ 和偏置值 b。要知道，一个神经网络是由很多个神经元组成的，而这所有的权值和偏置值，就叫作这个神经网络的参数。那么，这些参数是怎么得到的呢？这就是我们将在下一节反向传播算法中要学习的内容。我们通常说的神经网络的学习，学习的就是这些参数，而深度学习经常提到的调参，就是调整这些参数的意思。

通过前面学习了解了神经元的计算功能。神经网络的结构是复杂的，但是如果分解下来，每一个单独的神经元都在做着以上的计算。我们使用神经网络，就是希望通过神经元的堆叠和连接，使输入的数值在经过神经元的计算之后，逼近目标中的输出值。不过，值得注意的是，目前所讨论的神经元只对输入进行了简单的加权求和，使用这样的神经元，只能构建出一个线性模型，而线性模型的拟合效果显然是有限的。所以，我们有必要将每一个神经元的输出再通过一个非线性函数，赋予神经网络非线性的拟合功能，这里说的非线性函数，就是激活函数。下面来认识一下激活函数。

4.2.3　激活函数

在介绍激活函数之前，先谈谈什么是线性模型、什么是非线性模型以及线性模型的局限性，就有助于我们更好地了解神经网络如何通过激活函数来解决问题。

如上一节列出的那样，一个神经元通过权值和偏置值可以得到输入数组的加权和：

$$y = x_1 w_1 + x_2 w_2 + \cdots + x_n w_n + b$$

这是一个线性模型。线性模型在二维坐标上是一条直线，在高维的空间中是一个平面。线性模型能做到的，是一种"一刀切"的效果。

图 4-6 展示了线性模型在二维空间中的"一刀切"效果，图中深色的点和浅色的点符合线性分布，所以用一个线性模型（图像中间的那一条线），就可以把这两类点分割开来。

不过，很多问题并不是线性可分的，以一个二分问题为例，数据很可能出现如图 4-7 所示的分布。

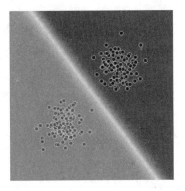

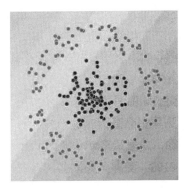

图 4-6　线性模型的"一刀切"效果　　　图 4-7　不能用线性模型分类的数据分布

对于图 4-7 这样的一种分布，如果我们想用一条直线把两类点分开，那么无论直线怎么画，都是不可能做到的。

这时，显而易见的就是画一个圆，把内外两类点分开。

这样在如图 4-8 中画一个圆，就是非线性模型可以做到的。这很容易理解，我们试图拟合的模型是一个圆，而不是一条直线，所以这样的模型被称为非线性模型。在实践中，我们所遇到的问题大多数都是非线性问题，即通俗意义上说的复杂问题。深度学习之所以使用广泛，其中一个原因就在于其解决非线性问题的能力。

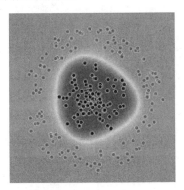

图 4-8　非线性分类

激活函数是深度学习解决非线性问题的方式。

激活函数自身是一个非线性函数，在神经网络中使用激活函数，是为了引入非线性表示。

图 4-9、图 4-10 和图 4-11 分别列出了三种常用的激活函数。对于一个数值 x，ReLU 函数对 x 进行"截取"，当 x 是正值时，ReLU 函数输出 x，否则输出 0；而 sigmoid 函数及 tanh 函数则对 x 进行"挤压"，sigmoid 函数将 x 限定在（0，1）区间内，tanh 函数则将 x 限定在（-1，1）区间内。可以看到，这些激活函数的图像都不再是一条直线，这就是我们一再强调的非线性表示。

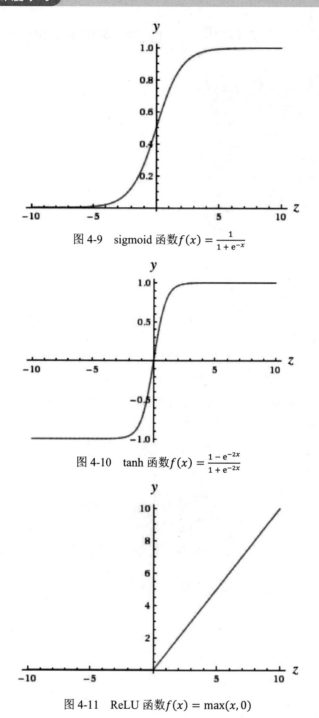

图 4-9   sigmoid 函数 $f(x) = \dfrac{1}{1+e^{-x}}$

图 4-10   tanh 函数 $f(x) = \dfrac{1-e^{-2x}}{1+e^{-2x}}$

图 4-11   ReLU 函数 $f(x) = \max(x, 0)$

　　激活函数的使用很简单，在用权值和偏置值构建的线性模型之后，接入激活函数。通过激活函数，每一个神经元的输出就不再是线性变换，从而达到拟合非线性表示的目的。

4.2.4　神经网络的前向传播

　　这样一来，我们得到了一个完整的神经元的计算。对于输入 x，经过神经元的计算有两步。

第一步：是使用权值和偏置值的线性变换。

$$z = wx + b$$

第二步：是在线性变换的结果上使用激活函数。

$$y = g(z)$$

对于本章讨论的前馈神经网络，每一个单独的神经元的计算，总是遵循以上的这两个步骤，这是神经网络的基础。

现在，我们已经了解了一个神经元完整的计算功能，包括线性变换的部分和激活函数输出非线性表示的部分。神经网络的每一层（隐藏层和输出层）都包含有若干神经元，各神经元分层排列，每个神经元仅与前一层的神经元相连，接收前一层的输出，计算后再输出给下一层。

神经网络的能力，可以看作是输入值进入网络后，经过每一层神经元的计算得到输出，最后通过这些输出解决分类或者回归问题。这样的过程就是前向传播，因为按照数据的走向，是从前往后传递的。在这一节中，我们以感知机为例，解释神经网络的前向传播算法。

感知机并不是一个机器，而是一种很早期的神经网络结构，感知机的结构十分简单，仅包含一个神经元，同时它的目的是进行一个二分类，即把输入中两个不同的样本分离开。

图 4-12 是一个感知机的结构图。可以看到，数组 $x_1, x_2, \cdots, x_m$ 在输入层进入网络，经过神经元计算得到对应的权值。图 4-12 中指的是 $\theta_1, \theta_2, \cdots, \theta_m$，在一些例子中也用 $w_1, w_2, \cdots, w_m$ 来表示权值，进行线性变换，再接入激活函数，通过激活函数的计算得到输出 $\hat{y}$。

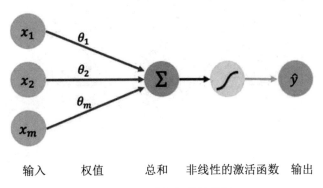

输入　　　权值　　　总和　　非线性的激活函数　输出

图 4-12　感知机的结构图

我们在图 4-13 中给出一个具体的计算例子。

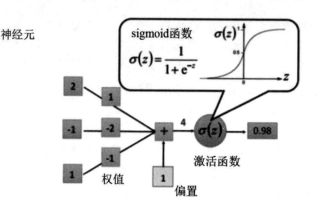

神经元

图 4-13　感知机的计算例子[1]

（1）给定三个输入，$[x_1，x_2，x_3] = [2，-1，1]$。

（2）在进入神经网络后，得到对应的权值$[w_1，w_2，w_3] = [1，-2，-1]$和偏置值$b = 1$。

（3）进行加权求和，$x_1w_1 + x_2w_2 + \cdots + x_3w_3 + b = 2 \times 1 + (-1) \times (-2) + 1 \times (-1) + 1 = 4$。

（4）接入激活函数，这里使用 sigmoid 函数，$\sigma(4) = \frac{1}{1+e^{-4}} = 0.98$。

（5）输出 $\hat{y} = 0.98$。

以上就是前馈神经网络中一个完整的前向传播算法。这个神经网络中仅包含了一个神经元，故而可以看作结构最简单的神经网络，一般的神经网络都比它复杂。

比如图 4-14 给出的例子，是一个 2 层神经网络（不包含输入层，所以算 2 层），这个神经网络由输入层、隐藏层和输出层构成。

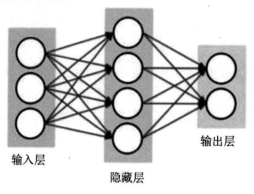

输入层　　　　　　隐藏层　　　　　　输出层

图 4-14　一个 2 层神经网络[2]

这是一个典型的神经网络。以这个简单的神经网络为例，我们可以熟悉一下神经网络中的使用惯例。

[1] 李宏毅. "Hello world" of deep learning[EB/OL]. http://speech.ee.ntu.edu.tw/~tlkagk/courses/ML_2016/Lecture/Keras.pdf.

[2] Fei-Fei Li. CS231n: Convolutional Neural Networks for Visual Recognition[EB/OL]. http://cs231n.stanford.edu/.

（1）输入层：当我们说 N 层神经网络的时候，没有将输入层计入。

（2）全连接：层与层之间的神经元是全连接的，但是同一层内部的神经元不连接。

（3）输出层：输出层的神经元一般不会有激活函数。这是因为最后的输出层大多用于表示分类评分值，因此是任意值的实数，或者某种实数值的目标数（比如在回归中）。

在这个神经网络中，隐藏层和输出层的每一个神经元都进行了一个前向的计算。在我们的例子中，网络有 4+2=6 个神经元（输入层不算），有[3×4]+[4×2]=20 个权值，还有 4+2=6 个偏置值，共 26 个可学习的参数。

所谓深度学习网络，就是有很多隐藏层的神经网络。神经网络通过网络的堆叠来增加深度，如果在隐藏层和输出层中间再加入一个隐藏层，那么这个神经网络就变成了一个 3 层的神经网络，即是图 4-15 所示的结构。

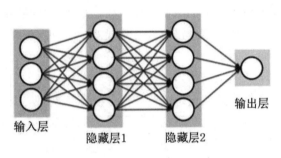

图 4-15　一个 3 层神经网络[1]

同理，当一层层的隐藏层被加入网络后，神经网络就变得很深了。现代的神经网络能包含约 1 亿个参数，可由 10~20 层构成，这就是深度学习名称的由来。

4.3　反向传播算法

在上一节中，我们了解了神经网络的第一个方向——前向。前向传播算法更多的是神经网络对于进入网络中的数据的运算和传递，是从输入到输出的计算和连接。神经网络还有另一个方向——反向，因计算方向从输出到输入而命名。反向传播的目的在于找到神经网络的参数，使得输入进入网络后，经过计算，输出的值能更加接近真实值。换言之，一个好的神经网络，对于给定的输入，要能够很好地拟合出对应的输出值。这一反复"找参数"，调优神经网络的过程，就叫作反向传播算法。

我们将用一节的篇幅详细讲解反向传播算法。在 4.3.1 节中将明确神经网络的训练在做什么，并且通过一个引子，说明神经网络使用反向传播算法进行训练的思路。在 4.3.2 节中将介绍损失函数，这是评价模型表现的指标，也是我们训练和修正模型的目标。在 4.3.3 节中将讲解梯度下降的方法，这是反向传播算法的核心。在 4.3.4 节中将看到在神经网络的训练中，反向传播算法

---

[1]　Fei-Fei Li. CS231n: Convolutional Neural Networks for Visual Recognition[EB/OL]. http://cs231n.stanford.edu/.

是怎样工作的。在 4.3.5 节中将反向传播算法付诸代码实例，动手实现这一算法。

4.3.1 神经网络的训练

神经网络的训练——这是本节将要介绍的知识点。在开始学习之前，先通过一个引子理解神经网络中这一套似是而非的用语。训练一个神经网络，这到底是什么意思？在上一节中，神经网络是由参数构成的数学结构，这些参数是怎么得到的呢？假设得到了这些参数，那怎么能保证这是一套"好的"参数，能够使我们的神经网络胜任要完成的任务。

训练一个神经网络的意义和训练任何一个机器学习算法别无二致，都是通过学习"已知"来预测"未知"。在训练过程中，将大量的训练样本提供给神经网络，在每一轮的训练中，神经网络会"见到"其中的一部分训练样本，此部分训练样本会告诉我们两件事——真实值和预测值，真实值是样本本身就告诉我们的数值，而预测值是通过神经网络计算得到的。当预测值和真实值不一样的时候就产生了误差，没有人喜欢误差，所以需要降低误差。降低误差就是训练神经网络的目的，而降低误差的手段，要通过调整神经网络的参数来完成。所以，对神经网络的训练，也叫作调参。

参数是怎么得到的？在网络开始训练的时候，是没有参数的，这时需要人为地给网络设置一套参数，这个工作叫作参数初始化（即权值初始化，Weight Initialization）。比如，把网络中所有的参数设置为 0，这就是一种参数初始化，但是在通常情况下，都不会这么做。实际上，参数初始化对网络的训练是有很大影响的，所以针对参数初始化，有一套建议的方法，在使用的 Keras 中也有对应的功能。

一旦参数初始化后，网络有了参数，就可以开始对输入的值进行计算。有了计算值，就可以比较真实值和计算值，就有了误差值，这时，抱着使误差值下降的目的，我们会对参数进行修正，修正参数的方法叫作梯度下降，这也是本节的内容，训练神经网络时使用到的是反向传播算法中的核心方法。

图 4-16 展示了神经网络的两个方向，从输入到输出的计算叫作前向，从输出到输入的对网络自身参数的修正叫作反向。

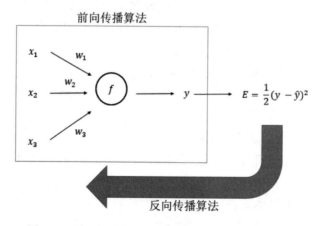

图 4-16　神经网络中的前向传播算法和反向传播算法

神经网络的前向传播算法是一目了然的，而反向传播算法对于神经网络的修正功能，我们可以通过生活中的一个例子直观地了解这一算法所做的工作。

试想我们和朋友玩一个猜数字的游戏，要猜一个在 0~100 之间的数，我们每报一个数，朋友反馈给我们这个数字比答案高了还是低了，根据反馈我们再修正自己的猜测，直到回答正确。

游戏中可能会经历几轮下面这样的猜测：

第一轮：50；反馈：高了
第二轮：40；反馈：高了
第三轮：35；反馈：低了
第四轮：36；反馈：答案正确

在这个游戏中，通过反馈，我们知道自己的猜测和正确答案之间的误差——高了还是低了，根据此修正答案，直到猜测和正确答案一致。

在神经网络的训练中，所用到的是反向传播算法，它的原理和上面的例子差不多，都是通过对比猜测值和真实值，向接近真实值的方向修正猜测值，最终达到猜测值和真实值一致。当然，在反向传播算法的实施中涉及更多的计算，这也正是本节要学习的内容。

4.3.2　损失函数

从上一节的例子中，了解了训练神经网络的目的是希望这个网络的预测值，能够尽可能地接近真实值。那么这种接近是如何被量化的呢？我们是怎样衡量预测值和真实值之间的差距呢？或是用什么指标来评价一个神经网络被训练的好还是不好呢？

这就需要用到损失函数。本节来讲一讲几个常见的损失函数及定义。

神经网络所做的工作，相当于构建一个复杂的函数，对输入数据进行拟合，究竟一个模型对数据的拟合效果好不好，这就要依靠损失函数来判断。

损失函数是模型对数据拟合程度的反映。从名字上理解，损失函数衡量的是模型的“损失”，即模型预测出来的值和实际值之间的差值。模型的拟合效果越好，我们可以预测损失函数越小。

例如在第 3 章中介绍的那样，目前的深度学习以监督学习为主，问题种类又可以分为回归和分类两种。两种问题的解决思路不一样，故而所用到的损失函数也有区别。

1. 回归问题

回归问题预测的是一个具体的数值，比如房价预测、股票价格预测、销量预测等。这一类问题的结果是一个任意的实数，所以对于回归问题，神经网络的输出层只有一个节点，这个节点的输出值就是最后的预测值$\hat{y}$。

对于回归问题，常使用的一个损失函数是均方误差（Mean Squared Error，MSE）：

$$MSE(y,\hat{y}) = \frac{1}{n}\sum_{i=1}^{n}(y_i - \hat{y}_i)^2$$

其中y是目标值的向量组，$\hat{y}$是预测值的向量组，下标i指代向量组中的第i个数据。比如在股票价格的预测中，我们在一组预测中计算 5 只股票的价格。

我们已知这一组股票的实际价格为：

$$y = [0.18，0.23，0.04，1.26，0.64]$$

通过神经网络预测出来的结果为：

$$\hat{y} = [0.16，0.22，0.04，1.21，0.60]$$

那么，这一组预测的 MSE 计算如下：

$$\text{MSE}(y, \hat{y}) = \frac{1}{5} \times ((0.18 - 0.16)^2 + (0.23 - 0.22)^2 + (0.04 - 0.04)^2 + (1.26 - 1.21)^2$$
$$+ (0.64 - 0.60)^2) = 0.00092$$

当然，在深度学习中，并不需要手动计算损失函数，以上的例子只是帮助大家理解损失函数到底是什么以及它的作用是什么。在 Keras 中，MSE 是自带的损失函数，只需要定义 loss=losses.mean_squared_error 即可。

```
From keras import losses
model.compile (loss=losses.mean_squared_error,optimizer='sgd')
```

2. 分类问题

在分类问题中，预测的是一组概率值，分类和回归最大的不同是，解决分类问题的神经网络的输出层有 n 个输出节点，其中 n 等同于类别的个数。比如在手写体数字识别这个问题中，我们要识别 0~9 这 10 个类别的数字，输出层就有 10 个节点。

在分类问题中，交叉熵（Cross Entropy）是一个比较常用的损失函数。交叉熵是信息论中的一个概念，被用作损失函数时，交叉熵刻画了两个概率分布之间的距离，对于神经网络来说，这个距离即是输出向量和目标向量的距离。

交叉熵的计算公式如下：

$$H(y, \hat{y}) = -\frac{1}{n} \sum_{i=1}^{n} (y_i \log \hat{y}_i + (1 - y_i) \log(1 - \hat{y}_i))$$

假设一个三分类问题，比如预测 1、2、3 中间的一个值，其正确的类别是 2，那么这个预测的目标值是（0，1，0）。如果有两个经过 Softmax 分类的神经网络模型，第一个模型的预测向量为（0.6，0.2，0.2），对应的预测值是 1；第二个模型的预测向量为（0.1，0.8，0.1），对应的预测值是 2，和正确数值一致。很显然，第二个模型比第一个模型的预测效果更好，从交叉熵的计算来看也是如此。

模型一：

$$H((0,1,0),(0.6,0.2,0.2))$$
$$= -1/3((0 \times \log 0.6 + (1 - 0) \times \log(1 - 0.6)) + (1 \times \log 0.2 + (1 - 1) \times \log(1 - 0.2)) + (0 \times \log 0.2 + (1 - 0) \times \log(1 - 0.2)) \approx 0.398$$

模型二：

$H((0,1,0),(0.1,0.8,0.1))$
$$= -1/3((0 \times \log 0.1 + (1-0) \times \log(1-0.1)) + (1 \times \log 0.8 + (1-1) \times \log(1$$
$$-0.8)) + (0 \times \log 0.1 + (1-0) \times \log(1-0.1)) \approx 0.063$$

交叉熵代价函数的性质其实和回归问题中的均方误差很类似，都是非负性的，所以我们的目标就是最小化代价函数。当预测值 $\hat{y}$ 与真实值 y 接近时，交叉熵代价函数接近于 0。

同样的，我们并不需要手动计算交叉熵代价函数。在 Keras 中，可以使用 loss=losses.categorical_cross_entropy 来作为分类问题的代价函数。

```
from keras import losses
model.compile(loss=losses.categorical_cross_entropy, optimizer='sgd')
```

以上介绍了两种损失函数，在回归问题中使用均方误差，在分类问题中使用交叉熵，除了这两种损失函数，Keras 还提供了其他常用的经典损失函数，例如：

- mean_squared_error 或 mse
- mean_absolute_error 或 mae
- mean_absolute_percentage_error 或 mape
- mean_squared_logarithmic_error 或 msle
- squared_hinge
- hinge
- binary_crossentropy
- categorical_crossentropy
- sparse_categorical_crossentrop

总之，损失函数的目的是对于预测值和真实值之间的差距给出一个量化的指标。我们训练神经网络的目的，就是不断降低损失函数。根据问题的种类和应用的场景，选择合适的损失函数，这对神经网络训练的成效很重要。

4.3.3　梯度下降

前面讲解了用损失函数来衡量神经网络对于输入的拟合好不好，现在让我们进行深度学习的第三步——找到最好的拟合。

找到最好的拟合，就是找到一组参数，使得神经网络的损失函数尽可能最小。既然损失函数是用来衡量神经网络的拟合效果，我们训练神经网络的目的就是尽可能地降低损失函数。损失函数是由神经网络的参数（这里的参数指的是神经元的权值 w，有时还包括偏置值 b）计算而来，要想降低损失函数，就要通过不断地修改神经网络的参数，比较损失函数的值，选择最小的损失函数所对应的那一组参数作为神经网络的参数。当然，这个过程不是无休止的，这里说的最小，通常是在对损失函数进行一定次数的迭代之后，或者当损失函数降低到目标值之后，在已经产生的损失函数中选择最小的那个。

上述过程的数学表达式如下，$L(\theta)$是损失函数中一个关于参数θ的函数，其中参数θ就是神经元的权值和偏置值的集合，$\theta = \{\omega^{(0)}, \ \omega^{(1)}, \ \cdots, \ b^{(0)}, \ b^{(1)}, \ \cdots\}$。我们优化网络、训练网络、找到最佳拟合的目的，在数学上来说，就是找到一组参数θ，这组参数θ使得$L(\theta)$的取值最小。

$$\theta^* = \underset{\theta}{\mathrm{argmin}}\, L(\theta)$$

那么，问题来了，怎么才能找到最好的拟合呢？怎样找到这样一组参数θ呢？

首先，想要把所有参数列出来，以穷尽枚举的方式是不现实的。神经网络的一大特点就是庞大，这里的庞大指的就是参数的数量。举个例子，一个典型的语音识别网络，很容易就上到 6 层的全连接网络层，每一层都有超过 1000 个神经元，按照这种保守估计，这样一个神经网络的参数数量就有 10^6 的数量级。想要靠枚举的方式找到这组参数的最小值，显而易见是难以操作的。

所以，这时就需要用到训练神经网络的一个重要算法——梯度下降。

梯度下降本身是一种优化算法。优化算法就是我们眼下要讨论的主题，通过改善训练方式、修改参数来最小化损失函数$L(\theta)$。顾名思义，梯度下降的关键词是梯度和下降，其中梯度是手段，下降是目的，指的是通过计算梯度一步步降低损失函数的值。

损失函数$L(\theta)$是关于参数θ的函数，因而可以画出$L(\theta)$对于参数θ的函数图，因为现在讨论的梯度下降只与权值ω有关，所以只画出损失函数L和权值ω的关系，如图 4-17 所示。

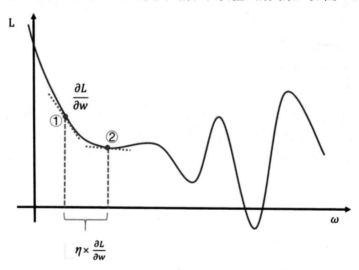

图 4-17　损失函数L和权值ω的关系

对于一条曲线，取任意一点，都可以作出一条切线，这条切线的斜率就叫作该点的梯度（关于梯度和求导，可以参考本书第 2 章）。梯度下降所做的工作，就是在图 4-17 的损失函数曲线上任意找一个初始点，计算该点的梯度，然后按梯度的相反方向前进一小步，得到一组新的参数。不断重复这一过程，直到损失函数下降到可以接受、模型收敛为止。

比如在图 4-17 中，我们运用梯度下降算法的方法如下：

（1）选择任意值作为神经网络的参数，比如点①。

（2）在该参数条件下，计算损失函数的梯度$\frac{\partial L(\theta)}{\partial \theta}$，即点①的梯度。

（3）按照公式$\theta = \theta - \eta \times \frac{\partial L(\theta)}{\partial \theta}$更新梯度，其中 η 是学习率，一般 η 是一个比较小的数值，比如 0.0001，在这一步后，即从点①移动到点②。

（4）重复步骤（2）和（3）直至模型收敛，得到优化后的参数。

这里用一个具体的例子来简要看一看梯度下降的步骤。假设我们的损失函数为$L(\theta) = x^2$，希望通过梯度下降算法优化参数x，从而使得损失函数的值降低，接近最小值。当然，对于这个简单的函数，我们知道当x=0 时，损失函数达到最小值 0。

假设参数x的初始值为 3，学习率设置为 0.4，表 4-1 展示了这个梯度下降的优化过程。

表 4-1　$L(\theta) = x^2$的梯度下降算法

	当前参数值	梯度	学习率	梯度 x 学习率	更新后参数值
1	3	6	0.4	2.4	0.6
2	0.6	1.2	0.4	0.48	0.12
3	0.12	0.24	0.4	0.096	0.024
4	0.024	0.048	0.4	0.0192	0.0048
5	0.0048	0.0096	0.4	0.00384	0.00096

可以看到，经过 5 次迭代后，参数x的值从最开始的 3 到更新后的 0.00096，这已经非常接近目标优化值 0 了。

至此，我们看到了梯度下降的原理和过程。现在用到的梯度下降，可以认为是传统的梯度下降，代表了梯度下降这个方法的核心。在实际操作中，传统的梯度下降速度很慢且难以控制，所以在深度学习中，使用的是各种优化过的梯度下降算法，比如随机梯度下降，这些梯度下降算法（或方法）能够帮我们更快、更好地训练神经网络，将在 4.4.3 中讨论这些优化算法。

4.3.4　神经网络的反向传播

现在，我们使用上一节中介绍的梯度下降方法，看看具体在神经网络的训练中是怎样通过梯度下降的方法，来修正神经网络中的参数，以实现损失函数的下降。训练神经网络的算法有个专门的名字，叫作反向传播算法（Back Propagation，简称 BP 算法）。

图 4-18 中的神经元结构我们已经很熟悉了，这个神经元从输入x到输出y。

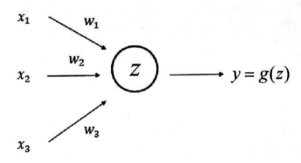

图 4-18　神经元结构示意图

（1）神经元对输入的线性变换为：

$$z = x_1w_1 + x_2w_2 + x_3w_3 + b$$

（2）激活函数对前一结果的非线性变换为：

$$\hat{y} = g(z)$$

每一次训练时，我们需要对神经网络的参数，即神经元的权值和偏置值，进行一次更新。这就是通过梯度下降的方式进行的，对于每一个参数，我们首先计算其对于损失函数的导数：

$$\frac{\partial L}{\partial w_1} = \frac{\partial L}{\partial \hat{y}}\frac{\partial \hat{y}}{\partial z}\frac{\partial z}{\partial w_1}$$
$$\frac{\partial L}{\partial w_2} = \frac{\partial L}{\partial \hat{y}}\frac{\partial \hat{y}}{\partial z}\frac{\partial z}{\partial w_2}$$
$$\frac{\partial L}{\partial w_3} = \frac{\partial L}{\partial \hat{y}}\frac{\partial \hat{y}}{\partial z}\frac{\partial z}{\partial w_3}$$
$$\frac{\partial L}{\partial b} = \frac{\partial L}{\partial \hat{y}}\frac{\partial \hat{y}}{\partial z}\frac{\partial z}{\partial b}$$

然后，对每一个参数利用上面计算出来的梯度（导数），结合学习率 η 来更新参数，得到经过一次更新的网络参数。

$$w_1 = w_1 - \eta\frac{\partial L}{\partial w_1}$$
$$w_2 = w_2 - \eta\frac{\partial L}{\partial w_2}$$
$$w_3 = w_3 - \eta\frac{\partial L}{\partial w_3}$$
$$b = b - \eta\frac{\partial L}{\partial b}$$

这种更新参数的方式就是反向传播算法（BP 算法）。2006 年引入的反向传播技术，使得训练深层神经网络成为可能。反向传播技术是先在前向传播中计算输入信号的乘积及其对应的权值参数，然后将激活函数作用于这些乘积的总和。这种将输入信号转换为输出信号的方式，是一种对复杂非线性函数进行建模的重要手段，并引入了非线性激活函数，使得模型能够学习到几乎任意形式的函数映射。然后，在网络的反向传播过程中回传相关误差，使用梯度下降更新权值，通过计算误差函数 L 相对于权值参数 W 的梯度，在损失函数梯度的相反方向上更新权值参数。

4.4 更好地训练神经网络

至此，我们已经学习了神经网络的前向和反向传播算法,通过前向传播算法构建神经网络，对输入进行拟合；通过反向传播算法找到拟合效果好的神经网络，至此似乎已经掌握了神经网络的学习和训练"秘技"。但是，在实际中，神经网络的训练是有难度的，想要让神经网络收敛，降低损失函数，学习到拟合效果好的网络参数，除了掌握基本的前向和反向传播算法之外，还需要一些优化技巧。学习这些技巧后，读者就可以自己动手来搭建和训练一个不错的神经网络。本节的内容只是一个起步，对神经网络的训练和调优是一个大课题，有关更深入的知识点，将在第 6 章进行讲解。

4.4.1 选择正确的损失函数

首先，我们应该为神经网络选择正确的损失函数。这听上去似乎多余，但是要知道，不同的损失函数，其形状是完全不同的，如图 4-19 所示，分别是交叉熵和均方误差损失函数的函数图，南辕北辙不外如此。

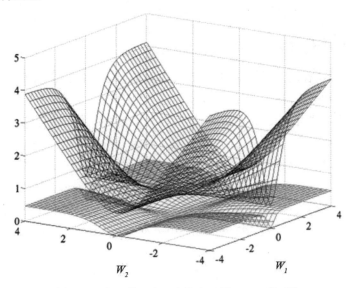

图 4-19　交叉熵（上）和均方误差（下）的对比

如果我们的输出层使用了 Softmax 进行分类，那毫无疑问交叉熵是比均方误差更合适的损失函数。

4.4.2　选择通用的激活函数

激活函数简单有效地将非线性的性质引入了神经网络中，但是激活函数也有陷阱，比如当数值过小或者过大时，很可能会导致激活函数在该数值的导数为 0。

如图 4-20 所示，随着数值的变大，sigmoid 函数近似于一条平直线，在这一区域的导数基本上就是 0 了。这一现象叫作梯度消失，是训练神经网络时要努力避免的问题。

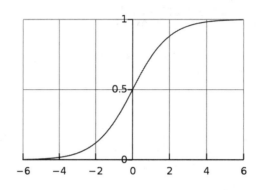

图 4-20　sigmoid 函数

在实际中，对于隐藏层，ReLU 函数是更通用的选择，因为它能在大多数情况下避免梯度消失的问题，并且收敛的速度更快。在有些情况下，如果必须将输出限定在有界范围内，则需要考虑使用 sigmoid 函数或者 tanh 函数，而 tanh 函数又是比 sigmoid 函数更通用的选择。sigmoid 函数常用于输出层，比如一个二分类的问题，需要输出是一个（0，1）之间的概率值，这时就可以使用 sigmoid 函数将输出界定在（0，1）之间。

4.4.3　更合适的优化算法

在 4.3.3 节中讲解了梯度下降算法。相信读者也感觉到了，梯度下降是一个比较烦琐的算法。不过，到目前为止，梯度下降是神经网络反向传播算法的核心，这是因为并没有一个通用的方法可以对任意损失函数进行直接的优化，所以我们仍然需要梯度下降算法，通过一小步一小步的探索接近最优值。

然而，在实践中梯度下降也不是一劳永逸的。因为梯度下降算法会计算整个数据集的梯度，只会进行一次更新，所以会导致计算时间太长，在处理大数据集时造成内存溢出。因此在训练神经网络时，我们并不会直接使用梯度下降算法，而是使用一些改进过的优化算法。

一个比较常见的优化算法是随机梯度下降（Stochastic Gradient Descent，简称 SGD）。这个算法的好处是能大大加速训练过程，因为 SGD 算法不是计算全部数据集上的梯度，而是抽取一小部分数据进行计算，进而更新梯度下降的参数，这样每一次参数更新的时间就大大提升了。

在这几年的研究中，已经产生了一些表现优秀的优化算法，除 SGD 算法之外，还有 Adam、Adagrad、RMSprop 等优化算法。这些算法各有千秋，但目的都是帮助神经网络的训练，以更快、更好地让神经网络收敛。在使用时，比较通用的优化算法设置有两种：一种是 SGD+nesterov；另一种是 Adam。一般情况下，它们都可以使用。

这些优化算法在 Keras 中都可以直接调用。在编译 Keras 模型时，必须指定优化算法。比如下面的语句中，就编译了一个 Keras 模型，这个模型的损失函数是均方误差，优化算法是 SGD 算法。损失函数和优化算法是训练神经网络必须用到的两个设置。

```
sgd = optimizers.SGD(lr=0.01, decay=1e-6, momentum=0.9, nesterov=True)
model.compile(loss='mean_squared_error', optimizer=sgd)
```

4.4.4　选择合适的批量

伴随着深度学习优化算法的一个概念是批量（Batch）。梯度下降依靠计算网络的误差更新模型参数，从而达到减少误差的目的。神经网络的训练需要时间，这是因为梯度下降并不是可以一次到位的方法。在训练神经网络时，模型的参数是通过梯度下降这种方式一次次迭代，从而接近最优值。每一次使用梯度下降更新参数时，都需要提供给神经网络一批数据，神经网络在这批数据上进行梯度下降，更新参数，这就是一个学习过程。而每一次提供给神经网络的这一批数据，就叫作批量。

首先，一个很自然的想法是，把所有的数据都一次性地"馈送"给神经网络。在这种情况下，每计算一次损失函数，每更新一次参数，都要把数据集里的所有样本都"看"一遍，这被称为批量梯度下降（Batch Gradient Descent）。这么做当然是有意义的，因为我们每一次更新参数时，其更新方向都是由全体数据集决定的，显然更加准确。但是，实际的问题是，一次性导入全部数据，计算量大、速度慢，一旦遇到大数据集，这种方式基本上就不可用了。

既然大数据有计算资源的限制，不能以全部数据作为批量（Batch），而另一个极端就是，每次仅训练一个样本，即 Batch_Size = 1。这时，每"看"一个数据就算一下损失，更新一次参数。这种方法的好处自然是节省计算资源，但是每次只依靠一个数据就更新参数，会导致训练过程中损失函数的波动很大，导致模型不收敛。这种方法有个专有名称，就是前文说的叫作随机梯度下降（Stochastic Gradient Descent，SGD）。值得注意的是，我们在实际运用中使用的 SGD 算法，并不是特指只使用了一个数据的 SGD 算法，而是使用一种小批量的 SGD（Mini-Batch SGD）算法。

什么是小批量（Mini-Batch）呢？

很简单，小批量是介于以上两种方法中间的折中手段。小批量梯度下降（Mini-Batch Gradient Decent）同样是一种梯度下降的方法，这种方法把全体数据分为若干批量（Batch），每一次将一个批量输入到神经网络中，每一次的参数更新都是根据这一个批量决定的。小批量是深度学习训练模型时很重要的一个概念，基本上现在的梯度下降都是基于小批量的。其实这很好理解，这样一种折中的方法：一方面因为不是输入所有数据，能够灵活地处理训练数据量和计算量之间的矛盾；另一方面，使用一批数据决定参数更新的方向，比使用单个数据更有意义。

在 Keras 中，经常会出现 Batch_Size 这个需要指定的量，指的就是每一批数据，每一个小批量中的数据量。在设置 Batch_Size 时，一个通用的建议是取 2 的幂次，以便 GPU 可以发挥更佳的性能，因此将 Batch_Size 设置成 16、32、64、128 等数是很常见的方法。

以上，我们讨论了三种选择批量数据进入神经网络进行训练的方法，它们分别是：

● 使用全部数据进行一次迭代。
● 使用单个数据进行一次迭代。
● 取折中的方法，选取部分数据进行一次迭代。

这三种方法都有其背景和原因，在实际使用中，一次性使用更多的数据，得到的参数更新方向就更全面。理论上，一个批量越大越好；但是，我们又总是面临着计算资源的限制。当我们真正开始编写代码时，就会发现，一个过大的批量，光是读取就已经很困难了，更不要谈神经网络的训练，所以，我们只能降低 Batch_Size。在实践中，Batch_Size 基本上都是介于 1 和全体数据量之间的一个数值。具体应该选择多大的 Batch_Size，大多数时候由我们所拥有的计算能力来决定，在计算能力足够的情况下，Batch_Size 一般是越大越好。

4.4.5　参数初始化

神经网络是由参数定义和构建的。这里的参数指的是权值（Weight）和偏置值（Bias）。

自然而然，在神经网络构建之初，里面的参数是应该要有一个值的。因为神经网络总是先经过前向传播算法计算出损失函数后，再一次次地迭代更新参数接近最优值。所以，神经网络在构建之初，需要初始化参数，初始化的意思很简单，就是给参数定义一个值。但是这个值怎么定义是有方法的。

其实，定义参数值是一件非常简单的事，例如：

● 将所有参数全部初始化为 0。
● 随机初始化，即随机定义每一个参数为一个数值。

但是，以上两种方法都不建议使用。

这是因为，参数初始化的真正目的，是为了让神经网络在训练过程中更快地学习到有用的信息。神经网络通过反向传播来进行学习，所以在反向传播过程中，对参数的求导必须要返回一个值，这样参数才能利用这个导数值进行自我修正。试想，如果神经网络中有一层对其所有参数的求导都是 0，那么这一层参数的修正量永远就是 0，换言之，这些参数停止了修正，这时神经网络是没有学习能力的。要求导数不为 0，至少有两方面的意义：

（1）在前向传播的过程中，神经元的输出不能为 0，当神经元的输出为 0 时，相应的导数也为 0，这个神经元的参数就停止了更新，成了一个无用的神经元。

（2）要避免激活函数出现饱和现象，比如对于 sigmoid 激活函数，初始化值不能太大或太小，否则梯度的计算会出现问题，神经网络中的问题就是梯度的消失和爆炸问题（在 6.2 节中，将讲解梯度消失和梯度爆炸的问题）。在这一节中，需要了解的是，初始化值不能太大或太小，这样就可能避免反向传播和梯度相关的问题。

正因为以上的原因，总结出了一些常用的参数初始化的方法，下面我们列出推荐的参数初始化方法：

● Xavier initialization（Xavier 初始化）：来自于 2010 年的一篇论文 "Understanding the difficulty of training deep feedforward neural networks"（对深层前馈神经网络训练难点

的认识），论文的内容和数学推导超出了本书内容的范围，这里直接说结论——作者 Glorot 认为，优秀的初始化应该使得各层的激活值和状态梯度的方差与在传播过程中的方差保持一致：这就是 Xavier 初始化的思想。在 Keras 中，有两个函数提供了 Xavier 初始化的操作：一个是 glorot_normal；另一个是 glorot_uniform。前者服从正态分布，后者服从均匀分布。

● He initialization（He 初始化）：He 初始化是建立在 Xavier 初始化基础上的一种初始化方法，常配合 ReLU 激活函数使用。

He 初始化的思想是：在 ReLU 网络中，假定每一层有一半的神经元被激活，另一半为 0，要保持方差（Variance）不变，只需要在 Xavier 的基础上再除以 2。

Keras 同样提供了基于正态分布和均匀分布的两个 He 初始化函数，分别是 he_normal 和 he_uniform。

第 5 章
◀ 使用Keras构建神经网络 ▶

前面已经学习了神经网络的概念、原理及构造，对搭建和训练一个神经网络的过程及术语也有所了解。本章将开始动手构建神经网络。

Keras 提供了简明易上手的工作流程。简单来说，Keras 的工作流程以模型为中心。在 Keras 中，首先要构建一个模型，然后编译模型，再使用训练数据对模型进行训练。有了这个训练好的模型，我们就可以对模型的效果进行评估，并对测试数据进行预测。

图 5-1 总结了 Keras 中的一个典型的工作流程。

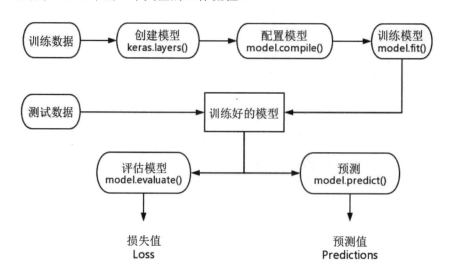

图 5-1　Keras 深度学习的典型工作流程[1]

我们将在接下来的小节中，对 Keras 的各个工作环节逐一进行解答。首先，在 5.1 节中概览 Keras 的工作流程。

---

[1] Vikas Gupta. Deep learning using Keras – The Basics[EB/OL]. (2017-09-25). https://www.learnopencv.com /deep-learning-using-keras-the-basics/.

5.1　Keras 中的模型

模型是 Keras 工作流程的中心，使用 Keras 的第一步就是定义一个神经网络模型。

Keras 给出了两种定义模型的方式——序贯（Sequential）模型和函数式（Functional）模型。其中序贯模型比较简单，适用于大多数神经网络模型，而函数式模型则提供了更丰富的搭建模型的方式，有更大的自由度，可以帮助我们搭建更复杂的模型。

这里首先介绍序贯模型。序贯模型是多个网络层的线性堆叠，这里线性堆叠的意思是指，从输入开始，网络层是一层叠加一层，直到输出，输入和输出之间有一种"一条道走到黑"的一一对应关系。

让我们通过一个简单的例子，来看看 Keras 中堆叠网络层的这种方式。

```
from keras.models import Sequential
from keras.layers import Dense, Activation

model = Sequential()
model.add(Dense(32, input_shape=(784,)))
model.add(Activation('relu'))
model.add(Dense(10))
model.add(Activation('softmax '))
```

一种方式是使用序贯模型定义神经网络。当我们使用 model = Sequential()时，就定义了一个序贯模型。在此基础上，通过 add()，可以把需要的网络层按先后顺序一层层地叠加到模型上。

另一种方式则是省略 add()，直接将网络层传递给序贯模型。

```
from keras.models import Sequential
from keras.layers import Dense, Activation

model = Sequential([
    Dense(32, units=784),
    Activation('relu'),
    Dense(10),
    Activation('softmax')
])
```

这两种方式是等价的，按照这两种方式编写的以上两段代码会构建出同样的模型。

这里出现的 Dense 和 Activation 是 Keras 中的网络层，在下一节中将会详细介绍。

可以看出，对序贯模型的定义十分简单，只需要把网络层叠加上去即可。但是这里要注意的是，序贯模型中的第一层网络，需要定义网络的输入形状或尺寸（shape），即 input_shape。模型需要知道输入网络数据的 shape，之后的网络层会自动计算中间数据的 shape。

我们可以通过关键字 input_shape 或 input_dim 为第一层指定输入数据的 shape。

input_shape 要求一个元组（Tuple）类型的数据，input_dim 要求一个整数（Int）类型的数据。在指定输入 shape 的时候不用包含输入数据的批量（Batch）大小，比如一组输入数据有 3 个维度，我们在训练模型时的批量是 32，虽然每一次输入模型的数组 shape 是（3，32），但是在定义网络的输入时，指定输入数据本身的维度即可。

所以，在序贯模型的第一层，我们可以使用 input_shape 或者 input_dim 其中的一种指定该模型的输入形状或尺寸（shape）。比如以下这两段代码的效果是一样的。

```
model = Sequential()
model.add(Dense(32, input_shape=(3,)))


model = Sequential()
model.add(Dense(32, input_dim=3))
```

5.2 Keras 中的网络层

在上一节中了解了一些名词比如 Dense 和 Activation，它们都是 Keras 中的网络层（Layer），是搭建 Keras 神经网络的基石，在这一节中将会讲解网络层的使用。

神经网络由一层层的网络层搭建而成，Keras 的模型构建就很好地利用了这一特性。使用 Keras 就像是搭建积木，这是很多人使用 Keras 的感受。Keras 将网络层堆叠成模型的方式确实很像搭建积木的过程，一层层各式各样的网络层可以看作是一块块搭建好的积木。

在构建全连接网络时，我们将使用以下的网络层。

1. Dense 层（全连接层或稠密层）

Dense 层就是常用的全连接层，也称为稠密层，Dense 层的输入和输出相互之间互为连接。Dense 层要求指定神经元的数目，比如 Dense(32)，即是指这一层有 32 个神经元，输出数据的 shape 也是 32。如果是作为模型的第一层，还要求指定输入数据的 shape。

```
#定义了一个序贯模型
model = Sequential()

# 作为序贯模型的第一层，Dense 层要求指定输入数据的形状（shape）
# 从数组的形状来看，Dense 层的输入是(*, 16)，输出是(*, 32)
# 这里的*表示任意值
model.add(Dense(32, input_shape=(16,)))

# 如果不是作为第一层网络，则不需要指定输入数据的形状（shape）
# 这个 Dense 层会接收上一层的输入，输出一个形状为(*, 32)的数组
model.add(Dense(32))
```

2. Activation 层（激活层）

激活层就是对该层的输出施加激活函数，激活层包括了如 ReLU、tanh、sigmoid 一类的激

活函数。

下面的代码，就是在全连接层之后对输出施加了 ReLU 激活函数。

```
model = Sequential()
model.add(Dense(32, input_shape=(784,)))
model.add(Activation('relu'))
```

3. Dropout 层（随机失活层）

Dropout（随机失活）是防止模型过拟合的一种方式，这也是优化神经网络常用的一种方式，我们将在下一章介绍这种方式的原理和应用。这里，先学习 Dropout 层的写法。Dropout 层会指定一个更新参数（0~1 之间的概率值），Dropout 将在训练过程中每次更新参数时按一定概率（Rate）随机断开输入神经元，比如以下的 Dropout 层会按照 0.5 的概率随机断开输入神经元。

```
model.add(Dropout(0.5))
```

除了全连接的网络层之外，Keras 也提供了为其他网络结构设计的网络层，比如 CNN 和 RNN 网络，这在之后的 CNN 和 RNN 章节中会接触到。

对于以上的每一种网络层，我们在使用之前，都需要从 keras.layers 中导入（import）。

```
from keras.layers import Dense, Activation
```

5.3　模型的编译

通过定义模型和叠加网络层，现在我们有了一个搭建好的模型。在训练之前，还需要对此模型进行编译（Compile）。编译模型是对模型的学习过程进行配置。

模型的编译通过 model.compile() 完成：

```
# model 是一个已经搭建好的模型
model.compile(
    optimizer='rmsprop',
    loss='mse',
    metrics=['mse', 'mae']
    )
```

在编译模型时，我们需要指定 compile() 接收三个参数：优化器 Optimizer、损失函数 Loss 和评价指标列表 Metrics。

5.3.1　优化器

优化器是我们在 4.4.3 节中所讲的优化算法，如 Adam、SGD 等。优化算法决定神经网络参数以何种方式在训练中被更新，这是网络进行训练之前就需要知道的，故而需要在模型训练前配置好。

Keras 提供了大部分常见的优化器，比如：

- Stochastic Gradient Descent（SGD）
- Adam
- RMSprop
- AdaGrad
- AdaDelta

也可以自己定义一个 Optimizer 类的对象，作为参数传递给优化器（Optimizer），不过一般选择 Keras 自带的优化器已经能解决大多数问题。

指定优化器，最简单的方式是把优化器的名字直接作为参数输入给 optimizer。

```
model.compile(loss='mean_squared_error', optimizer='sgd')
```

有时，需要对优化算法的参数做一定的设置，比如使用 Clipnorm 和 Clipvalue 对梯度进行裁剪，或者设置学习率 lr 以及学习率的衰减率 decay，这时就需要先设置优化器，再传递给 Optimizer。比如下面的这个例子：

```
from keras import optimizers

# 这里设置了 SGD 优化器的学习率和衰减率
sgd = optimizers.SGD(lr=0.01, decay=0.0001)
model.compile(loss='mean_squared_error', optimizer=sgd)
```

注意，如果我们只是载入模型并利用它进行预测（Predict），那么可以不用对模型进行编译。在 Keras 中，Compile（编译）主要完成损失函数和优化器的一些配置，为训练服务。预测会在内部进行符号函数的编译工作。总之，记住在训练模型前对模型进行编译，在预测时则不是必须的。

5.3.2 损失函数

损失函数是 4.3.1 节中的知识点，模型训练的目标即是不断降低损失函数，所以在训练之前就需要先定义好。

Keras 提供了目前常用的损失函数：

- mean_squared_error 或 mse
- mean_absolute_error 或 mae
- categorical_crossentropy

其中前两个是回归问题常用的损失函数，最后一个常见于分类问题。

同优化器的使用类似，在 compile()中，损失函数 loss 可以指定一个定义好的损失函数名，如 categorical_crossentropy、mse。对于 Keras 自带的这些损失函数，将损失函数的名字作为参数传递给 loss 即可。

```
model.compile(loss='mean_squared_error', optimizer='sgd')
```

当然，我们也可以定制自己的损失函数，将函数传递给 loss。但是，自定义的损失函数在反向传播上经常会引发一些问题且不易于排查，所以并不建议读者在初学时自己定义损失函数。

5.3.3 性能评估

性能评估函数与损失函数基本类似，只不过评估结果并不会用于训练。

和损失函数一样，性能评估函数通常对回归问题使用 mse，对分类问题使用 categorical_crossentropy。

因为不影响训练过程，我们对性能评估函数的使用更自由一点，可以按照自己的模型评估需求定制函数，比如以下函数，就使用了预测数组的平均值作为评价指标。

```
import keras.backend as K

def mean_pred(y_true, y_pred):
    return K.mean(y_pred)

model.compile(optimizer='rmsprop',
              loss='binary_crossentropy',
              metrics=['accuracy', mean_pred])
```

在 compile()中定义了 metrics=['accuracy', mean_pred]之后，模型在训练中每一轮都会记录 'accuracy'和 mean_pred 这两个值，我们可以通过性能评估函数记录的值，对训练好的模型进行评价。

5.4 训练模型

记住，编译模型是在配置训练过程。在 Keras 中，模型必须经过编译才可以使用，这里的使用包括训练模型和使用模型进行预测。

现在，我们可以训练这个模型了。在 Keras 中，模型的训练是通过 model.fit()实现的。

```
model.fit(X, Y, nb_epoch=150, batch_size=16)
```

这里我们看到，用于训练的 fit()函数只需要以下这几个必须的参数：

● *X 和 Y*：用于训练的输入数据。
● nb_epoch：训练的轮数。当所有训练数据都被训练过一次之后，被称为一个 epoch（轮次）。在以上的例子中，训练数据经过了模型 150 轮的训练。
● Batch_Size：我们介绍过小批量（Min-Batch）的概念，训练数据不是一次性被输入网络进行训练，而是分批进入，每一个批量（Batch）都会对网络进行一次参数更新。Batch_Size 即是每一批次的数据量，这里我们每次使用的 Batch 数据量为 16。

值得注意的是，fit 函数中的参数 shuffle，负责训练数据的随机打乱，这一参数的默认值是 True，如果不特意关闭这一参数，那么训练数据在训练时会被随机打乱。

5.5 使用训练好的模型

在模型训练好之后，我们就可以使用了。对于训练好的模型，最主要的诉求是评估模型的性能，再使用模型进行预测。

模型的评估可以用 model.evaluate() 完成，一般在训练数据上进行，因为需要对比预测值和真实的标注值才能得到模型预测的偏差。还记得在编译函数时指定的损失函数 loss 和性能评估函数 Metrices 吗？这时就会被用作模型评价指标，model.evaluate() 会返回一个列表（List），其中包含了这些评价指标，如果不记得之前指定的指标也没有关系，可以使用 model.metrics_names 查看列表中各个值的含义。

```
model.evaluate(X, Y)
```

模型的预测可以用 model.predict() 完成，本函数按批量（Batch）获得输入数据对应的输出，在一般情况下，我们会对没有预测过的数据进行预测，所以只需要指定输入数据 X 即可，model.predict() 返回的是模型预测的输出值。

```
y_pred = model.predict(x_pred, batch_size=32)
```

5.6 实例：手写体分类问题

现在，我们把所有的步骤整合起来，使用 Keras 构建一个多层神经网络。使用这个多层神经网络来处理手写体分类问题。这里的手写体指的是 MNIST 数据集中的手写体图像，MNIST 数据集因其简单易用性，经常被用作深度学习的入门数据集。

通过本节的例子，我们将看到 Keras 的完整工作流程——从定义模型到训练和评价模型。之后我们会遇到更丰富的网络结构，对于典型的 Keras 深度学习项目，基本上都遵循这一套工作流程。

1. 载入需要的包

按照使用习惯，我们会在程序的一开始，使用 import 导入程序中要用到的包。要使用 Keras，首先会用 import keras 指令来导入 Keras，然后依次从 Keras 中导入要用到的部分，比如 keras.datasets 负责数据集，MNIST 作为一个经典的数据集，在 keras 中可以通过 keras.datasets 调用；接下来，keras.models 负责模型有关的部分，keras.layers 提供网络层，keras.optimizers 则用来定义优化器。

```
import keras
from keras.datasets import mnist
from keras.models import Sequential
from keras.layers import Dense, Dropout
from keras.optimizers import RMSprop
```

另一个使用习惯是，在 import 导入语句之后，列出程序用到的参数，通常是和训练过程有关的参数。

```
# 每一个训练批量（Batch）的大小
batch_size = 128
# 模型的输出是分成多少个类别
num_classes = 10
# 训练的轮数
epochs = 20
```

2. 数据准备

在 from keras.datasets import mnist 之后，我们已经导入了 mnist 包，所以可以直接调用 mnist.load_data()把数据加载进来，按照 mnist.load_data()的定义得到训练和测试的 X 和 Y 数据集。

```
(x_train, y_train), (x_test, y_test) = mnist.load_data()
```

我们通过.shape 来查看一下训练集中 X 和 Y 的形状：

```
print("Training data shape", x_train.shape)
print("Training label shape", y_train.shape)
```

结果如下：

```
Training data shape (60000, 28, 28)
Training target shape (60000,)
```

可以看到训练集中一共有 60000 个实例，其中 X 是大小为 28×28 的单通道图像（黑白图像），Y 则是一列值，每一个图像 X 对应一个数值 Y。

对测试集执行同样的操作：

```
print("Testing data shape", x_test.shape)
print("Testing label shape", y_test.shape)
```

可以看到，测试集中有 10000 个实例。

结果如下：

```
Testing data shape (10000, 28, 28)
Testing target shape (10000,)
```

我们可以将 x_train 中的几个实例作为图像打印出来，这样可以更直观地看到我们的实例是什么。matplotlib 是 Python 中一个绘图的工具包，我们的可视化通常都离不开它。

```
import matplotlib.pyplot as plt
```

```
# 绘制 4 幅图
plt.subplot(221)
plt.imshow(x_train[0], cmap=plt.get_cmap('gray'))
plt.subplot(222)
plt.imshow(x_train[1], cmap=plt.get_cmap('gray'))
plt.subplot(223)
plt.imshow(x_train[2], cmap=plt.get_cmap('gray'))
plt.subplot(224)
plt.imshow(x_train[3], cmap=plt.get_cmap('gray'))
# 显示这 4 幅图
plt.show()
```

绘制出的手写体数字如下：

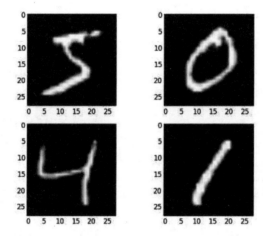

在此之前，我们看到 x_train 的形状是（60000, 28, 28），要将 x_train 送入全连接神经网络进行训练，需要将数据"压平"为一维数组，也就是把（28, 28）的图像转换成 784 的一维数组，为什么是 784 呢？因为 $28 \times 28 = 784$。这个形状转换的操作可以由 reshape（改变形状）来完成。NumPy 中的 reshape 功能是常用的操作，reshape 可以重组一个数组的形状，而不会改变其中的数据。比如 x_train.reshape(60000, 784)，就是把原本为（60000, 28, 28）的数组 reshape 转换成（60000, 784）。

```
# 将训练和测试数据 reshape 转换成可以进入神经网络的形状
x_train = x_train.reshape(60000, 784)
x_test = x_test.reshape(10000, 784)
```

经过 reshape 后，数据就可以进入神经网络了。不过，通常情况下会对数据进行归一化处理。现在的 x 数据的取值在 0~255 之间（这也是图像数据的标准数值区间），归一化后，x 数据被压缩到 0~1 之间。这么做是因为归一化有助于网络的收敛。

```
# 将 x 数据类型定义为 float32，因为 0~1 之间的数值是一个小数
x_train = x_train.astype('float32')
x_test = x_test.astype('float32')
```

```
# 对 x 数据进行归一化处理
x_train /= 255
x_test /= 255
```

以上完成了对 x 数据的处理，接下来继续处理 y 数据。对于 y 数据的处理相对简单，y 中的数据本身是一个标签，就是一个数值，我们抽取 y_train 中的一个实例看一下。

```
# 打印 y_train 中的一个值，可以看到 y 中的数据是一个数值
print(y_train[0])
```

结果如下：

```
5
```

如果我们处理的是回归问题，即可通过神经网络拟合出一个数值，并在输出层预测一个值，那么就不需要对这样的 y 进行处理。但是，在分类问题中，神经网络的输出是对于每一个类别的概率值，这就首先要求训练数据的标签是一个类别。Keras 提供了这样的转换，我们通过 keras.utils.to_categorical 将 y 从单个的数值转换成类别。

```
# 学习使用 keras.utils.to_categorical
# num_classes 是类别的数量，在程序开始时我们定义了 num_classes = 10
y_train = keras.utils.to_categorical(y_train, num_classes)
y_test = keras.utils.to_categorical(y_test, num_classes)
```

to_categorical 可以将类别向量（在我们的例子里，是 0~9 的整数）映射为二值类别矩阵，什么是二值类别矩阵呢？我们将再次打印出 y_train[0]：

```
print(y_train[0])
```

结果如下：

```
[0. 0. 0. 0. 0. 1. 0. 0. 0. 0.]
```

y_train[0]现在是一个矩阵，这个矩阵只有两个值，0 或者 1，所以叫作二值矩阵。这个矩阵中的每一个位置对应一个类别，比如这个矩阵有 10 个位置，对应的是我们例子中的 0~9 的整数。例如 1 出现在哪个位置，就表示这个实例属于哪个类别，所以叫作类别矩阵。我们之前看到 y_train[0]的数值是 5，在转化成二值类别矩阵之后，y_train[0]变为一个长度是 10 的矩阵，在代表 5 的位置上显示 1。

注意，如果输出层是 Softmax 并在以 categorical_crossentropy 为目标函数的模型中，那么我们必须保证 y 数值是一个类别矩阵，这样会用到 to_categorical 的处理。

3. 定义模型

至此，x 数据和 y 数据都已经被处理成可以进入神经网络的形式了，现在，我们来定义模型。正如前面反复强调的，在 Keras 中，定义模型是一件非常简单的事情，像搭建乐高积木一样简单。用以下代码就可以定义我们需要用到的神经网络了。

```
model = Sequential()
```

```
model.add(Dense(512, activation='relu', input_shape=(784,)))
model.add(Dropout(0.2))
model.add(Dense(512, activation='relu'))
model.add(Dropout(0.2))
model.add(Dense(num_classes, activation='softmax'))
```

以上的模型定义，可以总结为如下的步骤：

（1）首先定义模型本身，model = Sequential()定义了一个序贯模型，在使用序贯模型的方式定义模型时，model = Sequential()永远是写在第一行的。

（2）使用 add 的方式，将网络层一层层叠加起来，这里用到了四种网络层：

- 输入层：输入层使用 Dense 层，需要特别定义 input_shape=(784,)。
- 隐藏层：同样都是 Dense 层，就是普通的全连接网络层。
- Dropout 层（随机失活层）：是为了防止过拟合，Dropout(0.2)中的参数 0.2 是随机丢弃神经元的概率。
- 输出层：还是 Dense 层，只不过这一层中的神经元数目要等于分类的类别，激活函数要使用'softmax'，这是分类问题中输出层的用法。

如果读者觉得上述的表述不够直观，可以借助 model.summary()打印出模型的结构图。model.summary()会列出模型中的每一层网络，并给出每一层的输出形状（Output Shape）和参数数量（Param #），以很直观的方式告诉我们网络的结构和网络层的状态。model.summary()是经常用到的语句，对于我们理解模型结构以及后续的定位问题、优化网络都很有帮助。

```
model.summary()
```

模型的结构如下：

```
Layer (type)                 Output Shape              Param #
=================================================================
dense_1 (Dense)              (None, 512)               401920
_____
dropout_1 (Dropout)          (None, 512)               0
_____
dense_2 (Dense)              (None, 512)               262656
_____
dropout_2 (Dropout)          (None, 512)               0
_____
dense_3 (Dense)              (None, 10)                5130
=================================================================
Total params: 669,706
Trainable params: 669,706
Non-trainable params: 0
```

下面对一个定义好的模型进行编译。因为这是一个分类任务，所以我们使用categorical_crossentropy 作为损失函数。

```
model.compile(loss='categorical_crossentropy',
              optimizer=RMSprop(),
              metrics=['accuracy'])
```

接下来就可以使用 fit 对模型进行训练了。

```
model.fit(x_train, y_train,
          batch_size=batch_size,
          epochs=epochs,
          verbose=1,
          validation_data=(x_test, y_test))
```

我们对模型进行了 20 轮的训练，会看到每一轮训练时模型性能的变化。

结果如下：

```
Train on 60000 samples, validate on 10000 samples
Epoch 1/20
60000/60000 [==============================] - 6s 96us/step - loss: 0.2458 - acc:
0.9244 - val_loss: 0.1131 - val_acc: 0.9646
Epoch 2/20
60000/60000 [==============================] - 4s 60us/step - loss: 0.1024 - acc:
0.9692 - val_loss: 0.0731 - val_acc: 0.9771
…
Epoch 18/20
60000/60000 [==============================] - 3s 50us/step - loss: 0.0207 - acc:
0.9945 - val_loss: 0.1044 - val_acc: 0.9853
Epoch 19/20
60000/60000 [==============================] - 3s 49us/step - loss: 0.0206 - acc:
0.9948 - val_loss: 0.1081 - val_acc: 0.9835
Epoch 20/20
60000/60000 [==============================] - 3s 57us/step - loss: 0.0184 - acc:
0.9954 - val_loss: 0.1390 - val_acc: 0.9807
```

使用 fit()函数训练了模型并记录了模型训练过程中的评价指标。fit()函数返回一个 History 的对象，它的 History.history 属性记录了损失函数和其他评价指标的数值以及随训练 epoch（轮次）变化的情况，如果有验证集，则还会包含验证集中指标变化的情况。

所以，在训练模型时使用 h=model.fit 记录下训练过程中的输出，就可以使用 h.history 来查看训练中损失函数和评价指标的变化。

```
h = model.fit(x_train, y_train,
              batch_size=batch_size,
              epochs=epochs,
              verbose=1,
              validation_data=(x_test, y_test))
print(h.history)
```

以下就是 h.history 中包含的信息。h.history 是一个字典，其中包含了训练集上的性能评价指标'acc'和损失函数'loss'，以及验证集上的'val_acc'和'val_loss'。

结果如下：

```
{'acc': [0.9243833333015442,
 ...
 0.9954333333333333],
 'loss': [0.24577468505700428,
 ...
 0.0184388033494169],
 'val_acc': [0.9646,
 ...
 0.9807],
 'val_loss': [0.11305453216582537,
 ...
 0.13897850020470506]}
```

h.history 中包含的信息是模型的评价指标，这是我们在编译模型时，compile 中会定义损失函数 loss 和评价指标列表 metrics。如果读者忘记了怎样设置模型训练，也没有关系，可以使用 model.metrics_names 来再次查看模型的评价指标，即 loss 和 metrics 的设置。

```
model.metrics_names
```

结果如下：

```
['loss', 'acc']
```

这个评价指标在评价模型的表现时依然有用。

```
score = model.evaluate(x_test, y_test, verbose=0)
print('Test loss:', score[0])
print('Test accuracy:', score[1])
```

结果如下：

```
Test loss: 0.11737290392654816
Test accuracy: 0.9841
```

可以看到，model.evaluate 会在给出的数据上对模型的表现进行评估，评价指标就是以上的 loss 和 accuracy。因为要对模型的表现进行评估，我们需要知道输入数据的真实值，所以 x 和 y 的输入在调用 model.evaluate（即评估模型）时都是需要的。

model.predict 在预测时调用，这个函数按批量（Batch）获得输入数据对应的输出，只需要知道 x 的输入即可。比如以下代码，根据测试集 x_test 的输入，就可以输出预测值 y_pred。

```
y_pred = model.predict(x_test)
```

5.7 Keras 批量训练大量数据

我们看到，在 Keras 中，对模型进行训练、评估和预测，是通过调用 fit、evaluate 和 predict

这些函数（或方法）来进行的。调用这一系列函数，首先需要将数据集全部载入，再生成数据批量（Batch）进行接下来的工作。载入全部数据非常占用内存，所以当数据集比较大时这种方法就不适用了。假如读者的训练集是一百万个数据，那么不太可能将这么大的数据一次性载入内存，就算读者的系统拥有这么大的内存空间，也不推荐采用这种做法。

所以，Keras 中提供了 train_on_batch 和 fit_generator 这两种方式来应对较大的数据集。

1. fit_generator 函数

fit_generator 函数最大的特点是使用一个基础函数为其生成输入数据，这个基础函数就是 Python 中的生成器（Generator）。fit_generator 不需要将所有数据一次性都读取到内存中，而是使用生成器"实时"生成数据流。

当我们使用 fit_generator 训练模型时，工作流程就像以下所示的代码中一样——首先定义一个数据生成器，在这个生成器的基础上可以进行模型的训练。

```
# 这是一个数据生成器
def generate_arrays_from_file(path):
    while 1:
        f = open(path)
        for line in f:
            # 从文件 f 的每一行中生成输入数据和标签
            x, y = process_line(line)
            yield (x, y)
        f.close()

model.fit_generator(generate_arrays_from_file('/my_file.txt'),
        samples_per_epoch=10000, nb_epoch=10)
```

Keras 在使用 fit_generator 训练模型时的过程如下：

（1）Keras 调用提供给 fit_generator 的生成器函数（在这里是 generate_arrays_from_file）。

（2）生成器函数为 fit_generator 函数生成一批大小为 Batch_Size 的数据，数据的 Batch_Size 并不是由 fit_generator 来决定，而是由生成器来决定，generate_arrays_from_file 从文件中的每一行生成数据，所以这里的 batch_size=1。

（3）fit_generator 函数接收批量数据，执行反向传播，并更新模型中的权值。

（4）重复该过程直到达到期望的 epoch（训练轮次）数量。

读者可能会注意到在调用 fit_generator 函数时，中间定义了 samples_per_epoch 和 nb_epoch。这是 fit_generator 函数记录训练轮数的一个办法。因为我们使用了数据生成器，而数据生成器是无限循环（请看 generate_arrays_from_file 函数中的 while 1 语句，这就是一个无限循环），它永远不会主动返回或退出。所以，一旦使用了数据生成器，就相当于打开了自来水龙头，有了一个永不停止的数据流。这有别于一次性看到所有数据的 fit 函数，我们无法确定一个 epoch 从何时开始。那么如何定义"一轮训练"呢？samples_per_epoch 就是用于这个目的，每个 epoch

（轮次）中经过模型的样本数到达 samples_per_epoch 数值时，就算一个 epoch 结束了。

完整的 fit_generator 函数的参数如下所示：

```
fit_generator(
    self,
    generator,
    samples_per_epoch,
    nb_epoch,
    verbose=1,
    callbacks=[],
    validation_data=None,
    nb_val_samples=None,
    lass_weight=None,
    max_q_size=10
    )
```

其中 generator、samples_per_epoch 和 nb_epoch 用于训练数据，而 validation_data 和 nb_val_samples 用于验证数据。validation_data 也是一个生成器，生成用于验证的数据流，nb_val_samples 的功能和 samples_per_epoch 的功能是一样的，定义验证时的一个 epoch。这也是 fit_generator 的一大功能，可以同时提供模型的训练和验证。

对应模型的训练是模型的评估，该功能由 evaluate_generator 函数实现，该函数使用一个生成器作为数据源评估模型，它使用的参数与 fit_generator 类似。

现在，让我们通过一个例子来学习 fit_generator 的使用。使用 fit_generator 来训练模型的关键在于，需要先定义一个生成器，fit_generator 通过接收这个生成器生成的输入数据来训练模型。

在 MNIST 数据集上定义一个生成器。代码如下：

```
def data_generator_mnist(isTrain = True, batchSize = 100):
# 与5.6节中一样，对mnist数据进行预测
    nb_classes = 10
    (X_train, y_train), (X_test, y_test) = mnist.load_data()

    X_train = X_train.reshape(60000, 784)
    X_test = X_test.reshape(10000, 784)
    X_train = X_train.astype('float32')
    X_test = X_test.astype('float32')
    X_train /= 255
    X_test /= 255
    print(X_train.shape[0], 'train samples')
    print(X_test.shape[0], 'test samples')

    Y_train = keras.utils.to_categorical(y_train, num_classes)
    Y_test = keras.utils.to_categorical(y_test, num_classes)
```

```
    if(isTrain):
        dataset = (X_train,Y_train)
    else:
        dataset = (X_test, Y_test)

    dataset_size = dataset[0].shape[0]
```

\# 以下是一个无限循环，生成器会一直生成需要的 X 和 Y

```
    while(True):
    i = 0
        yield dataset[0][i:i+batchSize], dataset[1][i:i+batchSize]
    i += batchSize
        if (i+batchSize>dataset_size) :
            i = 0
```

我们继续沿用和 5.6 节中一样的模型结构和配置。

```
model = Sequential()
model.add(Dense(512, activation='relu', input_shape=(784,)))
model.add(Dropout(0.2))
model.add(Dense(512, activation='relu'))
model.add(Dropout(0.2))
model.add(Dense(num_classes, activation='softmax'))

model.compile(loss='categorical_crossentropy',
              optimizer=RMSprop(),
              metrics=['accuracy'])
```

现在，使用 fit_generator 开始训练。可以看到，这个训练过程同时定义了训练集和验证集。其中训练集由 data_generator_mnist(True, batchSize=100) 产生，训练集使用 samples_per_epoch=60000 来定义一轮训练，这也是 MNIST 数据集中训练集的数量，所以把 MNIST 的训练集定义一轮，模型就完成了一轮训练，我们的训练过程一共定义了 20 轮。验证集由 data_generator_mnist(False, batchSize=100)产生。

```
history = model.fit_generator(
    data_generator_mnist(True, batchSize=100),
    samples_per_epoch=60000,
    nb_epoch=20,
    validation_data=data_generator_mnist(False, batchSize=100),
    nb_val_samples=10000
)

scores = model.evaluate_generator(data_generator_mnist(False),
    val_samples=10000)
```

```
print("Baseline Error: %.2f%%" % (100-scores[1]*100))
```

以上的例子和 5.6 节中手写体分类例子做的是同一件事,只不过现在我们用了 fit_generator。这在 MNIST 这样小型的数据集上还感受不到差异,但是在一些任务中,当数据量达到了一定的规模,就用不了 fit,那么只能使用 fit_generator 来训练模型。建议读者将以上的代码段运行一次,观察一下模型的训练过程,以便更快地掌握 fit_generator 的用法。

2. train_on_batch 函数

对于大型数据集的训练,另一种非常类似的办法是 train_on_batch 函数。不像 fit_generator 使用生成器,train_on_batch 是在一个批量(Batch)的数据上进行一次参数更新,而这里的批量数据是自己生成的,可以根据需求来定义,也更可控。所以,如果读者希望对自己的模型进行更精细的控制,就可以使用 train_on_batch 函数。对 Keras 模型进行精细控制(Finest-Grained Control)的深度学习实践者,自然希望使用 train_on_batch 函数。

与模型的训练相对应的还有模型的测试 test_on_batch 和模型的预测 predict_on_batch。test_on_batch 是在一个批量的样本上对模型进行评估,返回的结果与 evaluate(评估)的结果相同。predict_on_batch 是在一个批量的样本上对模型进行测试,它可以返回模型在一个批量上的预测结果。

同样使用 MNIST 数据集上的例子来讲解 train_on_batch 的用法。对上一节中的生成器稍作修改,这一次不再使用无限循环来生成数据流,而是在以下的函数中返回一个批量的样本。

```
def mnist_batch(counter, isTrain = True, batchSize = 32):
    nb_classes = 10
    (X_train, y_train), (X_test, y_test) = mnist.load_data()

    X_train = X_train.reshape(60000, 784)
    X_test = X_test.reshape(10000, 784)
    X_train = X_train.astype('float32')
    X_test = X_test.astype('float32')
    X_train /= 255
    X_test /= 255

    # convert class vectors to binary class matrices
    Y_train = keras.utils.to_categorical(y_train, num_classes)
    Y_test = keras.utils.to_categorical(y_test, num_classes)

    if(isTrain):
        dataset = (X_train,Y_train)
    else:
        dataset = (X_test, Y_test)

    dataset_size = dataset[0].shape[0]
```

```
    i = counter
    x_batch = dataset[0][i:i+batchSize]
    y_batch = dataset[1][i:i+batchSize]
    i += batchSize
    if (i+batchSize>dataset_size):
        i = 0

    return x_batch, y_batch
```

当需要对训练时用到的数据和每一次模型参数的更新进行控制时，可以编写一个循环。每次使用以上的函数产生一个批量样本的输入，并且使用这个批量样本来更新一遍模型的参数。

```
for step in range(5):
    x_batch, y_batch = mnist_batch(step)
    history=model.train_on_batch(x_batch, y_batch)
    print('train_cost: ',history)
```

总结一下，Keras 中用于训练模型的函数，包括以下三个：

- fit
- fit_generator
- train_on_batch

这三个函数完成的任务是一样的，但是用法不一样。在使用 fit 时，数据集需要一次全部加载到内存中，对于简单、数据量不大的样本，使用 fit 完全可行，这也是训练模型最简单的方法。但是，真实世界中的数据集往往很难一次性加载到内存中，这时就需要用 fit_generator 或 train_on_batch，这两者都是利用生成器来每次载入一个 batch-size 的数据进行训练。fit_generator 相对更方便一些，因为它同时可以设置验证数据 validation_data；而使用 train_on_batch，对代码进行微小的调整也可以达到同样的结果。

所以，fit 是 Keras 中训练模型的简单方式，fit_generator 与 train_on_batch 适用于大型数据集的模型训练，至于这两者选择使用哪一种，就看个人的习惯了。

5.8　在 Keras 中重复使用模型

在 Keras 中，一个模型可以被重复使用。在定义好模型的结构之后，可以保存这个模型。当然，我们都会对模型进行训练，这样保存下来的模型才比较有意义，因为将来可以把这个保存好的模型加载进来，以便重复使用这个模型。

Keras 通常使用 HDF5 文件的格式来保存模型，该文件包含如下几种格式：

- 模型的结构，以便重构该模型。

- 模型的权值。
- 训练配置（损失函数、优化器等）。
- 优化器的状态，以便从上次训练中断的地方继续开始训练。

在使用前需要确保系统已经安装了 HDF5 和 Python 包 h5py。

调用 model.save(filepath)可以将模型保存到指定路径。比如以下代码就是将模型保存到名为 my_model.h5 的文件中。

```
model.save('my_model.h5')
```

要重新使用这个模型，可使用 load_model 将保存的模型加载进来。同时把模型的结构和参数一起加载进来，如果文件中存储了训练配置，那么该函数还会同时完成模型的编译。

```
from keras.models import load_model

model = load_model('my_model.h5')
```

在以上的方法中，我们将与模型有关的一切都打包成一个 HDF5 文件保存下来；另一种方法是保存模型的权值，通过 model.save_weights 来实现。

```
model.save_weights(a'my_model_weights.h5')
```

使用 model.load_weights 可以将权值加载进来。当然，我们需要在代码中初始化一个完全相同的模型，这样模型的权值才能和网络的结构对应起来。

```
model.load_weights('my_model_weights.h5')
```

不过，我们保存权值的目的，更多时候是为了把权值加载到不同的网络结构中，例如在微调（Fine-Tune）或迁移学习（Transfer-Learning）时，可以通过神经网络层的名字来加载模型：

```
model.load_weights('my_model_weights.h5', by_name=True)
```

在以下的例子中，新模型和原模型只有 dense_1 层是共用的，使用 load_weights 的方式能够轻松地将 dense_1 层的权值加载给新模型。

```
"""
原模型为:
model = Sequential()
model.add(Dense(2, input_dim=3, name="dense_1"))
model.add(Dense(3, name="dense_2"))
    ...
model.save_weights(fname)
"""
# 新模型
model = Sequential()
model.add(Dense(2, input_dim=3, name="dense_1"))  # 名称相同
model.add(Dense(10, name="new_dense"))  # 名称不同
```

```
# 加载模型的权值，只有 dense_1 层的权值会被加载
model.load_weights(fname, by_name=True)
```

只要能够单独保存权值，就能够单独保存模型结构。Keras 使用 json 和 yaml 文件来完成保存模型结构。这些文件非常便于使用，如果需要，可以手动打开这些文件进行编辑。当然，也可以从保存好的 json 文件或 yaml 文件中载入模型。

使用 json 文件进行模型的保存和载入，代码如下：

```
#保存
json_string = model.to_json()

# 载入
from keras.models import model_from_json
model = model_from_json(json_string)
```

使用 yaml 文件进行模型的保存和载入，代码如下：

```
# 保存
yaml_string = model.to_yaml()

# 载入
model = model_from_yaml(yaml_string)
```

在上面的代码中，使用 json 和 yaml 两种文件格式仅保存了模型的结构，但不包含模型的权值或配置信息。

第 6 章
◄ 神经网络的进一步优化 ►

前面已经学会了搭建和训练一个神经网络。掌握神经网络的原理并不难，在 Keras 中，搭建和训练一个神经网络也很简单。不过，深度学习是一个需要投入很大的领域，当真正将神经网络应用到实际问题上时，就会发现神经网络并不是随随便便就能成功。使用神经网络时，要注意很多模型和训练过程中的陷阱，这时就需要一些方法或者小技巧来帮助我们更好地应用神经网络，这些方法可以统称为神经网络的优化。总之，这些方法的目的都是帮助我们训练神经网络，使神经网络更快、更好地收敛到一个理想的结果。

本章将学习神经网络训练中经常遇到的问题和对应的解决思路。在 6.1 节中，将介绍过拟合（Over-Fitting，也称为过度拟合）问题，这是机器学习中极为常见的问题，因为神经网络中模型的参数多，过拟合问题就更为显著，所以我们会介绍解决过拟合问题的几种办法。在 6.2 节中，将了解深度学习网络因为深度而带来的梯度消失和爆炸问题，它直接导致了层数比较深的神经网络难以训练，所以我们需要在训练模型的过程中特别注意。在 6.3 节中，将会了解模型的局部最优问题。在 6.4 节中，将学习神经网络构建的一个小技巧——Batch Normalization（批量归一化）。

6.1 过拟合

过拟合是机器学习中常见的问题，就是训练出来的模型拟合得太好了，这种好是一种评价指标上看上去的好，而不是真正的好。具体的体现是，训练好的模型在训练集上的损失函数在下降，甚至到了非常低的地步，而在测试集上却达不到同样优秀的表现。

通常在过拟合情况下，我们在训练模型的过程中会看到类似图 6-1 所示的损失函数。在训练集上，损失函数是一条随着训练下降而呈现出形状优美的曲线，但在测试集上（或者验证集上），损失函数下降到一定程度就停滞了，且远高于训练集上的损失，随着训练的推进，甚至会出现验证集上损失函数不降反升的情况。

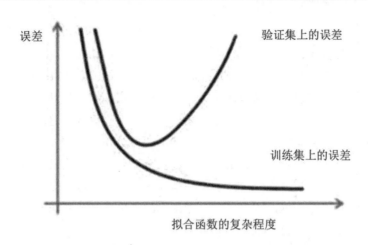

图 6-1　模型过拟合时训练集和验证集的损失函数

为什么会发生这种情况呢？可以从两方面找原因：一方面，测试集中的数据和用来训练的数据有一定的差异，导致训练出来的模型应用到测试集上，就会"见到"和以前不太一样的数据，从而不能很好地发挥作用；另一方面，当训练出来的模型，尤其是深度学习神经网络，其中有大量的参数是经由训练集训练出来的，学习到的是训练集上的特征，有时把一些并不是很泛化、却是比较细枝末节的特征也都学习到了，就像图 6-2 列出的情况。在正常情况下，模型应该学会通用的特征，能大概率贴合训练数据即可。但是在过拟合时，模型会事无巨细，极尽所能地拟合了训练集中的数据和特征，那么一旦移植到测试集上，当数据有些不一样时，很多学习到的特征就用不上了。

欠拟合　　　　　　　　　理想情况　　　　　　　　　过拟合

图 6-2　过拟合

一般来说，参数越多、模型越大越复杂，就越容易发生过拟合。深度学习模型恰恰就是这样一种模型，所以发现、防止和解决过拟合问题是我们在训练深度学习模型和调优网络时必须考虑的一个环节。

如前所述，过拟合的根本原因有两方面——数据和模型。所以，从数据上解决过拟合问题是可行的，也重点推荐。在条件允许的情况下，我们应该尽量增加训练数据，不仅要增加数量，同时也需要增加数据所覆盖的多样性，量足且丰富的训练数据对于深度学习模型十分必要和珍贵。不过，有时增加数据并不是一件容易的事情。

更多时候，只能从模型的训练和设计方面入手，来解决过拟合问题。

1. 提前终止训练

对付过拟合最直接简单的方法是提前停止训练（EarlyStopping）。这一思路非常好理解，既然过拟合的表现是损失函数在验证集（Validation Set）或测试集（Testing Set）上不再减少，当在验证集或测试集上训练时损失函数停滞了，就需要结束训练。虽然这时模型不一定被训练到了预期的效果，如果继续训练下去，过拟合模型的表现不降反升，这时不如停止训练。

图 6-3 是 EarlyStopping 这一思路的示意图。刚开始时，训练集和测试集上的损失都在减少，这时模型属于训练不够充分的状态（Under-Fitting），还有继续学习并提升的空间。随着训练步数的增加，训练集的损失一般会持续下降，但是模型在测试集上的损失表现会达到一个最低点，我们应该在这个最低点停止训练，因为之后当测试集的损失出现反弹时，模型就会落入过拟合（Over-Fitting）的"圈套"中。

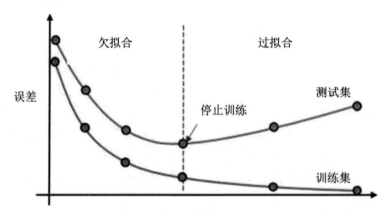

图 6-3　EarlyStopping 示意图[1]

Keras 提供了 EarlyStopping 函数来实现停止训练这一功能。

```
from keras.callbacks import EarlyStopping
early_stopping = EarlyStopping(monitor='val_loss', patience=2)
model.fit(X, y, validation_split=0.2, callbacks=[early_stopping])
```

EarlyStopping 属于回调函数的一个功能，回调函数能够帮助我们在模型训练的过程中，观察网络内部的状态和统计信息。在使用回调函数时，首先定义好回调函数的功能，之后在模型的.fit()中使用回调函数，即可在给定的训练阶段实现之前定义好的功能。

在以上的代码中，EarlyStopping 所实现的功能就是监测验证集上的损失'val_loss'，当监测值在连续两轮的训练后（由 patience=2 定义）都没有改善时，就应该使用回调函数停止训练。

```
EarlyStopping(monitor='val_loss', patience=0, verbose=0, mode='auto')
```

以上是 EarlyStopping 函数的默认参数值，其中用来调节提前终止训练这一功能的参数是：

● 　monitor：需要监视的量，'val_loss'即是在验证集上的损失。

---

[1]　Alexander Amini. MIT 6.S191: Introduction to Deep Learning[EB/OL]. (2019). http://introtodeeplearning.com/.

- patience: 当提前停止训练（EarlyStopping）被激活（如发现损失相比上一个 epoch 轮次训练没有下降），则经过 patience 个 epoch 轮次后停止训练。
- mode: 'auto'，'min'和'max'三者之一。在 min 模式下，如果监测值停止下降，则停止训练。在 max 模式下，如果监测值不再上升，则停止训练。

要在模型的训练过程中启用停止训练这个功能，应该先使用 EarlyStopping 定义要监测的量和等待期，在 model.fit 中调用 callbacks=[early_stopping]即可。

```
# early stopping
from keras.callbacks import EarlyStopping
early_stopping = EarlyStopping(monitor='val_loss',
                               patience=50,
                               verbose=2)
# 训练
history = model.fit(train_X,
                    train_y,
                    epochs=300,
                    batch_size=20,
                    validation_data=(test_X, test_y),
                    verbose=2,
                    shuffle=False,
                    callbacks=[early_stopping])
```

2. Dropout（随机失活）

Dropout 是另一种解决过拟合的方法，在深度学习训练网络的过程中很常见。

首先，回顾过拟合产生的原因。模型之所以会过拟合，很大程度上是由于模型本身太复杂了。一个过于复杂的模型，在表现和记忆能力上就会"过强"，很多不需要被关注的特点也被模型学习了。那么，从解决这个问题出发，我们有必要调整模型的结构，使它不那么复杂，Dropout 要做的工作就是这个。

Dropout 字面的意思是丢弃，在深度神经网络中更多被称为失活，当一个网络层被指定 Dropout 时，这个网络层的一部分神经元节点会失活（失去作用）。

怎么失去作用呢？如图 6-4 所示，左边的网络是原网络架构，有两个隐藏层。在没有 Dropout 的情况下，这两个隐藏层中的神经元都在工作，每一个神经元都接收输入，承担计算功能，并产生输出。在右图中，两个隐藏层在加入了 Dropout 之后，相应的，每一层都有几个神经元被"隐去"了，这几个被隐去的神经元，相当于从这一层网络层中被"删除"了，不再有输入和输出，也不再参与计算。

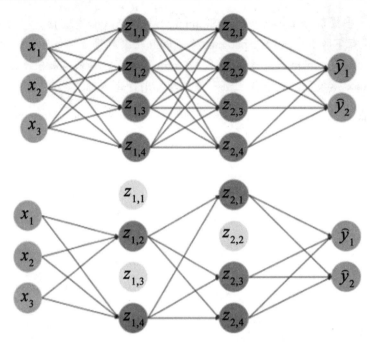

图 6-4　原网络架构（上）和加入了 Dropout 的网络（下）[1]

这就是 Dropout 的作用。Dropout 被应用在哪一层网络层，就在哪一层发挥作用。至于有多少个神经元失活了（或隐去了），这是由我们给定的概率值决定的，所以 Dropout 大多数时候被称为随机失活。如果把 Dropout 概率设置为 50%，那么网络层中一半的神经元会失活。至于哪些神经元会失活，这是完全随机的。这一轮失活了一部分神经元，下一轮会继续随机选择一部分神经元失活。

Dropout 的功能是伴随着每一层网络层来实现的。因此，在 Keras 中，虽然 Dropout 看上去是一层网络层，但是要记住添加 Dropout 进入网络，不是添加了一层 Dropout 层，而是在指定添加的网络层上加入了 Dropout（随机失活）的功能。

Dropout 在 Keras 中属于网络层中的一种，但是 Dropout 层并没有通过网络训练来学习的参数，Dropout 层只有一个超参数，即给定了随机失活神经元的概率，因此，一般情况下，并不会将 Dropout 层算作神经网络中的一层网络层。

```
from keras.models import Sequential
# Dropout 和 Dense 一样，属于 Keras 常用层中的一个函数
from keras.layers import Dense, Dropout, Activation
model = Sequential()

# 添加第一层网络层，并加入 Dropout 功能，Dropout 概率为 0.5
model.add(Dense(64, activation='relu', input_dim=20))
model.add(Dropout(0.5))
```

---

[1]　Alexander Amini. MIT 6.S191: Introduction to Deep Learning [EB/OL]. (2019). http://introtodeeplearning.com/.

```
# 添加第二层网络层，并加入 Dropout 功能，Dropout 概率为 0.4
model.add(Dense(64, activation='relu'))
model.add(Dropout(0.4))
model.add(Dense(10, activation='softmax'))
```

3. 正则化

处理过拟合的第三种方法是正则化（Regularization）。正则化并不属于深度学习特有的办法，而是机器学习中的一个概念。不过，从名字上可能比较难理解正则化所做的事情，关于正则化的概念，这里引用 Keras 的文档中给出的介绍——正则项在优化过程中对神经网络层的参数或神经网络层的激活值添加惩罚项,这些惩罚项将与损失函数一起作为网络的最终优化目标。

关于正则化有三方面的工作：

（1）正则化通过正则项来实现，正则项作用于网络层的参数或激活值。

（2）正则项作为惩罚项，被添加进损失函数。

（3）添加了正则项的损失函数，是网络训练的优化目标。

在训练过程中，对损失函数进行最小化的同时，也需要对参数添加限制，对参数的限制就通过正则化惩罚项来实现。

在使用了正则化之后，损失函数（也叫代价函数，本书中多使用损失函数这一名词）变成了以下的形式,这里的 C 是 Cost 的缩写,代表损失或代价。我们之前所使用的损失函数只有 C_0 这个部分,这部分损失函数叫作"经验风险",后半部分的损失函数 R,就是正则项,被称为"结构风险"。

$$C = C_0 + R$$

一般使用的正则项有两种形式——L1 正则项和 L2 正则项。

添加了 L1 正则项的损失函数：

$$C = C_0 + \frac{\lambda}{n}\sum_{w}|w|$$

添加了 L2 正则项的损失函数：

$$C = C_0 + \frac{\lambda}{2n}\sum_{w}w^2$$

从以上的损失函数中我们不难发现，正则项是关于参数 w 的一个函数，都是把模型中的所有参数 w 加起来（绝对值或平方），再除以样本总量（n 或 $2n$），这么做的直接效果是，如果参数 w 的值越多、越大，正则项就越大，那么整个损失函数就越大，换言之，模型越复杂，损失越大，这就达到了"惩罚"的目的。

这里要强调的是正则项中自己的参数 λ，λ 直接控制了正则项的大小。如果希望正则化的效果增强，我们就加大 λ，此时正则项在整个损失函数中的占比就增大。通过对 λ 的调节，可以在多大程度上控制"惩罚"模型变得复杂这一过拟合的风险。

在 Keras 中，可以在网络层中添加正则项。

```
from keras import regularizers
model.add(Dense(64, input_dim=64,
                kernel_regularizer=regularizers.l2(0.01),
                activity_regularizer=regularizers.l1(0.01)))
```

对于一个网络层，可以对这一层的权值、偏置值和输出施加正则项：

- kernel_regularizer: 施加在权值上的正则项。
- bias_regularizer: 施加在偏置值上的正则项。
- activity_regularizer: 施加在输出上的正则项。

对于每一个正则项，可以选择 L1、L2 和一种结合了 L1 和 L2 的方式：

- keras.regularizers.l1(0.)
- keras.regularizers.l2(0.)
- keras.regularizers.l1_l2(0.)

所以，在代码中使用 kernel_regularizer=regularizers.l2(0.01)和 activity_regularizer=regularizers
.l1(0.01)，就是在权值上施加了 L2 正则项和在输出上施加了 L1 正则项。

在这一节中，我们了解了过拟合问题，并学习了深度学习中用于克服过拟合问题的几种方法。这里总结一下，提前停止训练是为了及时抓住过拟合模型的表现，并在过拟合出现之前，就终止训练；Dropout 是从网络本身的结构出发，通过随机失活一部分神经元，达到简化模型的目的；正则化是从损失函数入手，在训练中约束参数的扩增，规范模型的复杂度。这些方法的目的，都是希望训练出来的神经网络，在更广泛的数据上有更好的表现。在日后的学习中，我们要注意模型的过拟合问题，并尝试用这些方法来改进模型的总体表现。

6.2 梯度消失和梯度爆炸

本节将讨论深度学习中网络训练的一大难点——梯度的消失和爆炸。我们将了解梯度消失和爆炸产生的原因、造成的问题和解决办法。

深度学习网络的训练主要依靠反向传播算法，在这个过程中，通过不断计算损失函数在参数上的梯度来更新参数值，使损失下降，这是我们在第 4 章中介绍神经网络时了解过的内容。事物的两面性就在于，反向传播算法为深度学习的训练找到了有效的方法，却也在深度学习的训练中引入了新的难度——梯度消失（Gradient Vanishing Problem）和梯度爆炸（Gradient Exploding Problem）。

梯度消失和梯度爆炸，顾名思义都是和梯度有关的问题。我们使用如图 6-5 所示的一个具有四个神经元的神经网络作为例子，即这个神经网络有四层，每层有一个神经元，每个神经元的输出为$y_i = \sigma(z_i) = \sigma(w_i x_i)$，其中$\sigma$为 sigmoid 函数，我们假设偏置$b$的值为 0。

图 6-5　四个神经元的传递

在一次反向传播中，需要修正第一层中神经元的参数w_1，求解损失函数L对于w_1的梯度：

$$\frac{\partial L}{\partial w_1} = \frac{\partial L}{\partial y_4}\frac{\partial y_4}{\partial z_4}\frac{\partial z_4}{\partial x_4}\frac{\partial x_4}{\partial z_3}\frac{\partial z_3}{\partial x_3}\frac{\partial x_3}{\partial z_2}\frac{\partial z_2}{\partial x_2}\frac{\partial x_2}{\partial z_1}\frac{\partial z_1}{\partial w_1}$$

可以看到，因为链式法则，$\frac{\partial L}{\partial w_1}$的计算是一长串乘积。我们的例子中涉及了四层神经网络，当网络的层数越深，这样的梯度计算用到的乘积就越多。这带来了什么问题呢？当我们进行一长串的乘积时，其中的一些值过小或过大，就容易造成整个结果指数级的减小或增大。比如，0.9 和 1.1 这两个数本身差的不多，但是经过 10 次方后，$0.9^{10} = 0.348678$，$1.1^{10} = 2.593742$，很明显差距变大了。这就是神经网络反向传播算法中面临的梯度问题，因为链式法则，当网络层数变多之后，计算出来的梯度是一长串的乘积，就容易造成梯度值呈指数级的减小或增大，这两者分别对应了梯度消失和梯度爆炸现象。

具体来看，在对$\frac{\partial L}{\partial w_1}$的计算中，诸如$\frac{\partial y_i}{\partial z_i}$的项实际上是在对 sigmoid 函数求导，而$\frac{\partial z_i}{\partial x_i}$这类项则等于$w_i$。

如图 6-6 所示，sigmoid 函数是一个两端平缓，中间增长的形状。尤其是在自变量大于 4 或小于-4 的这两段区域，sigmoid 函数的取值几乎处于水平状态，这两段的导数接近 0。

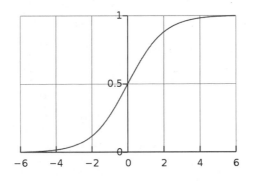

图 6-6　sigmoid 函数

更进一步，可以把 sigmoid 函数的导数绘制出来，如图 6-7 所示，sigmoid 函数的导数都是在一个比较小的区间，最大值为 0.25。而我们初始化的神经网络权值$|w|$通常都小于 1，所以以上链式法则中$\frac{\partial y_i}{\partial z_i}\frac{\partial z_i}{\partial x_i}$的乘积是小于 0.25 的。这样一串较小的数值相乘，很容易造成整个结果接近于 0。例如$0.25^5 = 0.00098$，这已经非常接近于 0 了。

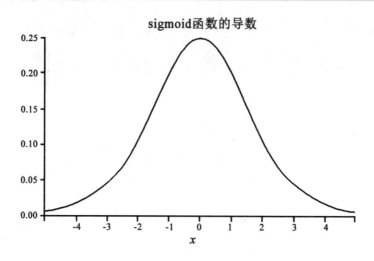

图 6-7　sigmoid 函数的导数

因此，当使用 sigmoid 函数时，会导致诸如$\frac{\partial L}{\partial w_1}$这样的梯度会变得很小，甚至接近于 0；当梯度接近 0 时，反向传播算法就不能再对参数进行任何的修正，因为梯度消失了，这个现象就被称为梯度消失。

对应梯度消失，还有梯度爆炸的问题。梯度爆炸是梯度消失的反面，梯度爆炸指的是梯度的数值变得很大。当我们选取的权值w的数值较大时，$\frac{\partial y_i}{\partial z_i}\frac{\partial z_i}{\partial x_i}$的乘积就有可能大于 1。当这些项累积相乘时，计算结果将呈指数级增长，梯度就变得很大，就会出现梯度爆炸的现象。

当梯度出现问题，最直接的影响就是神经网络变得更难训练。当梯度消失发生在训练过程中，我们看到的表现就是损失函数过早地不再下降，这很好理解，深度学习是依靠梯度的反向传播方式来修改参数，达到损失函数下降的目的。梯度消失了，参数就停止了修改，损失函数也就不再下降。因为梯度消失，网络就不再学习了。

当发生梯度爆炸时，神经网络的学习会变得很不稳定，因为每一次参数的更新都使用了一个很大的梯度，这会造成参数和损失函数的大幅度震荡。所以，当我们在训练过程中发现损失函数不稳定，并且在每次更新时有较大的变化，这很有可能就是发生了梯度爆炸。

网络层数越深，梯度消失或者爆炸就越容易出现，所以我们常说深度学习网络难以训练就是这个道理。为什么理论上网络越深，表达能力越强，但是在实际训练中却有可能出现层数更多的神经网络，它的精确度反而比不上一些层数更少的神经网络呢？如图 6-8 所示的实验中，一个 9 层神经网络表现比 3 层的神经网络要差，这很可能就是出现了梯度消失或者梯度爆炸的问题。

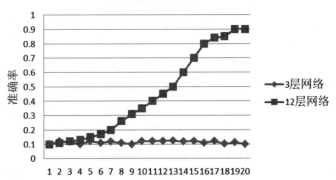

图 6-8　神经网络的表现并没有随着层数的增加而改善

　　既然梯度消失和梯度爆炸给神经网络的训练造成了这么大的困难，那么我们应该怎么避免梯度消失和梯度爆炸呢？下面介绍几种常用的方法，能有效地帮助我们训练并生成神经网络。

　　（1）在参数初始化时使用 Xavier 初始化。

　　（2）使用 ReLU 激活函数。

　　（3）梯度裁剪。

　　在 4.4 节中讲解了 Xavier 初始化，这是参数初始化的一种方法，对于 ReLU 激活函数我们也很熟悉。至于梯度裁剪，是专门针对梯度爆炸的一种方法。梯度裁剪方法非常直接，如果梯度值大于某个阈值，那么就将梯度截断或设置为阈值。

　　在 Keras 深度学习中，可以在训练网络之前对优化器的 clipnorm 和 clipvalue 参数进行设置并使用梯度裁剪。在 clipnorm 中计算完每个权值的梯度之后，我们并不像通常那样直接使用这些梯度进行权值更新，而是先求所有权值梯度的平方和 global_norm，最后把每个梯度乘以缩放因子 clipnorm/max(global_norm, clipnorm)。而 clipvalue 是直接把梯度剪裁到[-clipvalue, clipvalue]的范围内。一般默认将 clipnorm 和 clipvalue 分别设置为 1 和 0.5。

　　现在，让我们将以上的方法都用上，代码如下所示：

```
from keras.models import Sequential
from keras.layers import Dense, Activation
from keras import optimizers

model = Sequential()
# 使用 Xavier initialization
model.add(Dense(32, input_shape=(784,), init='he_normal'))
# 使用 ReLU 激活函数
model.add(Activation('relu'))

# 使用梯度剪裁
sgd = optimizers.SGD(lr=0.01, clipnorm=1.)
```

　　如果在梯度裁剪时想使用 clipvalue，那么可以在优化器中调整。

```
# 使用 clipvalue 进行梯度剪裁
sgd = optimizers.SGD(lr=0.01, clipvalue=0.5)
```

6.3 局部最优

训练一个神经网络的目的是想找到一个最优解，但是在训练的过程中，比较好的结果总是看见损失函数随着时间下降，我们却很难知道这个最优解是否就是全局最优解。所谓全局最优解的意思，可以想象损失函数是一个如同∪的性质，而全局最优解就是这个∪形中的那个最低点。很多时候，损失函数下降了，比邻近的损失值小，且梯度为 0，但却不一定是真正意义上的最低点，那么这种情况就叫作局部最优点。如图 6-9 中标示出来的那样，点①、点②相比于点③，都可以被称为局部最优点。

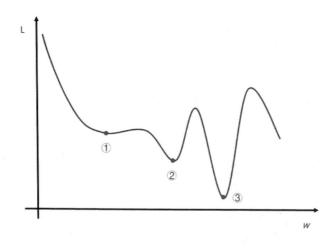

图 6-9　关于局部最优点的直观解释

在深度学习的早期，局部最优是困扰人们的一个问题。随着深度学习的发展，我们对局部最优问题的看法也在变化。

在一个高维空间中，真正的局部最优点很难遇到。随着网络复杂度的上升，神经网络的参数量极大，比如一个模型有 1000 个参数，那么损失函数在一个 1000 维的空间中。在高维空间中，梯度为 0 的点，可以是∪形的最低点，或者∩形的最高点。要形成一个真正意义上的最优点，就需要在每一个维度上都保持一个类似于∪的形状，并且该点是∪形的最低点，这个概率是 0.5^{1000}，无疑是一个极小的概率。在深度学习中，损失函数的空间不可能像图 6-9 那样表示出来，真正的损失函数空间是一个很高维的空间，关于其中的形状是什么样子，没有人能说清楚。但是，在如此高维的空间里，神经网络要收敛到一个局部最优点，是几乎不可能发生的事。

事实上，真正给训练带来麻烦的是鞍点。继续上面的例子，在一个 1000 维的损失函数空间中，遇到了一个梯度为 0 的点，我们知道这个点局部最优点的概率是 0.5^{1000}，约等于 0。除此之外的 $1-0.5^{1000}$ 约等于 1 的概率，就是鞍点（Saddle Point）出现的概率。什么是鞍点？图 6-10

给出了一个鞍点的示意图，这个点的一阶导数虽然为 0，但却不是最优点。这个酷似马鞍形状的中间的那个点，就叫作鞍点。

我们要关注鞍点是因为在深度学习的训练中，利用梯度下降，偶尔也会走到梯度为 0 的情况，但这并不意味着找到了最优解或者被局部最优点卡住了，是因为神经网络这时候走到了鞍点的位置。请记住，在一阶导数为 0 的情况下，高维空间中鞍点的概率几乎是 1，鞍点的出现是必然的。

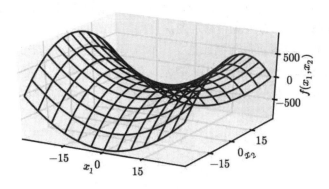

图 6-10　损失函数空间中的鞍点

鞍点带来的问题是，在这一点上导数为 0，参数不再更新，神经网络不再学习，而停止了学习的神经网络并没有收敛在一个最优点上。如果鞍点是一个点，倒也没什么问题，一个点而已，走几步也就走出来了。如果把鞍点的概念引申开来，是一大片的导数长时间接近于 0 的区域，如图 6-11 所示，就是损失函数空间中的平原区。因为导数长时间接近于 0，神经网络的学习将会非常缓慢。

图 6-11　损失函数空间中的平原区

总结一下，在深度学习中，因为现在的神经网络一般都足够大，所以模型被局部最优点卡住不大可能。为了避免模型"沦陷"在平原区，我们需要一些技巧，比如使用参数初始化，让模型的初始点远离空间中的平原区；使用 Momentum、RmsRrop 或 Adam 这样的经过成熟设计的优化算法，在训练过程中通过学习率的适应，能够加速神经网络的学习。

6.4　批量归一化

训练神经网络有诸多陷阱，训练深层神经网络更不容易，读者学到现在，是不是觉得深度神经网络的训练是一件很难的事呢？其实也不然，使神经网络能更快更好地训练收敛，是众多研究者专注的领域，从中也诞生了许多已被证明稳定、好用的算法，本节就介绍神经网络训练时的一种"必杀技"，也是深度学习中的一个重要算法——批量归一化（Batch Normalization，BN），BN 使参数搜索变得容易，使神经网络的表现对于不同超参数的选择更加稳定，使用了 BN 的神经网络也更容易训练，就算是层数很深的神经网络也可以实现。

　　BN 由谷歌公司的两位学者 Sergey Ioffe 和 Christian Szegedy 在 2015 年提出，他们的论文名为 "Batch Normalization: Accelerating Deep Network Training by Reducing Internal Covariate Shift"（批量归一化：通过减少内部协变量转移加速深度网络训练）。在本节中，我们不展开讨论 BN 中的数学公式，有兴趣的读者可以前往原论文一探究竟。下面将从实用的角度出发，讨论这几个问题——归一化是什么、它为什么好用，以及如何在 Keras 中使用 BN。

　　BN 的本质是一种归一化的方法。在机器学习中，归一化指的是将数据的大小压缩到一定的范围之内。

　　常见的归一化方法有线性函数归一化（Min-Max Scaling）：

$$\frac{X_i - X_{\min}}{X_{\max} - X_{\min}}$$

还有 0 均值标准化（Z-Score Standardization），其中 μ 和 σ 分别代表样本的均值和标准差：

$$\frac{X_i - \mu}{\sigma}$$

这两种方法达到的效果其实差不多，都是将不一样的数据分布"压缩"到一个可比较的范围内。

　　比如，在房价预测的问题中，我们设定 y 为房价，x_1 代表房间数，x_2 代表房屋面积：

$$y = w_1 x_1 + w_2 x_2$$

很显然，x_1 和 x_2 的数值范围不一样，x_1 的取值范围在 0~10 之间，x_2 的取值范围在 0~1000 之间。如果使用 0 均值标准化，我们可以将 x_1 和 x_2 都压缩到 0~1 的范围内。

　　这有什么好处呢？当然有！将输入网络不同范围的数值归一化到一个相近的范围，能够帮助网络更稳定、更快速地找到最优解。

　　图 6-12 中绘制了损失函数的等高线。在寻找最优解的过程中，也就是在寻找使得损失函数值最小的 w_1 和 w_2。那么，因为 x_1 和 x_2 数值范围不一样，归一化前，损失函数很可能是图 6-12 中左图所示的情况：

$$J = (5w_1 + 100w_2 - y_{\text{true}})^2$$

将 x_1 和 x_2 归一化后，x_1 和 x_2 有了相同的分布，被限定在同样的取值范围内。在损失函数中，w_1 和 w_2 前的系数在相近的范围内，损失函数就变成了图 6-12 中右图所示的形状。

$$J = (0.55w_1 + 0.65w_2 - y_{\text{true}})^2$$

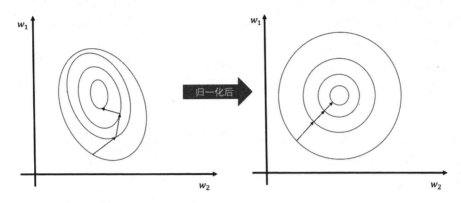

图 6-12　归一化后参数空间的变化

以上就是归一化的原理以及归一化的好处。简单来说，对输入数据进行归一化，就是使用数据样本中的均值和方差将数据限定在一个范围内，数据（包括损失函数）从长条的形状变成更圆的形状，这种改变更适合优化算法。

批量归一化（BN）和普通归一化的主要区别在于 BN 作用于隐藏层，对隐藏层进行归一化。

为什么要对隐藏层进行归一化呢？这是因为，在神经网络中隐藏层作为中间层，隐藏层的输出是下一层的输入，这就会产生上面所说的问题——输入的数值范围分布不一致。

这个问题有个专业的术语，叫作内部协变量转移（Internal Covariate Shift，ICS），指的是在深层网络训练的过程中，由于神经网络中参数变化而引起内部节点数据的分布发生变化的这一过程。

如图 6-13 所示为一个四层神经网络，中间的每一个隐藏层都有一个输出值如 $a^{[1]}$、$a^{[2]}$、$a^{[3]}$ 和 $a^{[4]}$。我们将中间的一层隐藏层拿出来作为例子，比如以第三层为例，每个神经元都由两部分构成，首先计算 $z^{[3]} = w^{[3]} \text{input} + b^{[3]}$，然后 $a^{[3]} = g(z_3)$ 是对 z_3 的激活。其中 $a^{[3]}$ 是网络第三层的输出，同时也是第四层的输入。随着梯度下降，$w^{[3]}$ 和 $b^{[3]}$ 被更新了，相应的 $z^{[3]}$ 和 $a^{[3]}$ 也被更新了，那么对于第四层网络层来说，需要不停地适应这种输入数据分布的变化，这一过程就被叫作 ICS（内部协变量转移）。

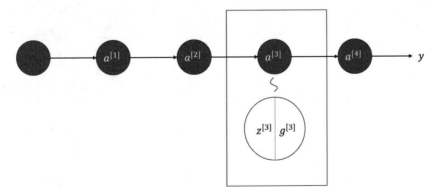

图 6-13　一个四层神经网络的示例

对隐藏层的输出进行归一化就很有必要，旨在为下一层提供相近范围的输入数据。这就是批量归一化算法（简称 BN 算法）要实现的功能。

在 Keras 中，我们可以使用各层中的 BatchNormalization() 函数实施 BN 算法，一般是在全连接层中，并且在激活函数之前使用。

```
model.add(layers.Dense(64))
model.add(layers.BatchNormalization())
model.add(Activation("relu"))
```

BN 算法给网络的训练提供了极大的便利，且经过了实践的检验，可谓是深度学习训练时的必杀技，使用 BN 算法的好处有如下几项：

（1）加速收敛。

（2）控制过拟合，可以少用或不用 Dropout（随机失活）和正则项。

（3）降低网络对初始化权值的敏感度。

（4）允许使用较大的学习率。

因此，在网络的中间层，尤其是全连接层，使用 BN 算法很大概率上可以提高模型的表现。

第 7 章
◀ 卷积神经网络 ▶

在第 4~6 章中，我们比较详细地阐述了神经网络的概念，使用 Keras 构建神经网络，以及神经网络调优时常用的方式。到目前为止，所接触的神经网络是一种从输入到输出完全连接的形式，即全连接神经网络，这是最为基础的一种神经网络形式。在第 5 章中，通过 MNIST 数据集的验证，也看到了全连接神经网络的效果。但是在更广泛的应用场景中，全连接神经网络不足以完成所有的工作，本章将介绍另一种应用相当广泛的神经网络结构——卷积神经网络（Convolutional Neural Network，CNN）。

CNN 由于被应用在 ImageNet 等竞赛中而广受欢迎，目前在模式识别的问题上，大部分的成绩来自于卷积神经网络。而在视觉问题之外，卷积神经网络也被广泛应用在自然语言处理和语音识别中。从卷积神经网络本身的特性出发，本章的着重点还是放在计算机视觉上。

本章将通过图像识别问题介绍卷积神经网络的原理和应用。在 7.1 节中介绍计算机视觉，让读者了解在计算机领域中视觉的概念以及图像识别问题，这是本章讨论的基础性知识。在 7.2 节中将详细讲解卷积神经网络的结构。7.3 节中进一步解答为什么要使用卷积神经网络。7.4 节中将介绍计算机视觉领域中的经典数据集，这也是我们在学习和使用卷积神经网络时会经常用到的数据集。在 7.5 节中会通过介绍经典的卷积神经网络及结果来了解卷积神经网络的发展历程。7.6 节中将通过更多的应用案例来讲解卷积神经网络。

7.1 计算机视觉和图像识别

对于人类而言，视觉仿佛与生俱来，每个人都可以通过双眼看到周围的世界，在不需要语言交谈和身体接触的情况下，就可以接收大量与周围环境相关的信息，是一种即时的、全方位的智能交互。

对于计算机而言，视觉完全是另一种光景。比如在图像识别问题中，让计算机识别手写体数字、分辨出图像中的动物是一只猫还是狗或者是从图像中提取出物体的轮廓，这些任务在人类看上去或许稀松平常，但是对于计算机就不是一件容易的事情。此外，计算机视觉也是计算机技术中的一个重要领域。研究者们希望通过计算机超越人脑的计算力，自动从图像中识别各种不同的目标（见图 7-1），这无疑是具有广泛应用场景和广阔前景的技术。

图 7-1　计算机视觉中的物体检测技术

要理解计算机视觉问题的难度，首先要回答的问题是，视觉对于机器来说是什么——机器"看见"了什么？

对于机器而言，图像是一组由数字组成的矩阵。很多人都知道"像素"（Pixel）这个词，像素是图像的基本单位，可以被当作一个个很小的点或者小方块。每一个这样的小方块上，都有一个对应的数字，这就是每个像素具有的颜色值。

图 7-2 体现了这种显示方式。这是一张灰度图像（Grayscale Image），类似于黑白照片。如果经过仔细处理，可以看到这张图像实际上由一个个小方块组成，每个方块上有一个数值，数值的范围在 0（黑色）~255（白色）之间。

 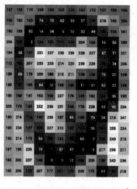 

图 7-2　图像的像素表示[1]

所以，计算机视觉和人类的视觉是完全不同的。面对数字化的计算机视觉，目前的识别算法本质上是一种样本统计和模式匹配。在设计的图像识别算法中，要面对大量的数据（注意，图像这个时候已经成为数据），要用统计的方法来寻找样本之间的共性，把共性作为某类物体的特征，然后在新的样本上计算特征间的距离，以此来决定样本和目标是否匹配。在计算机视觉下的图像识别问题与生俱来拥有模式识别的特性。

举例来说，当计算机看到（即输入）一张图像时，它看到的是一大堆像素值。根据图像的分辨率和尺寸，它将看到一个三维数组，比如长宽为 32 的彩色图像，就是一个 $32 \times 32 \times 3$ 的数

---

[1]　Golan Levin. Image Processing and Computer Vision[EB/OL]. https://openframeworks.cc/ofBook/chapters/image_processing_computer_vision.html.

组（3 指的是彩色图像的三个颜色值——RGB 值），其中每个数字的值从 0~255 不等，它描述了对应那一点的像素颜色值。当我们人类对图像进行分类时，这些数字毫无用处，可它们却是计算机可获得的唯一输入。其中的思想是：当我们给计算机提供这一数组后，计算机将输出描述该图像属于某一特定分类的概率值（比如：80%是猫、15%是狗、5%是鸟）。

虽然计算机视觉和人类视觉的构成原理差别很大，但是人类接收和处理视觉信息的方式，也同样给计算机的图像识别提供了启示，人造神经网络的大量灵感都来自于神经科学和生物学。

图 7-3 展示的是猫脑皮层中的视觉感知神经元。这是一种用于局部敏感和方向选择的神经元。在猫脑的视觉皮层中，对特定内容敏感的其实只有小部分视觉区域的神经细胞。例如，一些神经元仅对垂直边缘兴奋（即放电）；另一些对水平或对角边缘兴奋。简单来说，神经元分工协作，大脑中的个体神经细胞识别不同方向的视觉特征，在这些神经细胞一起工作时，视觉感知就产生了。这种独特的网络结构无疑可以有效地降低神经网络的复杂性。这一神经网络结构在 20 世纪 60 年代被美国神经生物学家 "Hubel" 和 "Wiesel" 发现，并由此衍生出卷积神经网络（Convolutional Neural Network）的概念。

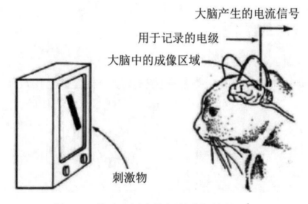

图 7-3 猫脑皮层中的视觉感知神经元[1]

这对于计算机视觉有什么意义呢？要知道，在只有全连接神经网络的情况下，网络的输入必须是一维的，所以，在我们之前解决过的手写体数字分类问题中，虽然手写体数字本身是一张图像，但我们仍然需要将图像数据"压平"为一维数组，也就是将（28, 28）的图像数据转换成 784 的一维数组（28×28 = 784），以便适应神经网络的结构。现在，有了卷积神经网络的概念，就像在猫脑的视觉皮层中对特定部分敏感的小部分视觉区域神经细胞，对于一张展开的大图而言，可以使用小块的神经元结构，一个局部一个局部地去处理它。在这种情况下，图像数据不需要再被"压平"，而是作为整体图像来处理，这更好地保留了原数据的结构和信息，当然也是更有效率的处理方式。

所以，一方面是由于图像识别问题具有的模式识别特性；另一方面是由于卷积神经网络在视觉信息处理上的特长，因此图像识别问题成为卷积神经网络极佳的应用领域。深度学习神经

---

[1] Kate Fehlhaber. Knowing Neurons[EB/OL]. (2014-10-29). https://knowingneurons.com/2014/10/29/hubel-and-wiesel-the-neural-basis-of-visual-perception/.

网络的好处是不需要手动设计特征，免去了对图像的复杂前期处理，故而能比其他传统算法更好、更有效率地找到识别模式。事实上，在图像识别问题上，近几年的很多突破都来自于神经网络和深度学习。

可以说，深度学习在图像识别领域的卓越表现，是我们学习卷积神经网络的动力。

7.2 卷积神经网络基础

卷积神经网络是一种神经网络的形式。我们在本章之前接触到的神经网络都属于全连接神经网络，卷积神经网络之所以区别于全连接神经网络，是因为卷积神经网络多了卷积的操作，因而在神经网络的结构和连接方式上都有所不同。

在本节中，我们将介绍卷积神经网络的结构，并讲解卷积神经网络中的卷积层和池化层的结构。

7.2.1 卷积神经网络的结构

首先来看一看卷积神经网络的整体结构。

卷积神经网络本质上仍然是一种依靠前向传播算法来构建的且用反向传播算法来训练的神经网络。在网络的架构上，卷积神经网络和全连接神经网络是可以类比的。图 7-4 展示了全连接神经网络和卷积神经网络的网络结构。

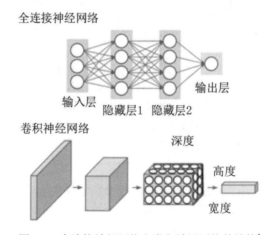

图 7-4　全连接神经网络和卷积神经网络的结构[1]

在结构上，卷积神经网络和全连接神经网络一样，都是由一层层网络搭建起来，从第一层的输入层开始，中间遍历隐藏层，到最后的输出层产生结果。当然，卷积神经网络有自己独特的隐藏层——卷积层和池化层，这两种类型的网络层分别有不一样的结构和功能，它们定义了

---

[1] Alexander Amini. MIT 6.S191: Introduction to Deep Learning[EB/OL]. (2019-01-28). http://introtodeeplearning.com/.

卷积神经网络的网络层，接下来将详细讲述。

在连接方式上，卷积神经网络也是依靠相邻两层的神经元连接。不过，在全连接网络中，相邻两层之间的神经元会两两连接，这也是"全连接"名称的由来；而在卷积神经网络中，相邻两层之间只有部分节点相连。

在训练流程上，卷积神经网络基本上与全连接网络相同。下一节将会讲解，在 Keras 中定义好网络模型之后，训练一个卷积神经网络的方式和全连接网络没有区别。我们在第 5 章中使用过的损失函数以及优化器等训练配置，对于卷积神经网络依然适用。

在了解了卷积神经网络和全连接网络的异同之后，我们通过图 7-5 来一窥卷积神经网络的全貌。对于这样一个图像分类的例子，在输入层，神经网络以接收图像作为输入；进入神经网络后，输入图像经过一个卷积层 1（Conv Layer）和一个池化层 1（Pooling Layer），这是卷积神经网络中非常典型的网络层配套；同样的卷积层和池化层操作重复了两次，这个过程被认为是特征提取（Feature Extractor），因为随着网络层的深入，卷积神经网络可以由粗到浅提取到图像中与物体识别有关的特征。在特征提取之后，网络接入全连接层，注意到网络层的表示由三维变成了二维，这中间会做一个"压平"的操作。通过全连接层的拟合，最后在输出层得到输出。与之前一样，在这样的分类问题中，输出可以最好地描述图像内容的一个单独分类或一组分类的概率；如果是回归问题，输出可以是拟合出来的一个数值。

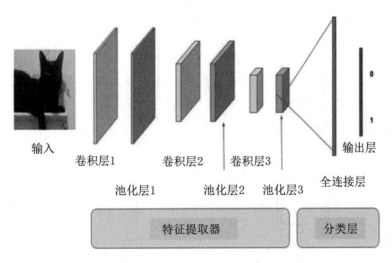

图 7-5　卷积神经网络在图像分类上的应用

总结一下，卷积神经网络由三种不同的层组成，即"卷积层""池化层""全连接层"。卷积神经网络的难点在于，需要理解其中每一层的工作原理和方法，将在接下来的小节中进行详细讲解。

7.2.2　卷积层

卷积层的作用在于提取特征。这里的特征指的是诸如边缘、颜色、曲线类等。为了提取特征，卷积层涉及一些独特的组件。我们接下来认识一下这些术语，逐一了解这些组件的原理和功能。

来看一个最简单的例子，假设输入图像的尺寸是长宽为 5×5 的灰度图像，那么这个图像是一个 5×5×1 的数组，它的元素只有 1 和 0 这两个值，其中 1 代表白，0 代表黑。假设有以下的输入：

$$\begin{bmatrix} 1 & 1 & 1 & 0 & 0 \\ 0 & 1 & 1 & 1 & 0 \\ 0 & 0 & 1 & 1 & 1 \\ 0 & 0 & 1 & 1 & 0 \\ 0 & 1 & 1 & 0 & 0 \end{bmatrix}$$

对于这样一个输入，卷积层会对其进行卷积运算，卷积运算是卷积神经网络的核心，也是这一网络名称的由来。那么，卷积是如何进行计算的呢？可以通过下面的介绍来学习。

1. 过滤器

在卷积层中，为了提取输入图像中的特征，这时需要使用到过滤器（Filter）。过滤器是一个矩阵，有时也被称为神经元（Neuron）或核（Kernel）。在卷积神经网络中，这个矩阵的尺寸或形状（Shape）是我们预先设置好的，是网络的超参数；而其中的取值是需要被神经网络学习的。这里，给出了一个矩阵作为过滤器，通过使用这个过滤器，将看到卷积层中的卷积计算是怎样发生的。

$$\begin{bmatrix} 1 & 0 & 1 \\ 0 & 1 & 0 \\ 1 & 0 & 1 \end{bmatrix}$$

以上矩阵由随机的 0 和 1 组成，现在，可以使用这个 3×3 的矩阵去和图像中的子区域执行卷积运算。具体的操作是，从图像矩阵的左上角开始，选取 3×3 的子矩阵和过滤器矩阵相乘，得到一个计算值，过滤器再按从左到右、从上到下的顺序移动，每移动一次，图像的子矩阵和过滤器矩阵都可以相乘得到一个计算值。这个过程的计算如下：

第一步：

$$\begin{bmatrix} 1 & 1 & 1 & 0 & 0 \\ 0 & 1 & 1 & 1 & 0 \\ 0 & 0 & 1 & 1 & 1 \\ 0 & 0 & 1 & 1 & 0 \\ 0 & 1 & 1 & 0 & 0 \end{bmatrix} ——过滤器—— \begin{bmatrix} 1 & 0 & 1 \\ 0 & 1 & 0 \\ 1 & 0 & 1 \end{bmatrix} = 4$$

第二步：

$$\begin{bmatrix} 1 & 1 & 1 & 0 & 0 \\ 0 & 1 & 1 & 1 & 0 \\ 0 & 0 & 1 & 1 & 1 \\ 0 & 0 & 1 & 1 & 0 \\ 0 & 1 & 1 & 0 & 0 \end{bmatrix} ——过滤器—— \begin{bmatrix} 1 & 0 & 1 \\ 0 & 1 & 0 \\ 1 & 0 & 1 \end{bmatrix} = 3$$

第三步：

$$\begin{bmatrix} 1 & 1 & 1 & 0 & 0 \\ 0 & 1 & 1 & 1 & 0 \\ 0 & 0 & 1 & 1 & 1 \\ 0 & 0 & 1 & 1 & 0 \\ 0 & 1 & 1 & 0 & 0 \end{bmatrix} ——过滤器—— \begin{bmatrix} 1 & 0 & 1 \\ 0 & 1 & 0 \\ 1 & 0 & 1 \end{bmatrix} = 4$$

第四步：

$$\begin{bmatrix} 1 & 1 & 1 & 0 & 0 \\ 0 & 1 & 1 & 1 & 0 \\ 0 & 0 & 1 & 1 & 1 \\ 0 & 0 & 1 & 1 & 0 \\ 0 & 1 & 1 & 0 & 0 \end{bmatrix} --过滤器-- \begin{bmatrix} 1 & 0 & 1 \\ 0 & 1 & 0 \\ 1 & 0 & 1 \end{bmatrix} = 2$$

......

按照这样的顺序，以 3×3 的矩阵遍历输入的图像矩阵。最后，在上面的例子中，过滤器在图像上计算的结果为：

$$\begin{bmatrix} 1 & 1 & 1 & 0 & 0 \\ 0 & 1 & 1 & 1 & 0 \\ 0 & 0 & 1 & 1 & 1 \\ 0 & 0 & 1 & 1 & 0 \\ 0 & 1 & 1 & 0 & 0 \end{bmatrix} --过滤器-- \begin{bmatrix} 1 & 0 & 1 \\ 0 & 1 & 0 \\ 1 & 0 & 1 \end{bmatrix} = \begin{bmatrix} 4 & 3 & 4 \\ 2 & 4 & 3 \\ 2 & 3 & 4 \end{bmatrix}$$

以上就是一个过滤器在一个输入图像上的一次完整的卷积运算。可以想象成在卷积层中使用过滤器在输入图像上"扫描"了一遍。

这样做的意义在于，图像中的不同部分包含了不同的特征，这些特征会通过所在区域的数值得到体现。过滤器在"扫描"图像时，在不同区域的运算结果不一样，这种差异性的结果在数值上反映了图像不同部分的差异，这种差异就是图像中的特征，比如图像中的边缘部分、边缘的左部、本身和右部，无论从视觉上看，还是在图像的数值上看，都不一样。

如果以上的论述还显得太笼统，那么让我们看一个边缘检测的具体例子。如图 7-6 所示，在这个例子中，第一个矩阵是输入图像，第二个矩阵是过滤器，第三个矩阵是卷积后的结果。可以观察到，在输入图像的左半部分都是 10，右半部分都是 0，如果显示出来，这是一个左边明亮、右边较暗的图像，且有一个特别明确的垂直边缘在图像的中间。那么，卷积运算能否检测到中间的边缘，分辨出图像左右的不同呢？

这时使用一个 3×3 的过滤器，这个过滤器的可视化是一个由明亮带、过渡带、暗色带组成的矩阵。使用这个过滤器，在输入图像上进行卷积运算，可以得到右边的结果。在这个结果中，两边都是 0，中间是一段明亮的区域，这部分区域对应了输入图像中的中间垂直边缘。

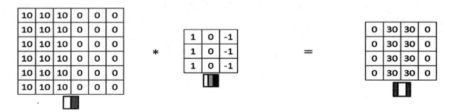

图 7-6 边缘检测的例子[1]

检测到的垂直边缘似乎太宽了，这是由于输入图像和过滤器的维度共同决定的。如果输入图像很大，比如 1000×1000，那么检测出来的垂直边缘就会更符合实际情况。

[1] 吴恩达. Deep Learning Specialization[EB/OL]. (2017-08-08). http://deeplearning.ai/.

在以上边缘检测的例子中，输入图像的尺寸（或形状）是6×6，过滤器的尺寸是3×3，而最后输出图像的尺寸是4×4。一个通用的公式是，如果输入图像的尺寸为$n×n$，过滤器的尺寸为$k×k$，那么最后的输出尺寸为：

$$(n{-}k{+}1)×(n{-}k{+}1)$$

2. 填充

可以发现，图像矩阵经过和过滤器相乘后，输出的矩阵尺寸要小于原输入的尺寸。

$$\begin{bmatrix} 1 & 1 & 1 & 0 & 0 \\ 0 & 1 & 1 & 1 & 0 \\ 0 & 0 & 1 & 1 & 1 \\ 0 & 0 & 1 & 1 & 0 \\ 0 & 1 & 1 & 0 & 0 \end{bmatrix} \text{——过滤器——} \begin{bmatrix} 1 & 0 & 1 \\ 0 & 1 & 0 \\ 1 & 0 & 1 \end{bmatrix} = \begin{bmatrix} 4 & 3 & 4 \\ 2 & 4 & 3 \\ 2 & 3 & 4 \end{bmatrix}$$

当过滤器的大小不为1×1时，每经过一个卷积层，图像的尺寸都变小了一次，那么当网络很深时，最后的图像尺寸就非常小。发生这样的情况，对我们的网络不利。

为了保持原输入的尺寸，我们会在原输入的边界上加入全0填充（Zero-Padding）。以下就是在原输入的5×5的矩阵上执行了全0填充操作，在这之后再进行卷积处理，这时可以看到，在经过全0填充后，能够保证得到的矩阵大小为5×5，和原输入矩阵的大小一致。

$$\begin{bmatrix} 0 & 0 & 0 & 0 & 0 & 0 & 0 \\ 0 & 1 & 1 & 1 & 0 & 0 & 0 \\ 0 & 0 & 1 & 1 & 1 & 0 & 0 \\ 0 & 0 & 0 & 1 & 1 & 1 & 0 \\ 0 & 0 & 0 & 1 & 1 & 0 & 0 \\ 0 & 0 & 1 & 1 & 0 & 0 & 0 \\ 0 & 0 & 0 & 0 & 0 & 0 & 0 \end{bmatrix} \text{——过滤器——} \begin{bmatrix} 1 & 0 & 1 \\ 0 & 1 & 0 \\ 1 & 0 & 1 \end{bmatrix} = \begin{bmatrix} 2 & 2 & 3 & 1 & 1 \\ 1 & 4 & 3 & 4 & 1 \\ 1 & 2 & 4 & 3 & 3 \\ 1 & 2 & 3 & 4 & 1 \\ 0 & 2 & 2 & 1 & 1 \end{bmatrix}$$

在以上的例子中，输入图像的尺寸是5×5，过滤器的尺寸是3×3，填充值为0，最后输出图像的尺寸是5×5。通用的公式是，如果输入图像的尺寸为$n×n$，过滤器的尺寸为$k×k$，p是填充的数量，那么最后的输出尺寸就变成了：

$$（n{+}2p{-}k{+}1）×（n{+}2p{-}k{+}1）$$

我们可以通过计算得到需要填充的数量，如果需要输出尺寸和输入尺寸一致，那么输入$n{+}2p{-}k{+}1{=}n$，即可得到$p{=}(k{-}1)/2$。可以看到，当k为奇数时，填充的数量p是一个整数。所以，这也是卷积层的一个惯例，通常会使用尺寸为奇数的过滤器，比如3×3或5×5。这方便我们在必要的时候进行填充操作。

如果不需要进行填充，则被称为有效填充（Valid Padding）。

卷积层中的填充只有两种，有效填充（Valid Padding）和相同填充（Same Padding），前者不进行填充，后者使用全0填充以保证输出图像和输入图像的一致。

3. 卷积步长

在过滤器的使用中，还有一个关键概念叫作步长（Stride，或称为步幅）。在列举的例子中，过滤器按照从左到右、从上到下的顺序，每次移动一步，就在图像矩阵中每次移动一个数值，这时的步长是 1。实际上，我们可以根据需要设计步长。下面展示了步长为 2 时过滤器的移动情况。

$$
\begin{bmatrix} 1 & 1 & 1 & 0 & 0 \\ 0 & 1 & 1 & 1 & 0 \\ 0 & 0 & 1 & 1 & 1 \\ 0 & 0 & 1 & 1 & 0 \\ 0 & 1 & 1 & 0 & 0 \end{bmatrix} --过滤器-- \begin{bmatrix} 1 & 0 & 1 \\ 0 & 1 & 0 \\ 1 & 0 & 1 \end{bmatrix} = 4
$$

$$
\begin{bmatrix} 1 & 1 & 1 & 0 & 0 \\ 0 & 1 & 1 & 1 & 0 \\ 0 & 0 & 1 & 1 & 1 \\ 0 & 0 & 1 & 1 & 0 \\ 0 & 1 & 1 & 0 & 0 \end{bmatrix} --过滤器-- \begin{bmatrix} 1 & 0 & 1 \\ 0 & 1 & 0 \\ 1 & 0 & 1 \end{bmatrix} = 4
$$

$$
\begin{bmatrix} 1 & 1 & 1 & 0 & 0 \\ 0 & 1 & 1 & 1 & 0 \\ 0 & 0 & 1 & 1 & 1 \\ 0 & 0 & 1 & 1 & 0 \\ 0 & 1 & 1 & 0 & 0 \end{bmatrix} --过滤器-- \begin{bmatrix} 1 & 0 & 1 \\ 0 & 1 & 0 \\ 1 & 0 & 1 \end{bmatrix} = 2
$$

$$
\begin{bmatrix} 1 & 1 & 1 & 0 & 0 \\ 0 & 1 & 1 & 1 & 0 \\ 0 & 0 & 1 & 1 & 1 \\ 0 & 0 & 1 & 1 & 0 \\ 0 & 1 & 1 & 0 & 0 \end{bmatrix} --过滤器-- \begin{bmatrix} 1 & 0 & 1 \\ 0 & 1 & 0 \\ 1 & 0 & 1 \end{bmatrix} = 4
$$

当步长为 2 时，过滤器在图像上计算的结果为：

$$
\begin{bmatrix} 1 & 1 & 1 & 0 & 0 \\ 0 & 1 & 1 & 1 & 0 \\ 0 & 0 & 1 & 1 & 1 \\ 0 & 0 & 1 & 1 & 0 \\ 0 & 1 & 1 & 0 & 0 \end{bmatrix} --过滤器-- \begin{bmatrix} 1 & 0 & 1 \\ 0 & 1 & 0 \\ 1 & 0 & 1 \end{bmatrix} = \begin{bmatrix} 4 & 4 \\ 2 & 4 \end{bmatrix}
$$

更长的步长意味着同时处理更多的像素，从而产生较小的输出量。

在以上的例子中，输入图像的尺寸是 5×5，过滤器的尺寸是 3×3，步长为 2，最后输出图像的尺寸是 2×2。通用的公式是，如果输入图像的尺寸为 $n×n$，过滤器的尺寸为 $k×k$，S 是步长，那么最后的输出尺寸就变成了 $(n-k+1)/S + 1$。将填充考虑进来，如果填充数量是 p，那么最后的输出尺寸是 $(n+2p-k+1)/S + 1$。

在使用过滤器进行卷积运算时，经常需要计算输出的尺寸，虽然程序会提供自动计算功能，但是知道卷积运算后的尺寸对我们设计网络还是很有帮助的。

4. 对彩色图的卷积

举一个简单的例子，只使用一个过滤器，用一个 3×3×1 的过滤器处理 5×5×1 的图像。在卷积运算中，过滤器的纵深维度（Depth Dimension）和输入图像的纵深维度相同。所以在图像问题上，我们只用给出过滤器的长和宽即可，也就是 3×3，过滤器的纵深维度默认和输入图像的纵深维度一致。

在这个例子中，输入图像的通道数量和过滤器的纵深维度都是 1，因为我们面对的是一个灰度图像的输入。如果输入的是彩色图像，那么纵深维度就是 3。在下面的例子中，将会使用一个3×3×3的过滤器处理6×6×3的图像，过滤器的权值会延伸到输入图像的整个纵深维度。

彩色图像（即 RGB 图像）有 3 个通道，对应红、绿、蓝 3 个颜色通道。在数值上，可以将它看作是 3 个 6×6×1 的图像的堆叠。在这样的彩色图像上进行卷积运算，使用的过滤器是一个立方体，比如图 7-7 中的 3×3×3 的过滤器。

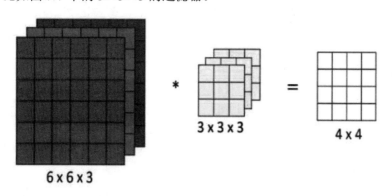

图 7-7　对彩色图像的卷积运算[1]

与之前在灰度图像上的卷积相比，虽然多出了两个通道，但计算的原理是一样的，只需要在每个通道上将过滤器和指定区域相乘，最后将 3 个通道的卷积值相加就可以了。所以，输入图像的尺寸是 6×6×3，过滤器的尺寸是 3×3×3，最后输出结果的尺寸是 4×4×1。这是因为最后三个通道的卷积结果会被加在一起，所以输出的纵深维度是 1，而不是 3。

为什么要这样做？因为与之前在二维上的卷积相比，现在三维上的卷积多出了颜色的概念。假设关注的是红色通道上的边缘检测，就可以把 3×3×3 过滤器的第一个过滤器（即对应红色通道的过滤器）设置为边缘检测器，而其他两个过滤器设置为 0，那么这个立方体过滤器就只会检测红色通道上的边缘。如果只是想检测图像中的边缘，可以将这些过滤器的每一个都设置成边缘检测器，之后过滤器就能检测任意通道上的边缘。

总结一下，在彩色图像的卷积运算中，过滤器会和输入图像有不同的宽高，但是有相同的通道。通过设置不同的参数，可以得到不同的特征检测器。到目前为止，我们看到的示例都是使用一个过滤器，但是在大多数情况下，并不会使用单个过滤器，而是使用维度相同的多个过滤器。

5. 多过滤器与激活图

每一张图像用一个过滤器处理的过程，可以想象成用手电筒光照过输入图像的所有区域，这里的手电筒就是过滤器，被照过的区域就是图像中依次和过滤器矩阵相乘的子矩阵，被称为

[1]　吴恩达. Deep Learning Specialization[EB/OL]. (2018). http://deeplearning.ai/.

感受野（Receptive Field）。每一个感受野和过滤器相乘，得到一个数值，注意这个数值只表示过滤器位于该感受野上的情况。所以当过滤器在所有感受野都"照"过一遍后，在得到的矩阵中，其中的每个数值就代表了过滤器在每个感受野上的情况，这个矩阵就叫作特征图（Feature Map），它在一定程度上反映了原图像的某一类特征。比如我们一直使用的边缘检测器，就提取了原图像中的垂直边缘特征。

那么，当我们想要提取图像中的不同特征时，又应该怎么做呢？给定一张输入图像，想要提取其中的垂直边缘特征、水平边缘特征、45°边缘特征……这个时候，就需要用到多个过滤器。图 7-8 就列举了这样一个例子。

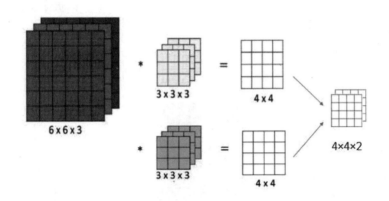

图 7-8　多个过滤器[1]

采用与上一节中同样的例子，不过这次添加了一个过滤器，假设第一个过滤器是垂直边缘检测器，第二个过滤器是水平边缘检测器。在使用多个过滤器时，还是按照之前的方式，让每一个过滤器单独地在输入图像上进行卷积运算，每一个过滤器的输出依然是 4×4×1，每一个这样的输出是一张特征图。对应于过滤器的设置，这时第一个过滤器专注于垂直边缘的检测，第二个过滤器专注于水平边缘的检测。在最后的输出结果中，每一个过滤器的输出被堆叠在一起，形成卷积图像的纵深维度。因此，最后的输出尺寸是 4×4×2。这里的 2，是因为使用了两个过滤器，这也被称为输出的通道数，使用了多少个过滤器，就有多少张特征图，也就有多少个通道数。

使用多个过滤器，卷积神经网络才能真正发挥出其处理图像的能力。不同的过滤器可以检测图像的不同特征，例如边缘、曲线。通过组合不同的过滤器，卷积层具备了提取不同特征的能力，而随着神经网络的深入，这些特征再进一步被提取、组合，就形成了卷积神经网络处理图像的能力。

7.2.3　池化层

池化层是卷积神经网络中非常常用的网络层，一般跟在卷积层之后。

---

[1] 吴恩达. Deep Learning Specialization[EB/OL]. (2018). http://deeplearning.ai/.

池化（Pooling）的操作很简单，一般有两种方式，最大池化（Max-Pooling）和平均池化（Average-Pooling，或 Mean-Pooling）。顾名思义，最大池化在指定范围内选取最大化值，平均池化则是求平均值。

与卷积层类似，池化层也是通过移动一个过滤器来完成池化操作。所以池化层也有池化的尺寸（Pool Size）和池化步长（Stride）这两个参数，它们是静态的超参数，是我们在设计神经网络时预先设置的，而不是通过神经网络的学习得到的。

在如图 7-9 所示的例子中，原图像尺寸是 4×4，现在使用 2×2 的矩阵进行池化，步长为 2。在池化操作中，需要从原图像的左上角开始，划定 2×2 的子区域，如果是最大池化，则选取该子区域中的最大值；如果是平均池化，则计算该子区域中的平均值。根据步长，将子区域向右移动两步，在新选定的子区域中进行同样的池化操作。这一过程与卷积很类似，也就是使用一个固定大小的矩阵，对原图像进行"扫描"，只不过在选定的子区域中，进行的是最大池化操作或者是平均的池化操作。

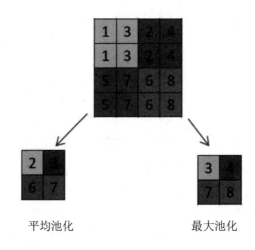

平均池化   最大池化

图 7-9　池化的例子

在卷积神经网络的结构中，池化层很常见，但不是一定需要。在卷积神经网络的设计中可以看到，有一些是在几层卷积层之后才使用一层池化层，也有的神经网络完全不使用池化层。池化层的作用在于可以有效地缩小图像的尺寸，从而减少网络中的参数。因此，使用池化层可以加速神经网络的计算，对于卷积神经网络，它有增加特征提取的效率和鲁棒性的效果。

在实际使用中，最大池化比平均池化更加常用。

7.2.4　卷积神经网络的设计

卷积层和池化层都是卷积神经网络中的组件，再加上全连接层，就是之前学习过的神经网络，它们是构建一个完整的卷积神经网络的所有组件。图 7-10 展示了一个典型卷积神经网络的组成。

一起来看一看这个网络的搭建。对于图像识别问题，输入是一张图像，这也是卷积神经网络非常适用的任务和输入类型。输入在进入神经网络后，一般接入一个或者数个卷积层，经过卷积层的堆叠，原图像中的特征得到了处理和提取。之后可以选择加入池化层，以达到降低维度的效果，但现在也有些卷积神经网络选择不使用池化层，所以应该根据需要使用池化层。池化层不涉及需要学习的参数，因此一般将卷积层和池化层看作是卷积神经网络中的一个整体，都是特征提取的部分。在特征提取之后，卷积神经网络的最后部分使用的是全连接层，可以根据需要使用多个全连接层，在最后一层的全连接层中，可以根据分类问题使用 Softmax 层，根据回归问题使用输出尺寸相同数量的神经元。

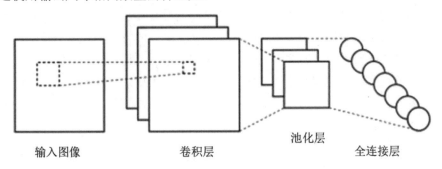

图 7-10　一个典型卷积神经网络的组成[1]

更具体一点，图 7-11 列出了一个用于图像分类任务的卷积神经网络。从输入图像开始，该网络使用了 6 个卷积层来实现特征提取的功能，每一个卷积层的后面都使用 ReLU 函数进行激活，根据需要在激活后可以使用池化层。在最后的全连接层（FC 层）中，神经网络使用了一个 Softmax 层来达到分类的效果，输出每个预测标签的概率。这时可以看到最大的概率对应的标签是 car，对于输入图像来讲是一个正确的分类。这就是一个很典型的用于图像分类的卷积神经网络的设计。

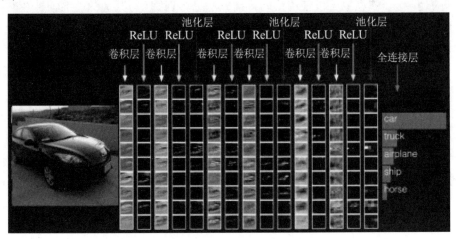

图 7-11　一个用于图像分类的卷积神经网络[2]

在卷积神经网络的研究中，很大一部分的工作是在探索如何把卷积层、池化层和全连接层

[1]　Alexander Amini. MIT 6.S191: Introduction to Deep Learning[EB/OL]. (2019). http://introtodeeplearning.com/.
[2]　Fei-Fei Li. CS231n: Convolutional Neural Networks for Visual Recognition[EB/OL]. (2019). http://cs231n.stanford.edu/.

这些基本的组件整合起来，构建高效的神经网络，并且适应不同的任务。但在实际运用中，也需要通过不断地尝试来调整网络的结构，这里一方面涉及卷积层、池化层和全连接层的组合；另一方面也涉及网络层超参数的设置，比如卷积层中的过滤器数量、卷积的步长、是否填充等，都是在构建神经网络时需要设置的超参数。

看上去，构建一个卷积神经网络很简单，但要构建一个好的神经网络，绝不是随意把各种网络层拼接起来就可以了。构建一个有效的卷积神经网络，需要对网络的每一层在做什么有基本的了解。要构建一个良好的卷积神经网络，建议大量阅读别人的案例，看看别人怎么使用这些基础组件。如果是刚开始使用卷积神经网络，一个更好的方法是使用经典的卷积神经网络结构。在过去十几年的发展中，研究者们费了很大的力气在卷积神经网络的结构研究上，越来越多的网络结构涌现出来，这些网络在图像识别上都取得了很好的效果，所以在处理图像问题时，完全可以借鉴甚至直接使用这些经典神经网络的图像处理能力。在 7.5 节中将更多地了解这些经典的神经网络。

7.3 为什么要使用卷积神经网络

卷积神经网络本质上还是一种前馈神经网络，不过与全连接神经网络不同的是，卷积神经网络的人工神经元可以响应一部分覆盖范围内的周围单元，在大型图像处理上有出色的表现。卷积神经网络中特有的卷积运算和池化操作能够很好地利用输入数据的二维结构，所以，与其他深度学习的神经网络结构相比，卷积神经网络在图像识别和语音识别方面能够给出更好的结果。更便利的是，这一模型也可以使用反向传播算法进行训练。与其他深度前馈神经网络相比，卷积神经网络需要的参数更少，这一系列的优点，使得卷积神经网络结构成为一种颇具吸引力的深度学习神经网络结构。

从神经网络结构上来讲，全连接形式的神经网络与卷积神经网络相比，卷积神经网络的优势主要体现有两点：一是减少了参数；二是更适用于二维结构的数据格式。

在第一点上，使用反向传播算法时，卷积神经网络用到的参数更少。而在全连接的结构下，相邻网络层的两点之间互连，参数就特别多。尤其在面对图像输入这样的数据结构上，w 和 b 的数量达到了惊人的数量级，这直接导致网络的收敛速度变慢。卷积神经网络能够大大降低参数的数量级，加快收敛，使训练复杂度大大下降，也减轻了过拟合，提高了模型的泛化能力。

在第二点上，传统的全连接神经网络将整个图像"压平"成一个向量，这种操作忽略了图像的"二维空间特性"，图像在 x 和 y 轴向的构成是有意义的，这些特性或者可以说是局部特性，是需要被提取的，卷积就能够应对这种局部特性的提取。故而卷积神经网络在图像识别和语音识别的任务上通常都能有更好的表现。

从更专业的角度看，卷积神经网络的具体优势从三个方面来体现：稀疏连接、参数共享和等变表示。

如图 7-12 是比较熟悉的卷积运算，在输入的二维（2D）图像上，使用一个过滤器，从左上角开始，依次做卷积，也就是使用过滤器与输入图像的子区域依次相乘。在这个卷积过程中，可以观察到：

（1）每一次过滤器仅和输入图像中的一部分区域进行卷积运算。

（2）在整个卷积过程中，使用的都是同一个过滤器。

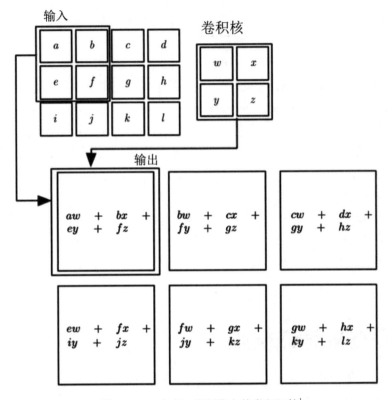

图 7-12　一个在二维图像上的卷积运算[1]

第一点被称为稀疏连接（Sparsity of Connection）。如果是使用全连接网络，参数矩阵必须和整个输入图像相乘，因为在全连接网络中，输入和输出是一一对应相连接的。而在卷积网络中，我们会使用一个尺寸远小于输入图像尺寸的过滤器，通过过滤器的卷积运算，我们只关注一些小而有意义的特征，例如图像的边缘。就像我们在图 7-12 的示例中看到的那样，卷积神经网络中的参数矩阵，即过滤器，仅与输入图像中的一个局部区域连接。

设想在 m 个输入和 n 个输出的情况下，全连接要求 $m \times n$ 个参数，而当运用了卷积神经网络之后，就限制了每一个输出拥有的连接数为 k（过滤器的大小），这种连接方式只产生 $k \times n$ 个参数。在实际情况下，k 的数量级远小于 m 的数量级，故而卷积网络中所需的参数也是呈数量级下降的。

---

[1]　Fei-Fei Li. CS231n: Convolutional Neural Networks for Visual Recognition[EB/OL]. (2019). http://cs231n.stanford.edu/.

第二点被称为参数共享（Parameter Sharing），也称为权值共享（Weight Sharing），就是一组神经元使用相同的连接权值。

在全连接网络中，参数矩阵中的每一个参数，只能被使用一次，因为全连接网络中输入和输出是相连接的，每一个参数十分精确地代表着某个输入单元和输出单元的连接。在卷积神经网络中，参数矩阵能够被重复使用。在卷积运算中，过滤器是按步长依次在输入图像上移动的（即扫描），这就使得同一个过滤器能够作用在输入图像的不同位置上。在图 7-12 的示例中也可以看到，过滤器中的参数 w、x、y、z 一直被使用，在结果中也一直出现，这就是参数共享的意思。

与稀疏连接一起，参数共享降低了网络中的参数量，从而使训练复杂度大大下降。

参数共享还赋予了卷积网络对平移的容忍性，这种特性也可以看作是卷积神经网络的一大优势，被称为等变表示（Equivariant Representation）。等变表示的意思是在输入发生位移时卷积模型依然可以提取到相同的特征。这是一个很有用的性质，尤其是当我们关心某个特征是否出现而不关心它出现的具体位置时。例如，当判定一张图像中是否包含人脸时，这时并不需要知道眼睛的精确像素位置，只需要知道一只眼睛在脸的左边，另一只眼睛在脸的右边就行了。一个训练较好的卷积神经网络，可以适应输入图像上的轻度形变。

卷积神经网络的稀疏连接、参数共享和等变表示这三种特性，使得卷积神经网络一方面降低了图像处理时的网络参数量；另一方面也更好地适应了图像处理时的二维输入。所以，卷积神经网络真正是计算机视觉的最佳之选。

7.4 图像处理数据集

深度学习不是无源之水，无本之木，数据是学习的燃料。对于初学者来说，去哪儿找到大量合标的训练数据，也是一个不小的问题。幸好网上有很多用作机器学习和深度学习的数据集。无论对入门学习还是接下来的训练，这些数据集都是非常好的选择。

为什么说是非常好的选择呢？

首先，这些数据集不仅开源、量大而且质量过关。这些项目大部分由大学或者研究机构建立和维护，目的是推动深度学习的研究和发展，所以开放度和支持力度都很到位。数据库中大量的数据样本极为关键，数据是深度学习的燃料，神经网络的网络规模和学习能力在一定程度上和数据量成正比，因此大量的训练和验证样本是构建良好网络的充分条件。再加上相关机构的维护，这些数据集的样本质量都很有保障。

其次，这些数据集标准化了行业内的深度学习研究。在同样的数据集上做研究，那么不同神经网络表现出的优越性，体现的就是网络本身的优越性。所以，在研究中，会看到研究人员给出用到的数据集，就是为了统一这一标准。

本节将介绍一些在深度学习中用到的数据集，尤其是在计算机视觉上常用的数据集，供大家参考。

1. MNIST

MNIST（手写数字数据库，全称为 Mixed National Institute of Standards and Technology database）数据集的官网网址：http://yann.lecun.com/exdb/mnist/。

MNIST 数据集中包含手写体数字，都是人工手写的数字，经过归一化，具有统一的大小。图 7-13 为 MNIST 数据集中的样本示例。

图 7-13　MNIST 手写体的样本示例

在数量上，MNIST 拥有 6 万张训练集和 1 万张测试集。这种样本数量级基本上足够训练出一个有意义的神经网络。

在数据格式方面，网站提供了 4 个数据文件，分别是训练集图像、训练集标签、测试集图像、测试集标签。

```
train-images-idx3-ubyte.gz:   training set images (9912422 bytes)
train-labels-idx1-ubyte.gz:   training set labels (28881 bytes)
t10k-images-idx3-ubyte.gz:    test set images (1648877 bytes)
t10k-labels-idx1-ubyte.gz:    test set labels (4542 bytes)
```

MNIST 是一种非常适合入门的数据集，一方面是因为数据库提供的都是真实数据；另一方面是因为数据格式简单统一，并不需要花时间在处理数据上。MNIST 通常都是深度学习教程的第一课，常用的深度学习框架，都有 MNIST 的实例，也都提供支持 MNIST 的相关语句。

```
from keras.datasets import mnist

(x_train, y_train), (x_test, y_test) = mnist.load_data()
```

在下一章中，将会学习使用 Keras 构建卷积神经网络，所使用的数据集就是 MNIST 数据集。

2. CIFAR

CIFAR，是研究机构 Canadian Institute For Advanced Research 的缩写，它的官网网址为：https://www.cs.toronto.edu/~kriz/cifar.html。

　　CIFAR 提供大量标注过的图像，是物体识别和分类问题的最佳之选。当提到 CIFAR 时，其实是指两个数据集，CIFAR-10 和 CIFAR-100。这两个数据集都包含同一类型的数据，都是有标签的物体图像的集合。区别在于 CIFAR-10 的数据标签是 10 个分类， CIFAR-100 的数据标签则是 100 个分类。

　　以 CIFAR-10 为例，数据集中有以各种分类为主体的同样尺寸的图像和相应的标签，如图 7-14 所示。

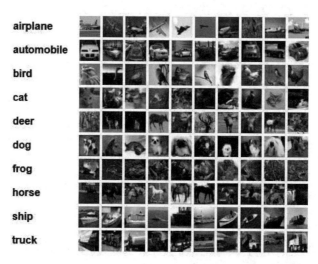

图 7-14　CIFAR-10 图像分类示例

　　CIFAR 的训练集的数量级在 6 万张，拥有充足的数据量和明确的数据标注（即打上了标签），是物体识别和分类问题的最佳选择。

```
from keras.datasets import cifar10

(x_train, y_train), (x_test, y_test) = cifar10.load_data()
```

3. ImageNet

　　最后是 ImageNet，它的官网网址为 www.image-net.org。

　　在机器学习领域中，尤其是深度学习，无论你是初学者还是资深研究员，无论你做的是图像识别还是其他人工智能的方向，ImageNet 都是一座宝库。ImageNet 本身是极为完善和强大的机器学习数据集，更重要的是，ImageNet 的建立第一次体现了数据对深度学习的实在意义，用创建者自己的话来说，"ImageNet 改变了人们的思维模式，数据重新定义了我们对模型的思考方式。"

　　ImageNet 的数据量级很大，现如今已经有 1300 万张标注的图像。ImageNet 采用语义上的层级标注数据，按名词层层分类，指向每一张图像，具体的结构如图 7-15 所示。

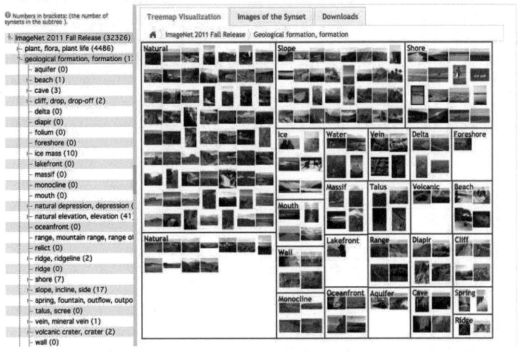

图 7-15　ImageNet 示例

ImageNet 对于深度学习更大的贡献在于使用此数据集的图像识别竞赛（ImageNet Large Scale Visual Recognition Challenge，ILSVRC）。从 2010 年起，每一年来自世界各地的参赛队伍在 ImageNet 指定的数据集上完成多项视觉识别任务，争取获得更高的识别准确率。这项竞赛对于深度学习的推广意义重大，2017 年是这个竞赛的最后一届，7 年间，一批批优异的深度学习网络队伍逐年涌现，优胜者的识别率从 71.8% 提升到 97.3%，这已经超过了人类。ImageNet 在机器学习方面的成就给了大众强烈的信心，并证明了更庞大的数据可以带来更好的决策，真正带动了神经网络的复苏和深度学习的崛起。

现如今，数据作为算法的燃料已经成为业界共识。数据弥足珍贵，更多的资源进入到数据集的建立和维护中，像谷歌公司、脸书公司和亚马逊公司这样拥有海量数据的互联网巨头也开始开源自己的数据集，在自有平台上分享；一些算法的佼佼者，比如谷歌公司，在开始配合数据集的开放，谷歌公司在 2016 年发布了 Open Image 数据集，AlphaGo 的团队 DeepMind 最近也公布了自己的数据集。

7.5　CNN 发展历程

就像我们在 7.2 节所了解的那样，对于卷积神经网络的研究，很大一部分是在研究如何使用卷积层、池化层和全连接层这样的基础组件，从而构建起高效的卷积神经网络。在过去的数十年里，相继出现了很多经典的卷积神经网络结构，对于初学者来说，这些经典网络的设计都很有借鉴价值。学习使用这些网络结构，对于在卷积神经网络中处理图像问题，是一个很好的开始。

本节中，首先回顾一些在计算机视觉领域最具影响力的经典网络模型。下表中列出了这些经典网络出现的时间，可以看到，自 2012 年 AlexNet 之后，经典网络几乎是以一年一个的速度出现。这其实和 7.4 节中提到的一年一度的基于 ImageNet 数据集的图像识别竞赛有关系。时至今日，这个领域日新月异，好的网络结构层出不穷。在这一节中，我们按照时间顺序学习下表中列出的经典网络结构，这能够帮助我们了解这些网络设计中的思想，以便在日后的网络构建中灵活运用。

AlexNet	2012 年
VGG	2014 年
Inception	2014 年
ResNet	2015 年

7.5.1 AlexNet

AlexNet 可以说是第一个真正现代意义的卷积神经网络（CNN）。在 2012 年的 ILSVRC 上（基于 ImageNet 的视觉识别竞赛），AlexNet 横空出世，第一次将识别错误率降到了一个可接受的范围（15.4%），这给了业界对于卷积神经网络极大的信心，对于卷积神经网络的研究和应用热潮也由此开启。

AlexNet 的设计，具体可以参见论文"ImageNet Classification with Deep Convolutional Networks"（基于深度卷积网络的 ImageNet 分类）。

AlexNet 一共有 8 个有参数的网络层，其中有 5 个卷积层和 3 个全连接层，最后的输出层为 1000 个分类的 Softmax 层。具体网络结构如图 7-16 所示。

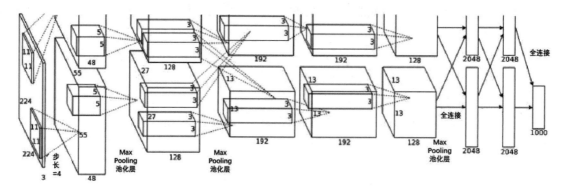

图 7-16　AlexNet 网络结构图

这个网络结构图或许看上去有一点奇怪，这是因为在当时算力的限制下，没办法完成整个网络的训练，所以 AlexNet 被分在两个 GPU 上进行训练，因而在论文中的原图中（见图 7-16）

看上去像是两个并行的网络，实际上这体现了并行训练的方式。

现在使用 AlexNet，已经不需要采用分组训练的方式，图 7-17 中给出了一个更直观的 AlexNet 网络结构图。

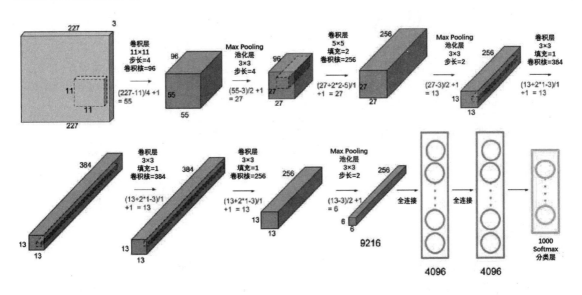

图 7-17　细化的 AlexNet 网络结构图

和之后的网络相比，AlexNet 算是精简、庞大的卷积神经网络，AlexNet 的网络层数和构成并不复杂，但是参数却异常庞大，达到了 6000 万的数量级，这对算力的要求是很可怕的，所以在之后的竞赛中，对网络的提升一方面体现在识别准确率上，另一方面则是提升网络训练的效率，对于后者最简单的解决办法就是减少网络的训练参数。

时至今日，AlexNet 在性能上已经没有太大的优势，不过作为历史的意义，AlexNet 是当之无愧最重要的卷积神经网络。可以说，AlexNet 的设计思想到今天也是有借鉴意义的。下面一起来看看 AlexNet 做了哪些创新，使得它取得了在当时看来跨时代的成就。

1. ReLU 非线性

前面学习过激活函数，并且知道 ReLU 是目前最常用的激活函数。ReLU 往神经网络中引入非线性关系，使神经网络能够有效拟合非线性函数。在 AlexNet 的时代，ReLU 激活函数的使用，是 AlexNet 成功的关键因素之一。

AlexNet 自身也强调了这一点，图 7-18 是论文中列出的不同激活函数——ReLU（实线）和 tanh（虚线），在 CIFAR-10 数据集上的表现，前者的收敛速度是后者的 6 倍。

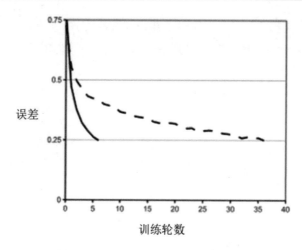

图 7-18　ReLU 和 tanh 激活函数的对比

所以，再一次强调，在我们的网络设计中，ReLU 通常是一个不容易出错的选择。

2. 随机失活

前面已经介绍过 Dropout 是常用的防止神经网络过拟合的一种操作。应该说 AlexNet 证明了 Dropout 对减轻模型过拟合的效果，并成功推广了这种方式。在设计卷积神经网络时，也应该合理使用 Dropout 层来提升模型的泛化能力。

3. 数据增强

数据是神经网络的燃料，多多益善，AlexNet 是在 ImageNet 数据集上训练的，数据量级为 1500 万级，但即使如此，为了防止模型过拟合，仍然要有目的性地增加数据。AlexNet 采用的就是数据增强，比如通过调节图像亮度、水平翻转、滤光算法等进行图像转换，以此来扩展数据集的数量和丰富性。现在，数据增强已经是模型训练中的一种常用手段，在之后的章节中也会学习在 Keras 中使用这种方法。

在 AlexNet 出现之前，深度学习在语音识别和其他一些领域中已经取得了一些成绩，正是因为 AlexNet，计算机视觉领域开始重视深度学习。AlexNet 在 2012 年横空出世，让人们对深度学习在计算机视觉上的应用有了信心，并且开始了对这一领域的投入和研究。可以说，这一轮以深度学习为基础的各种人工智能应用，很大程度上是从 AlexNet 的提出开始的，这一点也不言过其实。

7.5.2　VGG

VGG 是 Visual Geometry Group 在 2015 年发布的卷积神经网络，这个机构隶属于英国牛津大学，缩写为 VGG，所以这个机构发布的一系列网络被统称为 VGG，共有 6 个模型，而 VGG-16 是其中性能最好的一个。这里的 16 指的是模型中有 16 个带有参数的网络层，就是卷积层和全连接层加起来一共有 16 层。这个网络对应的论文是 "Very Deep Convolutional Networks for Large-Scale Image Recognition"（用于大规模图像识别的甚深卷积神经网络）。

论文中列出了一系列同样思想下设计出来的不同层数的神经网络结构，图 7-19 是论文中这一系列网络的结构图，其中 D 栏模型的效果最好，就是所说的 VGG-16。

卷积神经网络的配置					
A	A-LRN	B	C	D	E
11层网络	11层网络	13层网络	16层网络	16层网络	19层网络
input (224 × 224 RGB imag)					
conv3-64	conv3-64 LRN	conv3-64 **conv3-64**	conv3-64 conv3-64	conv3-64 conv3-64	conv3-64 conv3-64
maxpool					
conv3-128	conv3-128	conv3-128 **conv3-128**	conv3-128 conv3-128	conv3-128 conv3-128	conv3-128 conv3-128
maxpool					
conv3-256 conv3-256	conv3-256 conv3-256	conv3-256 conv3-256	conv3-256 conv3-256 **conv1-256**	conv3-256 conv3-256 **conv3-256**	conv3-256 conv3-256 conv3-256 **conv3-256**
maxpool					
conv3-512 conv3-512	conv3-512 conv3-512	conv3-512 conv3-512	conv3-512 conv3-512 **conv1-512**	conv3-512 conv3-512 **conv3-512**	conv3-512 conv3-512 conv3-512 **conv3-512**
maxpool					
conv3-512 conv3-512	conv3-512 conv3-512	conv3-512 conv3-512	conv3-512 conv3-512 **conv1-512**	conv3-512 conv3-512 **conv3-512**	conv3-512 conv3-512 conv3-512 **conv3-512**
maxpool					
FC-4096					
FC-4096					
FC-1000					
soft-max					

图 7-19　VGG 网络的结构

VGG-16 的网络结构虽然深，但是简洁明了。输入的图像经过 13 个卷积层，整个过程就是一个逐步提取特征的过程，经过一个池化层和 3 个全连接层，最后的输出是 1000 个分类的 Softmax 层。VGG-16 总共包含约 1.38 亿个参数，这是一个很大的神经网络，但因为结构直接不复杂，而且这个结构很规整，都是几个卷积层后面跟着池化层，池化层缩小图像的高度和宽度，卷积层的过滤器数量变化存在一定的规律：64，128，256，512，每一组卷积层的过滤器翻倍，相对一致的网络结构，图像缩小的比例和通道增加的比例是有规律的，从这个角度说，网络的设计思想很有意义。

目前，VGG 系列网络仍被广泛应用，在卷积神经网络的网络设计、迁移学习、特征提取等功能上，VGG 依然大有可为。VGG 的好处在于，网络结构深入浅出，一目了然，同时也是一个很好训练的网络。VGG 的设计思想和取得的效果，印证了网络深度对于卷积神经网络效果的重要性，如果说 AlexNet 开启了卷积神经网络的时代，那么 VGG 为卷积神经网络的深度学习打下了基础。在此之后，网络越来越深，这也是可以理解的，毕竟图像从线条到轮廓，从抽象到具象是有层级的，而神经网络中一层层的网络很好地提取了这种层级特征信息。网络越来越深，深度学习的概念，也就应运而生了。

```
from keras.applications.vgg16 import VGG16

model = VGG16(weights='imagenet', include_top=False)
```

7.5.3 Inception

无论是 AlexNet 还是 VGG，都是卷积层和池化层的顺序连接，努力的方向都是增加网络深度。在 2014 年，谷歌公司率先提出了一种网络结构，这一网络中包含了卷积核的并行合并，这一特别的设计被命名为 Inception 模块。基于这一模块，发展出了一系列的 Inception 网络，包括 Inception V1、Inception V2、Inception V3 和 Inception V4，之后和残差网络结合还产生了 Inception-ResNet 系列的网络。从这一系列的网络不难发现，Inception 网络的发展可谓是经久不衰。

图7-20给出了一个基础版的Inception模块，这一模块来源于最早的网络版本Inception V1，对应的论文是 "Going deeper with convolutions"（更深的卷积）。这里可以看到，一个 Inception 模块使用了很多个过滤器，然后将每个过滤器的结果拼接到了一起。具体来说，在一个 Inception 模块中，同时用上了 1×1 的过滤器、3×3 的过滤器和 5×5 的过滤器，再加上一个最大池化运算，一共 4 组运算。分别进行这 4 组运算，每一组都会产生一个结果，再把这 4 组结果拼接起来，就产生了这个 Inception 模块的输出，即图 7-20 中的过滤器级联（Filter Concatenation）。

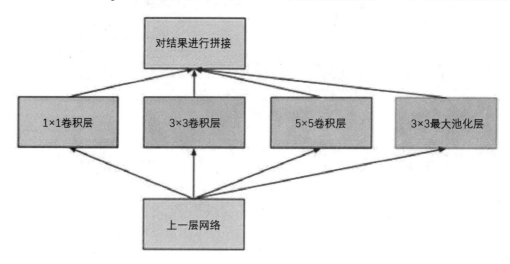

图 7-20   Inception 模块

Inception 模块创造性地在同一层网络中使用了不同尺寸的过滤器，所以 Inception 模块解决的问题是，在同一层提取不同的特征。这一创新很有意义，我们在设计网络时，要决定是使用 1×1 卷积、3×3 卷积还是 5×5 卷积，要决定什么时候用到池化。Inception 模块实际上自动做了决定。虽然 Inception 模块使模型更复杂了，但是效果确实更好。

即便应用中可以使用 Inception 模块，还需要解决计算力的问题，因此 Inception 模块中使用了 1×1 的过滤器。在神经网络中，1×1 的卷积，也被称为网络中的网络，通常用于网络的降维处理。前面章节学习过的池化运算就是一种降维处理，不过池化处理的是高和宽的维度，而 1×1 卷积降低的是通道数量。因此，这是使用了 1×1 卷积来降维 Inception 模块，如图 7-21 所示。

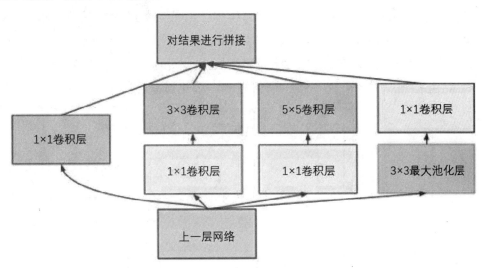

图 7-21　使用了 1×1 卷积来降维的 Inception 模块

Inception 模块的设计思想是：使用多个不同尺寸的过滤器在一层中同时提取多个特征，使用 1×1 的卷积来减少网络的计算量。之后的 Inception 模块虽然不断被优化，但基本上还是遵循了这个设计思路。

将很多个 Inception 模块连接到一起就形成了 Inception 网络（见图 7-22）。

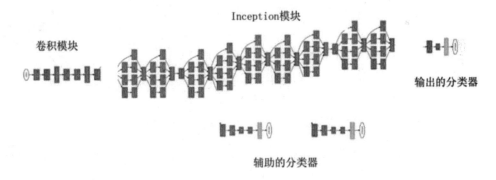

图 7-22　Inception 网络的结构图

在 Keras 中，提供了 InceptionV3 和 InceptionResNetV2 的模型和预测训练参数。

```
from keras.applications.inception_v3 import InceptionV3
model = InceptionV3(weights='imagenet', include_top=False)
```

7.5.4　ResNet

残差网络（Deep Residual Network，ResNet）的提出在深度学习领域算得上是里程碑式的事件。

　　深度学习网络中的一大发展趋势是发展更深的网络，很符合深度学习这一名词，这就成了自然而然的工作方向，因为深度学习的理论告诉我们，网络越深，表现越好。

　　但事实真是如此吗？不尽然。在实际工作中，网络层数越深，模型就越难训练，所以指望单纯地增加网络的深度来提升模型的效果，是行不通的。这就是 ResNet 的研究背景，在论文中，作者把那些通过单纯堆叠网络层而构成的神经网络称为普通网络（Plain Network），并指出了对于普通网络，网络越深，效果越差这样一个问题（见图 7-23）。

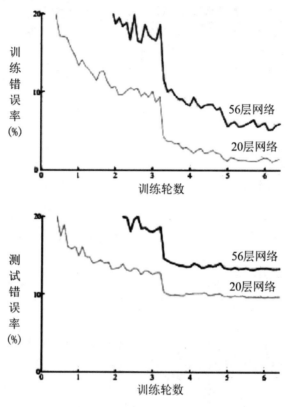

图 7-23　论文中指出网络深度带来错误率的提升

　　在理论上，网络越深，效果应该越好，所以我们需要深度神经网络，然而深度神经网络很难训练。深度残差网络解决的就是深度神经网络的训练问题。

　　深度残差网络解决这一问题的方法是使用残差块（Residual Block），这也是网络名称的由来。

　　残差块是残差网络中最重要的设计，正是这个设计使得残差网络对训练深度神经网络特别有效。

　　在图 7-24 中，列出了一个残差块中的信息传递，可以发现，在残差块中，从 $a^{[l]}$ 到 $a^{[l+2]}$ 的方向多了一条连接，而这一条连接就是残差块中的小技巧。

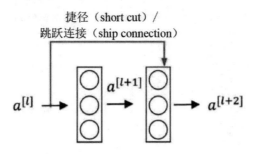

图 7-24 残差块中信息的传递[1]

在普通的前馈神经网络中，信息的传递从 a^l 到 a^{l+1} 再到 a^{l+2} 依次进行。

对于输入 a^l，首先得到线性变换 $z^{l+1} = W^{l+1}a^l + b^{l+1}$，再通过激活函数 g，得到 $a^{l+1} = g(z^{l+1})$。

同样的，从 a^{l+1} 到 a^{l+2}，也是遵循相同的顺序：$z^{l+2} = W^{l+2}a^{l+1} + b^{l+2}, a^{l+2} = g(z^{l+2})$。

这里看到了 $a^l - a^{l+1} - a^{l+2}$ 的顺序连接。这当然是前馈神经网络的基本定义，但是对于一个深度神经网络，这并不是一种有效率的信息传递办法。试想在很深的网络中，a^l 经过几十甚至上百次的传递，能保留下来的信息已经很少了。一个最典型的现象就是梯度消失和梯度爆炸。

因此，残差块设计了从 a^l 到 a^{l+2} 的一条连线，使得 a^l 直接出现在后面的网络层中。这个连接使 a^{l+2} 的计算和 a^l 就直接相关了，现在：

$$a^{l+2} = g(z^{l+2} + a^l)$$

这个连接被称为捷径（Short Cut），因为将网络前期的信息，比如 a^l 直接添加到了网络的后面部分；它也被称为跳跃连接（Skip Connection），因为这一连接直接跳过了中间的网络层。这个设计能够将信息传到网络的更深处，所以使用了残差块就能训练更深的神经网络模型。

残差网络就是将残差块连接在一起，构成一个很深的神经网络。图 7-25 列出了残差网络结构图（图中的第三个网络结构），从图中可以看到，与普通网络相比，残差网络不是单纯地将网络层堆叠起来，而是通过在网络层中添加跳跃连接，形成一个个残差块，并将这些残差块堆叠起来。

---

[1] 吴恩达. Deep Learning Specialization[EB/OL]. (2018). http://deeplearning.ai/.

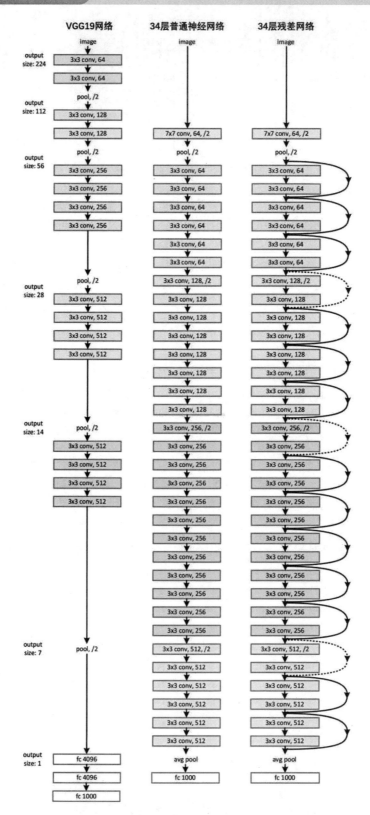

图 7-25　残差网络结构图

加上所有的跳跃连接，残差网络成了名副其实的深度神经网络，层数多达 152 层。因为使用残差块能训练更深的模型，残差网络有效地解决了梯度消失和梯度爆炸问题，真正达到了通过使用更深的神经网络来提升模型的训练效果。

残差网络面临的最大问题就是随着网络深度的增加和残差块的设计，网络不可避免变得臃肿，但不可否认的是，残差网络仍然是今天训练深度神经网络效果最优的网络结构。

Keras 提供了残差网络的模型结构和在 ImageNet 上预训练模型的权值。残差网络家族有一系列不同层数的残差网络模型和变体用于特征提取，比较常用的是残差网络中的 ResNet50。

```
from keras.applications.resnet import ResNet50

model = ResNet50(weights='imagenet', include_top=False)
```

在这一节中，我们回顾了经典的卷积神经网络的发展历程和设计思想，在以后的学习中会经常使用到这些模型。正是这一系列的经典模型，推动了深度学习（尤其是深度学习在计算机视觉应用上）的发展。AlexNet 让大家看到了神经网络，特别是卷积神经网络，在图像识别上的曙光，从此开始了深度学习在计算机视觉研究和应用上的热潮。VGG-16 真正推动了卷积神经网络的应用，并且启动了在网络深度上的发力，从此深度学习真正具有深度的神经网络了。在网络的深度之外，还有 Inception 系列，这样同时从网络的深度和宽度两方面改善了网络的性能。对于残差网络（ResNet），它的方式使训练一个很深的神经网络成为现实。残差网络的网络深度直接达到了 152 层，这种深度学习，真是深得叫你"心服口服"。

第 8 章

◀ 使用Keras构建卷积神经网络 ▶

在上一章中，了解了卷积神经网络（CNN）主要有卷积层、池化层和全连接层这三种网络层构成。

这些网络层都包括在 Keras 提供的 API 中。学习构建卷积神经网络，一定程度上就是学习使用这些网络层，并且将它们以合适的方式连接起来。本章中，8.1~8.3 节中详细介绍这三种网络层的用法。在 8.4 节中给出一个完整的卷积神经网络实例。在 8.6 节中将介绍图像预处理的方法，这是在处理图像问题和训练卷积神经网络时会经常遇到的。

8.1　Keras 中的卷积层

在 Keras 中，根据输入数据的维度，提供了 Conv1D、Conv2D 和 Conv3D 三种卷积层。在使用时，首先可以使用 import 指令导入这些网络层。

```
from keras.layers import Conv1D, Conv2D, Conv3D
```

为什么要提供三种卷积层？这是为了适应任何维度的输入空间 —— Conv1D、Conv2D 和 Conv3D 分别对应一维（序列）、二维（图像）、三维（立体数据）。

Conv1D 适合用来处理序列，比如时间序列和文本数据，尤其是在文本数据的问题中更常见，Conv1D 在作为第一层时，需要指定输入形状或尺寸（Shape），输入的数据维度是一个二维数组：

```
input_shape=(seq_length, features per step)
seq_length = 10
model.add(Conv1D(64, 3, activation='relu', input_shape=(seq_length, 128)))
```

如果没有指定 seq_length，那么输入的是一个长度不固定的序列，即序列不对长度做要求。

```
model.add(Conv1D(64, 3, activation='relu', input_shape=(None, 128)))
```

Conv2D 是对输入的二维空间做卷积，例如对图像的空间卷积，输入数据的维度是一个三维数组，如（224, 224, 3），这表示一张长和宽都为 224 的彩色图像（即 RGB 图像）。

```
model.add(Conv2D(64, (3, 3), activation='relu', input_shape=(224, 224, 3)))
```

顾名思义，Conv3D 是对输入的三维空间做卷积，例如对立体空间卷积，这时，要求输入一个四维数组（255, 255, 255, 1），表示 255×255×255 的单通道立体。

1. Keras 中的 data_format

需要注意的是，在以上举例的输入形状或尺寸中，无论是（224, 224, 3）还是（255, 255, 1），在 Keras 中都需要保持后台设置为 data_format="channels_last"。

在使用 Keras 时，data_format 是一个需要特别注意的问题。因为 Keras 本身是搭建在 Theano 和 TensorFlow 的一个高级程序包，而 Theano 和 TensorFlow 在如何表示一组彩色图像的问题上是不一样的。

Theano 模式采用的是一种称为"channels_first"的格式，比如 100 张 RGB 三通道的 16×32（高为 16，宽为 32）彩色图像的数据格式为（100, 3, 16, 32），第 0 个维度是样本维，代表样本的数目；第 1 个维度是通道维，代表颜色通道数；后面两个就是高和宽了，在 Keras 中的设置为 data_format="channels_first"，即通道维靠前。

TensorFlow 的表达形式是（100, 16, 32, 3），把通道维放在了最后，这种数据组织方式称为"channels_last"。

Keras 默认的数据组织形式在 ~/.keras/keras.json 中规定，可查看该文件中的 image_data_format 项，也可在代码中调用 K.image_data_format()函数返回有关规定的信息。data_format 是 Keras 中经常引起错误的"坑"，所以请特别注意在网络的训练和测试中保持维度顺序的一致。在很多时候，为了保证代码的通用性，我们会在代码中首先检查 data_format 的设置。

```
from keras import backend as K
if K.image_data_format() == 'channels_last':
    bn_axis = 3
else:
    bn_axis = 1
```

因为卷积神经网络主要还是用在图像处理上，所以我们使用的最多的卷积层是 Conv2D。在接下来的内容中，以 Conv2D 为例，介绍卷积层中具体用到的参数。

2. 输入

当使用卷积层作为模型的第一层时，需要指定 input_shape 参数，如前所述，Conv2D 要求输入数据的维度是一个三维数组。比如在下面的例子中，该图像的尺寸是（64, 64, 3）。这是因为在计算机中，图像以矩阵的形式表示和存储，彩色图像有 RGB（对应红、绿、蓝）三个通道。在我们的例子中，该图像的分辨率是 64×64，所以有 3 个 64×64 的矩阵，每个矩阵中的小方块都代表了一个像素，其中的数字代表该像素的数值。图像是我们人类看到的，而计算机"看到"的是图像像素的矩阵。这一对应关系如图 8-1 所示。

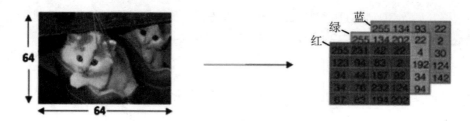

图 8-1　图像的矩阵表示[1]

在设计一个卷积神经网络时，我们需要首先告诉网络，它接下来会"看到"的图像是什么形状。一个设计好的卷积神经网络不能够接收任意尺寸的图像作为输入。

通常有两种方式来指定卷积层的输入。

第一种是定义一个输入层，在输入层中指定输入图像的尺寸，然后在这个输入层上接入卷积层。

```
# 通过 Input()来定义输入层
input_img = Input(shape=(224, 224, 3))
conv_layer = Conv2D(64, (1, 1))(input_img)
```

第二种方式是在卷积层中直接指定 input_shape 参数。

```
model.add(Conv2D(64, (3, 3), input_shape=(255, 255, 3)))
```

3. 卷积核

卷积层中最重要的参数就是卷积核。参数 filters 就是这一层卷积层中的神经元数量，比如设置 filters=32，即表示这一层中包含 32 个神经元。

Conv2D 中的第一个参数就是卷积核，是必须指定的参数。

```
model.add(Conv2D(32, (3, 3)))
```

记住，卷积核是卷积神经网络中提取图像特征的部分。卷积神经网络对特征的提取是渐进的，随着网络越来越深，提取到的特征就越细致。所以我们会习惯在输入层设置较少的卷积核，随着层数的递增，使用的卷积核数量也越来越多，以符合卷积神经网络的特性。

每一个卷积核都会产生一个输出，这个输出就是特征图（Feature Map）。所以，卷积核的数量直接决定了输出空间的维度。比如 filters=32，输出就会有 32 张特征图（Feature Map）。

4. 卷积核的尺寸

卷积核的尺寸 kernel_size，用以指明二维卷积窗口的宽度和高度。

可以使用一个整数，比如 1，这样指明卷积核的宽度和高度都是 1；也可以用两个整数，这种方式使得我们可以在宽度和高度方向使用不同的步长，比如 kernel_size=（1, 2），这只是个例子，实际应用中比较少使用宽高不同的卷积核。

这两种表达方式效果相同，比如 kernel_size=（1, 1）和 kernel_size=1 就是等价的。

---

[1] 吴恩达. Deep Learning Specialization[EB/OL]. (2018). http://deeplearning.ai/.

在一般情况下，卷积核都是一个比较小的正方形，常用的 kernel_size 有（3,3）（5,5）（7,7）。一个原则是，卷积核越小越好，因为不容易错过图像中的特征，但根据图像本身的尺寸，卷积核应该有所增大，在尺寸上和图像有一定的匹配度。我们的建议是，对较小的图像使用 kernel_size=(3, 3)，对较大的图像使用 kernel_size=(5, 5) 或者更大尺寸的卷积核。

kernel_size 是 Conv2D 中的第二个参数，是必须指定的参数。

```
model.add(Conv2D(32, (3, 3)))
```

通过以上方法定义了一个卷积层后，这个卷积层就可以使用了。

5. 步长

这是卷积核在输入图像上滑动的步长（Stride），参数 strides 和 kernel_size 中的表达方式一样，可以设置为一个整数或者两个整数表示的数组，比如 strides=1 和 strides=(1, 1)，所表示的都是卷积核沿宽度和高度方向的步长。

```
model.add(Conv2D(32, (3,3), strides=(2, 2)))
```

在 Keras 中，所有卷积层都默认使用 strides=1，这是适用于大多数图像的参数，对于一些尺寸比较大的图像，有时也会用到 strides=2。

6. 填充

填充（Padding）对应的参数 padding 只接收两个输入，"valid" 或 "same"。在每一次卷积运算后，输出的图像尺寸一般会比输入的图像尺寸小，这个时候我们可以在输入图像的边缘添加 0 值，以保证输出的图像和实际输入的图像具有相同的尺寸。如果设置为"same"，则会有填充的操作，保持输出图像的尺寸和输入图像的尺寸一致；如果设置为"valid"，则输入图像的尺寸和输出图像的尺寸不会保持一致。在 Keras 中，参数 padding 的默认值是"valid"。

```
model.add(Conv2D(32, (3,3), strides=(2, 2), padding="same"))
```

7. 激活函数

需要在卷积层中指定激活函数（Activation），对应的参数设置为 activation，以便在卷积操作之后对输出进行激活。激活函数的默认值是线性激活函数 a(x) = x，也就是将卷积层的结果直接输出。

```
model.add(Conv2D(32, (3,3), strides=(2, 2), padding="same", activation="relu"))
```

至此，已经定义好了一个完整的卷积层。将在接下来的例子中，进一步了解卷积层的使用，并且使用卷积层和其他网络层，共同构建一个完整的卷积神经网络。

8.2　Keras 中的池化层

池化层的使用非常简单。接收上一层输出的特征图作为输入，即对输入取最大值

（MaxPooling）或者平均值（AveragePooling）后输出本层的特征图，MaxPooling 和 AveragePooling 就是池化的两种操作，Keras 也提供了对应的 MaxPooling 和 AveragePooling 这两个函数。

与卷积层类似，池化层同样要求滑动窗口的尺寸和步长，分别由 pool_size 和 strides 参数决定。在一般情况下，pool_size 是一个较小的值，strides 通常设置为 1。

```
from keras.layers.pooling import MaxPooling2D

# 加入一层池化层
model.add(MaxPooling2D(pool_size=(2, 2),strides=1)
```

8.3 Keras 中的全连接层

全连接层（Keras 中的 Dense 层）。全连接层在卷积神经网络的最后使用，当卷积层和池化层完成对特征的提取和处理后,全连接层整合特征来进行最后的预测,更像是分类器的作用。需要注意的是，全连接层接收的输入是一个一维数组，所以从卷积层、池化层到全连接层，我们需要加入一层 Flatten 层来将输入"压平"，把多维的输入一维化。Flatten 的"压平"只作用在图像特征上，不影响批量数据（Batch）的大小。

```
from keras.layers import Dense, Flatten
# 加入 Flatten 层用来将输入"压平"
model.add(Flatten())
# 这里，我们输出类别为 10 的分类预测
model.add(Dense(10, activation='softmax'))
```

8.4 实例 1：使用卷积神经网络处理手写体分类问题

继续使用 MNIST 数据集作为例子。本节将训练一个卷积神经网络（CNN）来对手写体数字进行分类。在第 5 章中已经使用多层前馈神经网络处理过手写体分类问题。本节将在 Keras 中训练一个卷积神经网络的过程，卷积神经网络在对图像的处理上显得更有成效。

在第 5 章中已经了解过 MNIST 数据集和相关的数据处理，这里就不再过多讲解。

首先，让我们导入相关的包、定义参数和导入 MNIST 数据集。

```
import keras
from keras.datasets import mnist
from keras.models import Sequential
from keras.layers import Dense, Dropout, Flatten
from keras.layers import Conv2D, MaxPooling2D
```

```
from keras import backend as K
```

定义参数：

```
batch_size = 128
num_classes = 10
epochs = 12

# 输入图像的尺寸
img_rows, img_cols = 28, 28
```

导入 MNIST 数据集：

```
(x_train, y_train), (x_test, y_test) = mnist.load_data()
```

这里特别强调 data_format 的设置，以下的代码可以帮助我们避免因 data_format 的设置不匹配而造成的问题。data_format 仅是一个小设置，但是如果出现了问题，那么整个训练工作就白费了。这时不需要总是检查 data_format，但是需要考虑到工作环境可能发生变化，使用以下的代码可以保证程序总是能有正确的 data_format。

```
if K.image_data_format() == 'channels_first':
    x_train = x_train.reshape(x_train.shape[0], 1, img_rows, img_cols)
    x_test = x_test.reshape(x_test.shape[0], 1, img_rows, img_cols)
    input_shape = (1, img_rows, img_cols)
else:
    x_train = x_train.reshape(x_train.shape[0], img_rows, img_cols, 1)
    x_test = x_test.reshape(x_test.shape[0], img_rows, img_cols, 1)
    input_shape = (img_rows, img_cols, 1)
```

接下来，我们对 x 和 y 进行必要的数据处理。

```
x_train = x_train.astype('float32')
x_test = x_test.astype('float32')
x_train /= 255
x_test /= 255

# 将标签值转换成 categorical
y_train = keras.utils.to_categorical(y_train, num_classes)
y_test = keras.utils.to_categorical(y_test, num_classes)
```

下面介绍本实例的重点部分，这部分将构建一个卷积神经网络。依旧使用序贯模型的方式，将要用到的网络层一层层堆叠起来，搭建一个卷积神经网络。

```
model = Sequential()

# 这是网络的第一层，我们需要定义 input_shape
model.add(Conv2D(32, kernel_size=(3, 3),
```

```
                  activation='relu',
                  input_shape=input_shape))
model.add(Conv2D(64, (3, 3), activation='relu'))
model.add(MaxPooling2D(pool_size=(2, 2)))
model.add(Dropout(0.25))
model.add(Flatten())
model.add(Dense(128, activation='relu'))
model.add(Dropout(0.5))
model.add(Dense(num_classes, activation='softmax'))
```

此时，卷积神经网络已经构建完成，使用 model.summary 和 plot_model 来查看一下网络的结构。

```
print(model.summary())
```

模型的结构如下：

```
Layer (type)                     Output Shape              Param #
=================================================================
conv2d_1 (Conv2D)                (None, 26, 26, 32)        320

conv2d_2 (Conv2D)                (None, 24, 24, 64)        18496

max_pooling2d_1 (MaxPooling2     (None, 12, 12, 64)        0

dropout_1 (Dropout)              (None, 12, 12, 64)        0

flatten_1 (Flatten)              (None, 9216)              0

dense_1 (Dense)                  (None, 128)               1179776

dropout_2 (Dropout)              (None, 128)               0

dense_2 (Dense)                  (None, 10)                1290
=================================================================
Total params: 1,199,882
Trainable params: 1,199,882
Non-trainable params: 0
_____
None
```

使用 plot_model，将模型结构图可视化。

```
from keras.utils import plot_model
plot_model(model, to_file='model.png')
```

可以得到如图 8-2 所示的网络结构图。

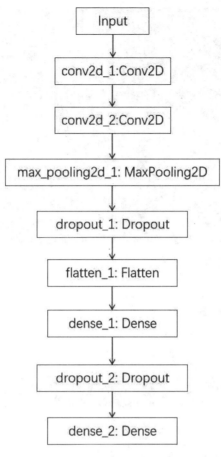

图 8-2　网络结构图

然后，着手训练这个卷积神经网络。

```
model.compile(loss=keras.losses.categorical_crossentropy,
          optimizer=keras.optimizers.Adadelta(),
          metrics=['accuracy'])


model.fit(x_train, y_train,
      batch_size=batch_size,
      epochs=epochs,
      verbose=1,
      validation_data=(x_test, y_test))
```

训练的过程中，可以看到下面的结果：

```
Train on 60000 samples, validate on 10000 samples
Epoch 1/12
60000/60000 [==============================] - 8s 140us/step - loss: 0.2583 - acc:
0.9205 - val_loss: 0.0591 - val_acc: 0.9818
Epoch 2/12
```

```
60000/60000 [==============================] - 4s 70us/step - loss: 0.0901 - acc:
0.9733 - val_loss: 0.0479 - val_acc: 0.9841
Epoch 3/12
60000/60000 [==============================] - 4s 69us/step - loss: 0.0670 - acc:
0.9799 - val_loss: 0.0379 - val_acc: 0.9870
……
Epoch 10/12
60000/60000 [==============================] - 4s 70us/step - loss: 0.0299 - acc:
0.9909 - val_loss: 0.0286 - val_acc: 0.9908
Epoch 11/12
60000/60000 [==============================] - 4s 68us/step - loss: 0.0287 - acc:
0.9913 - val_loss: 0.0265 - val_acc: 0.9913
Epoch 12/12
60000/60000 [==============================] - 4s 70us/step - loss: 0.0273 - acc:
0.9916 - val_loss: 0.0267 - val_acc: 0.9913
```

最后，看看评价模型，看看它的表现。

```
score = model.evaluate(x_test, y_test, verbose=0)
print('Test loss:', score[0])
print('Test accuracy:', score[1])
```

最终结果显示卷积神经网络取得了 99.13% 的准确率。

```
Test loss: 0.026663342250959385
Test accuracy: 0.9913
```

在第 5 章中介绍过训练的多层前馈神经网络的准确率是 98.41%，比卷积神经网络要低。手写体分类问题是一个简单的问题，不过也已经体现出了卷积神经网络在图像识别上的优势。

8.5 实例 2：重复使用已经训练好的卷积神经网络模型

Keras 中的模型可以被重复使用。到现在为止，还没有重复使用过一个已经训练过的模型，这是因为模型比较简单时，训练它所需的时间和数据量并不是那么大，所以对于一个简单模型，其实并不需要重复使用已有的模型，而是完全可以每一次都重新开始训练。但是，与一般的全连接神经网络相比，有一定深度的卷积神经网络（CNN）需要比较多的数据来进行训练，所以，在采用卷积神经网络时，比如在一些图像分类的任务中，先利用已经训练好的模型进行一些简单的修正，再运用到类似的新任务中，这种方式被称为迁移学习，我们将在第 10 章中重点学习这种方式。这也是卷积神经网络常用的技巧，所以，本章在 MNIST 数据集上训练一个模型，并且重复使用这个模型。

本节的例子来自于 Keras 作者的例子 mnist_transfer_cnn.py[1]。在这个例子中，首先在 MNIST 数据集上训练一个简单的卷积神经网络，并用它来识别前 5 个数字（即 0~4）；接着重复使用这一训练好的模型，将模型中的卷积层固化，不进行训练，而只训练最后的几个全连接层，再用它来识别数字 5~9。这时会看到，在这种方式下，只需要简单的几轮训练，模型就能够在新任务上取得好的效果。

首先，导入这一任务中会用到的包。

```
import datetime
import keras
from keras.datasets import mnist
from keras.models import Sequential
from keras.layers import Dense, Dropout, Activation, Flatten
from keras.layers import Conv2D, MaxPooling2D
from keras import backend as K
```

在这个任务中，先设置一个计时器来记录模型训练的时间，有了这个计时器，会很直观地看到，重复使用已有的模型会事半功倍。

```
now = datetime.datetime.now
```

在开始前，先设置一些与网络训练相关的参数。

```
# 用于训练的 batch_size
batch_size = 128

# 分类任务的类别
#首先分类数字 0~4
# 在新任务中，分类数字 5~9
num_classes = 5

# 训练的轮数
epochs = 5
```

以下参数的设置用于卷积神经网络。

```
# 输入图像的维度
img_rows, img_cols = 28, 28

# 卷积层使用的过滤器数量
filters = 32

# 用于池化层
pool_size = 2
```

---

[1] Francois Chollet. Transfer learning toy example[EB/OL]. (2018-02-23). https://github.com/keras-team/keras/blob/master/examples/mnist_transfer_cnn.py.

```
# 卷积层使用的过滤器大小
kernel_size = 3
```

利用 image_data_format 来调整输入图像的尺寸或形状，以避免不必要的错误。

```
if K.image_data_format() == 'channels_first':
    input_shape = (1, img_rows, img_cols)
else:
    input_shape = (img_rows, img_cols, 1)
```

在下面的代码中定义了一个函数 train_model。这个函数是一个完整的工作流程，将定义好的模型、准备好的训练数据集和测试数据以及要预测的类别数目输入给这个函数，这样就可以完成模型的编译、训练和评估。

```
def train_model(model, train, test, num_classes):
    # 对输入图像进行预处理
    x_train = train[0].reshape((train[0].shape[0],) + input_shape)
    x_test = test[0].reshape((test[0].shape[0],) + input_shape)
    x_train = x_train.astype('float32')
    x_test = x_test.astype('float32')
    x_train /= 255
    x_test /= 255
    print('x_train shape:', x_train.shape)
    print(x_train.shape[0], 'train samples')
    print(x_test.shape[0], 'test samples')

    # 将标签转换成类别值
    y_train = keras.utils.to_categorical(train[1], num_classes)
    y_test = keras.utils.to_categorical(test[1], num_classes)

    # 编译模型
    model.compile(loss='categorical_crossentropy',
                optimizer='adadelta',
                metrics=['accuracy'])

    # 从这里开始计时
    t = now()

    # 训练模型
    model.fit(x_train, y_train,
            batch_size=batch_size,
            epochs=epochs,
            verbose=1,
            validation_data=(x_test, y_test))
```

```
# 记录下训练的时间
print('Training time: %s' % (now() - t)
```

```
# 评价模型
score = model.evaluate(x_test, y_test, verbose=0)
print('Test score:', score[0])
print('Test accuracy:', score[1])
```

在训练开始之前，还需要准备数据。首先将 MINST 数据集导入进来。

```
(x_train, y_train), (x_test, y_test) = mnist.load_data()
```

在数据处理时有两个任务：一个是预测小于 5 的数字；另一个是预测大于等于 5 的数字。对应这两个任务，需要分别产生两组数据。

```
x_train_lt5 = x_train[y_train< 5]
y_train_lt5 = y_train[y_train< 5]
x_test_lt5 = x_test[y_test< 5]
y_test_lt5 = y_test[y_test< 5]



x_train_gte5 = x_train[y_train>= 5]
y_train_gte5 = y_train[y_train>= 5] - 5
x_test_gte5 = x_test[y_test>= 5]
y_test_gte5 = y_test[y_test>= 5] - 5
```

现在，可以来定义这个模型了。请记住，例子需要先在第一组数据上训练一遍，再通过一些修改来适应第二组数据。模型也相应地分成了两部分：一部分是两个任务可以共用的网络层；另一部分是需要修改来适应第二组数据的网络层。因此，这定义的两组网络层，一组叫作 feature_layers；另一组叫作 classification_layer。前者是这个卷积神经网络中的所有卷积层，这些网络层的任务是进行特征提取，是在两组数据中共用的网络层；后者则是全连接层，与最后的分类结果直接相关，这部分需要根据不同的数据组再次训练。

```
feature_layers = [
    Conv2D(filters, kernel_size,
            padding='valid',
            input_shape=input_shape),
    Activation('relu'),
    Conv2D(filters, kernel_size),
    Activation('relu'),
    MaxPooling2D(pool_size=pool_size),
    Dropout(0.25),
    Flatten(),
]
```

```
classification_layers = [
    Dense(128),
    Activation('relu'),
    Dropout(0.5),
    Dense(num_classes),
    Activation('softmax')
]
```

将这两部分合起来，这样就构建了一个完整的卷积神经网络。分别定义这两组网络层是为了之后区别重复使用和训练这两部分网络层。

```
model = Sequential(feature_layers + classification_layers)
```

开始调用 train_model，首先用第一组数据来训练模型，教模型识别 0~4 这 5 个数字。

```
# 在 [0..4] 的数据上训练模型
train_model(model,
           (x_train_lt5, y_train_lt5),
           (x_test_lt5, y_test_lt5), num_classes)
```

这是一个简单的任务，我们看到经过 5 轮的训练，模型的准确率很高，这 5 轮训练用时约 15 秒。

训练的过程和结果如下：

```
x_train shape: (30596, 28, 28, 1)
30596 train samples
5139 test samples
Train on 30596 samples, validate on 5139 samples
Epoch 1/5
30596/30596 [==============================] - 7s 226us/step - loss: 0.1686 - acc:
0.9459 - val_loss: 0.0251 - val_acc: 0.9903
Epoch 2/5
30596/30596 [==============================] - 2s 64us/step - loss: 0.0472 - acc:
0.9861 - val_loss: 0.0130 - val_acc: 0.9959
Epoch 3/5
30596/30596 [==============================] - 2s 63us/step - loss: 0.0319 - acc:
0.9904 - val_loss: 0.0159 - val_acc: 0.9934
Epoch 4/5
30596/30596 [==============================] - 2s 63us/step - loss: 0.0254 - acc:
0.9925 - val_loss: 0.0108 - val_acc: 0.9955
Epoch 5/5
30596/30596 [==============================] - 2s 64us/step - loss: 0.0207 - acc:
0.9938 - val_loss: 0.0075 - val_acc: 0.9971
Training time: 0:00:15.079649
Test score: 0.007470318218984628
Test accuracy: 0.997081144191477
```

现在，到了本节的重点。模型 Model 已经用第一组数据训练好了，要想使用这个模型，用第二组数据再稍作训练，可以使这个模型能同时适用于第二组数据。从具体任务上来说，这两组数据是不一样的，因为两组中包含的数字不一样，而从更通用的图像识别问题上来说，这两组数据很类似，因为它们都是手写体数字。那么，考虑到卷积层能够提取到通用的视觉特征，就有理由相信模型中的卷积层在新的任务上也能适用。所以将模型中的卷积层固化起来，这些网络层的参数在训练过程中不会被改变。

```
# 将 feature_layers 中的卷积层固化起来
# 设置 l.trainable = False，这些网络层的参数在训练过程中将不会被改变
for l in feature_layers:
    l.trainable = False
```

下一步将这个模型用在第二组数据上进行训练。

```
# 迁移：使用已有模型，在第二组数据[5~9]上训练
train_model(model,
            (x_train_gte5, y_train_gte5),
            (x_test_gte5, y_test_gte5), num_classes)
```

同样是 5 轮的训练，模型能够在第二组数据上取得相当高的准确率，这是一个能胜任新任务的模型。同时，整个训练过程用时约 7 秒，只是第一次训练时间的一半。显而易见，这是重复使用已有模型的好处。通过使用一些能够共用的网络层，能大大节省模型的训练时间。这在深度学习中的重要性不言而喻，毕竟很多时候，需要花上数周甚至一个月的时间来训练一个模型，那么对一些有用模型的重复使用，就显得尤为重要了。

训练过程和结果如下：

```
x_train shape: (29404, 28, 28, 1)
29404 train samples
4861 test samples
Train on 29404 samples, validate on 4861 samples
Epoch 1/5
29404/29404 [==============================] - 2s 66us/step - loss: 0.2555 - acc:
0.9271 - val_loss: 0.0481 - val_acc: 0.9852
Epoch 2/5
29404/29404 [==============================] - 1s 45us/step - loss: 0.0762 - acc:
0.9768 - val_loss: 0.0327 - val_acc: 0.9883
Epoch 3/5
29404/29404 [==============================] - 1s 48us/step - loss: 0.0572 - acc:
0.9814 - val_loss: 0.0300 - val_acc: 0.9893
Epoch 4/5
29404/29404 [==============================] - 1s 50us/step - loss: 0.0486 - acc:
0.9856 - val_loss: 0.0239 - val_acc: 0.9914
Epoch 5/5
29404/29404 [==============================] - 1s 44us/step - loss: 0.0417 - acc:
0.9874 - val_loss: 0.0239 - val_acc: 0.9920
Training time: 0:00:07.808284
Test score: 0.02387215530740406
Test accuracy: 0.9919769594733594
```

8.6 图像的数据增强

在卷积神经网络处理的图像问题中，有一类很常用的技巧，叫作数据增强（Data Augmentation）。数据增强的主要目的是利用现有的数据，通过一些图像特征上的变换，比如光线变化、左右翻转等，来生成一些有变化的图像，从而达到丰富训练数据的目的。

在 Keras 中，提供了 ImageDataGenerator，这一功能可以通过实时数据增强生成张量图像数据的批次。在使用卷积神经网络进行图像处理时，ImageDataGenerator 是经常会用到的生成训练数据的方式。

本节将关注 ImageDataGenerator 的使用，将通过实际的例子来掌握以下两个知识点。

（1）ImageDataGenerator 类的使用。

（2）在使用 ImageDataGenerator 之后，进行模型的训练。

8.6.1 使用 ImageDataGenerator 进行数据增强

首先，一个完整的 ImageDataGenerator 类包含了以下的这些参数。

```
keras.preprocessing.image.ImageDataGenerator(featurewise_center=False,
                                    samplewise_center=False,
                                    featurewise_std_normalization=False,
                                    samplewise_std_normalization=False,
                                    zca_whitening=False,
                                    zca_epsilon=1e-06,
                                    rotation_range=0,
                                    width_shift_range=0.0,
                                    height_shift_range=0.0,
                                    brightness_range=None,
                                    shear_range=0.0,
                                    zoom_range=0.0,
                                    channel_shift_range=0.0,
                                    fill_mode='nearest',
                                    cval=0.0,
                                    horizontal_flip=False,
                                    vertical_flip=False,
                                    rescale=None,
                                    preprocessing_function=None,
                                    data_format=None,
                                    validation_split=0.0,
                                    dtype=None)
```

这看上去很复杂，不过在实际使用中，通常只会选取所需要的参数对图像进行一些增强处理，例如以下方式。

```
datagen = ImageDataGenerator(
    featurewise_center=True,
    featurewise_std_normalization=True,
    rotation_range=20,
    width_shift_range=0.2,
    height_shift_range=0.2,
    horizontal_flip=True)
```

现在需要了解每一个参数代表了什么意思？在使用了这些参数后图像会发生怎样的变化？只有了解这些变化，这样才能灵活地将 ImageDataGenerator 用于我们的任务中进行数据增强的处理，以便更好地训练图像类任务中的模型。

下面就从常用的一些数据增强开始，看一看具体的参数会带来哪种效果。

在这个例子中，将会用到以下这些包。

```
import keras

import numpy as np
from keras import backend as K
from keras.preprocessing import image
from keras.preprocessing.image import ImageDataGenerator
import cv2

import matplotlib.pyplot as plt
```

下面是一张猫咪的图像，在这张图像上，会应用到各种数据增强的参数，以观察每一种方式对图像的影响，如图 8-3 所示的这张图像是本书中选择的例图，只是帮助读者理解数据增强的效果，而不限定于具体的图像，因此读者可以自行选择其他图像来进行类似的实验。

图 8-3　用于增强的图像

在实验中，会用到以下的这一系列流程。目的是对输入的图像进行数据增强，本例中是如图 8-3 所示的这只猫咪的图像，再将变换后的图像显示出来。

```
# 读入图像
img = image.load_img('cat.jpg')

# 数据增强，在接下来的每一个例子中，我们会填入对应的变换
```

```
datagen = ImageDataGenerator(
    ……
)

# 将图片转为数组
x = image.img_to_array(img)

# 扩充一个维度
x = np.expand_dims(x, axis=0)

# 生成图片
gen = datagen.flow(x, batch_size=1)

# 显示图片
for i in range(1):
    x_batch = next(gen)
    plt.imshow(x_batch[0]/255)
```

1. 对图像的标准化处理

```
datagen = ImageDataGenerator(
    featurewise_center=True,
    samplewise_center=True
)
```

这些参数是对图像进行标准化处理所需使用的参数：featurewise_center、samplewise_center、featurewise_std_normalization 和 samplewise_std_normalization。这些参数都涉及对图像进行标准化处理，只是具体的操作略有不同，比如 featurewise_center 是将输入标准化均值为 0，而 samplewise_std_normalization 是将输入的每个样本除以其自身的标准差。无论具体使用哪一个参数，都是对图像进行标准化处理，而经过处理后的图像，与原图相比，在视觉上稍微"变暗"了一点，如图 8-4 所示。

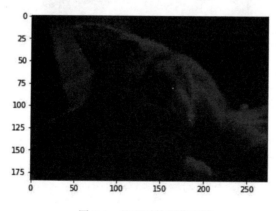

图 8-4　处理后的图像变暗

2. 旋转

```
datagen = image.ImageDataGenerator(rotation_range=50)
```

对图像的旋转用到了参数 rotation range，其参数只需要指定一个整数作为旋转的指定角度。不过旋转并不是固定以这个指定的角度进行的，而是在 [0, 指定角度] 范围内进行随机角度的旋转，如图 8-5 所示。

图 8-5　图像旋转

3. 平移

```
datagen = image.ImageDataGenerator(width_shift_range=0.5,height_shift_range=0.5)
```

width_shift_range 和 height_shift_range 分别是水平位移和上下位移,这两个参数如果是[0, 1]的浮点数，则是除以总宽度的值；如果大于 1，则是像素值。

平移时，因为原图像位置的变化，则会出现空白的地方，这些空白的地方会被填充，默认的设置为 fill_mode='nearest'，也就是使用相邻的像素点进行填充，所以会看到如图 8-6 所示中左边流线状的色带，就是填充后的效果。

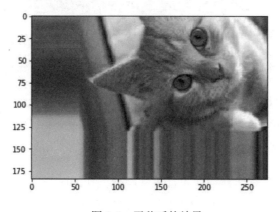

图 8-6　平移后的效果

4. 随机缩放

```
datagen = image.ImageDataGenerator(zoom_range=0.5)
```

使用 zoom_range 参数可以把图像的一部分进行缩放，让图像在长和宽的方向进行放大或缩小，因此这个参数可以是一个数或一个列表（List）。当给出一个数时，图像同时在长和宽两个方向进行同等大小的缩放操作；当给出一个列表时，即分别对长和宽进行不同大小的缩放，如图 8-7 所示。参数大于 0 小于 1 时，执行的是放大操作；当参数大于 1 时，执行的是缩小操作。

图 8-7　图像绽放

5. 随机通道转换

```
datagen = image.ImageDataGenerator(channel_shift_range=100)
```

channel_shift_range 参数可以对图像整体变色，像是在图像上面加了一块有色玻璃，当数值越大时，颜色变深的效果越强，如图 8-8 所示。

图 8-8　图像随机通道转换后的效果

6. 翻转

horizontal_flip 的作用是随机对图像执行水平翻转操作，vertical_flip 的作用是对图像执行上下翻转操作，不过这一操作是随机的，每次都是随机选取图像执行翻转操作，如图 8-9 和图 8-10 所示。

```
datagen = image.ImageDataGenerator(horizontal_flip=True)
```

图 8-9　图像翻转后的效果 1

```
datagen = image.ImageDataGenerator(vertical_flip=True)
```

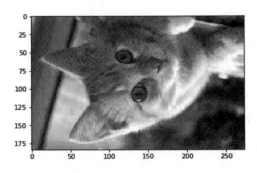

图 8-10　图像翻转后的效果 2

7. 重设比例尺

```
datagen = image.ImageDataGenerator(rescale= 1/255)
```

重设比例尺 rescale 的作用是对图像的每个像素值均乘以这个缩放因子，这个操作在所有其他变换操作之前执行。在我们之前的图像分类任务中，我们会将输入的图像除以 255，把像素值缩放到 0 和 1 之间，重设比例尺就是这样一种操作。

8.6.2　使用增强数据进行模型训练

其实，ImageDataGenerator 的作用相当于一个生成器，根据其参数的定义能够生成实时的数据流。所以，在使用了 ImageDataGenerator 之后，模型的训练过程一般由 fit_generatror 来完成。配合 ImageDataGenerator 生成数据流的方式，比较常用的是 flow 和 flow_from_directory 这两种方式。

1. 使用.flow(x, y) 的例子

flow 的方式是从给定的采集数据 x 和标签数组 y 中，生成批量增强数据。比如在以下的代码中，datagen 是一个运用了数据增强的生成器，例如：

```
datagen.flow(x_train, y_train, batch_size=32)
```

它可以从训练数据集中生成批量的增强数据，这种数据增强是实时的，也就是说，从训练

集中取数和数据增强，这两种操作可以同时进行。

```
(x_train, y_train), (x_test, y_test) = cifar10.load_data()
y_train = np_utils.to_categorical(y_train, num_classes)
y_test = np_utils.to_categorical(y_test, num_classes)

datagen = ImageDataGenerator(
    featurewise_center=True,
    featurewise_std_normalization=True,
    rotation_range=20,
    width_shift_range=0.2,
    height_shift_range=0.2,
    horizontal_flip=True)

# 使用实时数据增强的批数据对模型进行拟合
model.fit_generator(datagen.flow(x_train, y_train, batch_size=32),
                    steps_per_epoch=len(x_train) / 32, epochs=epochs)
```

2. 使用 flow_from_directory(directory)的例子

flow_from_directory 的方式，重点是可以定义目录，即目标目录的路径。使用这种方式，生成器会在指定目录下选取图像。像在下面的代码中，train_datagen 和 test_datagen 分别定义了在训练集和测试集上的数据集。在生成批量（Batch）数据时，这两者分别对应了训练的目录和测试的目录，即'data/train'和'data/validation'，这满足了 fit_generator 同时训练和验证模型的功能。分别从两个目录中取数，这一关键功能由 flow_from_directory 来完成。

```
train_datagen = ImageDataGenerator(
        rescale=1./255,
        shear_range=0.2,
        zoom_range=0.2,
        horizontal_flip=True)

test_datagen = ImageDataGenerator(rescale=1./255)

train_generator = train_datagen.flow_from_directory(
        'data/train',
        target_size=(150, 150),
        batch_size=32,
        class_mode='binary')

validation_generator = test_datagen.flow_from_directory(
        'data/validation',
        target_size=(150, 150),
        batch_size=32,
```

```
        class_mode='binary')

model.fit_generator(
        train_generator,
        steps_per_epoch=2000,
        epochs=50,
        validation_data=validation_generator,
        validation_steps=800)
```

第 9 章
◀ 卷积神经网络可视化 ▶

深度学习是一个黑箱子的说法，人们都已经习以为常。可是，在开发和使用深度学习模型的时候，真的完全把它当成是一个黑箱吗？一点也不去探索其内部的工作机制，不管神经网络中发生了什么，在什么都不知道的情况下使用它，唯结果论吗？

这种简单省事的办法，或许听上去很吸引人，但在实际工作中却行不通。在很多任务中需要对自己的模型做出一定的解释——模型捕捉到了哪一些信息，它是怎样使用这些信息得到结果。试想，在一个简单的神经网络任务中，比如图像分类任务，如果我们既不知道自己的网络是怎样做到了分类的目的，也不知道现在的网络在这一分类任务上表现出的缺点，那么这显然是盲目的，并不能构成深度学习工作的全部。

作为一个合格的算法工程师，或深度学习模型的使用者，需要对自己的模型做到心中有数，需要解释正在使用的模型。

本章从模型的可解释性出发，围绕卷积神经网络（CNN）的可视化展开讲解，如无特殊说明，本章中的网络或者神经网络，都是指卷积神经网络。本章的主要内容源于 "Stanford CS231n Convolutional Neural Networks for Visual Recognition" 课程[1]和 Keras 作者弗朗索瓦•肖莱所著的《Python 深度学习》，我们将通过实际的例子和代码，介绍一些可视化手段，试图理解卷积神经网络的工作机制和调试技巧。

在 9.1 节中，通过一个实例，了解一下神经网络的可视化是什么样的工作。在 9.2 节中，将对网络做可视化，包括可视化网络的中间层和过滤器，这是理解卷积神经网络时常用到的可视化方法。在 9.3 节中，使用 keras-vis 工具对结果进行可视化，这包括两种方法，显著图（Saliency Map）和类激活图（Class Activation Map），这是两种很实用的可视化方法，因为它们可以直接告诉我们网络的关注点在哪里。在 9.4 节中，将介绍可视化的应用，使用自动驾驶的案例来说明使用可视化来解释神经网络的必要性。

9.1 概述

在本章开始之前，有必要说明的是，对神经网络的可视化并不总是一件简单的事情。深度学习神经网络之所以有黑箱的说法，说到底就是因为其中的机理复杂难懂。对神经网络进行可

---

[1] Fei-Fei Li. CS231n Convolutional Neural Networks for Visual Recognition[EB/OL]. (2019-06-04)https://cs231n.github.io/understanding-cnn/.

视化，试图解释网络是怎样工作的，犹如在一团麻线中找出我们需要的那几条。

首先需要理解为什么可以对神经网络进行可视化？当对神经网络进行可视化时，需要做什么以及为什么要进行可视化？

为什么可以对网络做可视化？这是因为卷积神经网络本身很适合可视化。回忆一下在第 7 章中学习的卷积神经网络的知识，卷积神经网络的输入是图像，中间层输出的结果是特征图，也是图像。换言之，卷积神经网络接收、学习和表示的都是视觉概念。对于这样的视觉概念，或者说图像，可视化是行得通的。

那么，当对网络进行可视化时，我们需要做什么？

这里推荐一个网站：http://scs.ryerson.ca/~aharley/vis/conv/flat.html。

该网站提供了数字分类问题中，卷积神经网络的可视化结果。在第 8 章中，使用简单的卷积神经网络在 MNIST 数据集上对数字 0~9 做了一个分类。这个网站就是对这一分类问题中的网络层进行可视化。

如图 9-1 所示，可以看到网络的输入是一张写有数字 3 的图像，在进入神经网络后，这张图像分别进入了数个卷积层和全连接层。对于卷积层，每一层的结果都是图像，这就是所说的特征图，每一张特征图都有一部分的区域被点亮了。简单来说，被点亮的部分就是神经网络"看到"的部分。

图 9-1　对卷积神经网络中间层的可视化

可以说，这是神经网络可视化的精髓所在，通过高亮，让我们了解神经网络"看到"、"识别到"和"学习到了什么"。

这时还会认为神经网络是个密不透风的黑箱吗？

最后，为什么要对神经网络进行可视化？简单来说，在工作和学习中，神经网络的可视化可以在以下这些方面帮到我们：

（1）帮助理解模型是怎样工作的。

（2）通过看到模型的内在机理，快速找到改进模型的方向，这在神经网络的调参过程中可是非常有用的信息。

（3）在将模型推向用户和使用场景时，一个可解释的模型当然比黑箱听上去更有说服力。

因此，模型的可视化不但可以做，而且非常有必要。这也是本书用一章的时间来介绍神经网络可视化的初衷。带着这样的出发点，让我们开始神经网络可视化的学习吧。

9.2 对神经网络进行可视化

9.2.1 可视化神经网络的中间层

一个典型的卷积神经网络是由卷积层、池化层和全连接层构成，而卷积层和池化层输出的是特征图，它本身就是一张图像。可以将特征图可视化，这实际上就是在前面所讲述的可视化。对于中间层，或者说特征图的可视化，可以看到输入在经过每一层网络层时是如何进行变换的。

本节中通过一个具体的例子来可视化网络中的中间层。在第 5 章中构建了一个卷积神经网络来进行 MNIST 手写体的分类。本节会再次使用这个简单的例子。

首先，将需要用到的包导入进来：

```
import numpy as np

import keras
from keras.datasets import mnist
from keras.models import load_model, Model
from keras import backend as K
import matplotlib as plt
```

同时导入 MNIST 数据集：

```
(x_train, y_train), (x_test, y_test) = mnist.load_data()
```

先选取其中的一张图像，通过 matplotlib 将其显示出来，图 9-2 中是选取的图像样例，可以看到这个图像是数字 5。

```
image = x_train[0]
plt.imshow(image)
```

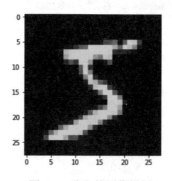

图 9-2　选取的图像样例

在第 5 章中已经训练好了一个卷积神经网络并且保存下来了，现在需要载入这个模型。

```
model = load_model('mnist_cnn.h5')
```

这是一个简单的卷积神经网络，仅包括了两个卷积层和一个池化层。注意，当可视化卷积神经网络的中间层时，只考虑卷积层和池化层，因为只有这两类网络层的输出是特征图。但到了全连接层，输入已经被"压平"成了一个数组，所以不适合进行可视化。

```
model.summary()
```

模型的结构如下：

```
Layer (type)                    Output Shape              Param #
=================================================================
conv2d_1 (Conv2D)               (None, 26, 26, 32)        320

conv2d_2 (Conv2D)               (None, 24, 24, 64)        18496

max_pooling2d_1 (MaxPooling2    (None, 12, 12, 64)        0

dropout_1 (Dropout)             (None, 12, 12, 64)        0

flatten_1 (Flatten)             (None, 9216)              0

dense_1 (Dense)                 (None, 128)               1179776

dropout_2 (Dropout)             (None, 128)               0

dense_2 (Dense)                 (None, 10)                1290
=================================================================
Total params: 1,199,882
Trainable params: 1,199,882
Non-trainable params: 0
```

在 Keras 中提供了查看中间层的方式。Keras 中的每一个模型都有输入和输出，当前的模型是一个完整的图像分类模型，所以其中的输入是图像，输出是分类。如果要查看中间层，可以把中间层作为最后的输出，这样模型给出的结果就是中间层的结果。可以使用 Model 类的方式定义模型。使用 Model，只要给出一个输入张量（inputs）和一个输出张量（outputs），Keras 的 Model 类会建立一个从输入到输出的网络连接，将特定输入映射为特定输出，从而完成一个模型的建立。使用 Model 类的方式定义模型比 Sequential 更灵活，允许模型有多个输入和输出，所以当神经网络有一些变形时，Model 类可以帮助我们建立起需要的模型。

在下面的代码中，首先提取前 3 层的输出，这是因为在使用的模型中，只有前 3 层是卷积层和池化层。记住，在卷积神经网络中，对于中间层的可视化，只需要关注卷积层和池化层即可。接下来，使用 Model 类创建一个模型，命名为 activation_model，这个模型的输入和原模型一致，但是有多个输出，就是所提取的前 3 层。

```
layer_outputs = [layer.output for layer in model.layers[:3]]
activation_model = Model(inputs=model.input, outputs=layer_outputs)
```

在这种输入和输出的对应下，输入一张图像，这个模型将返回原模型前 3 层的结果。输入的是一张手写体数字 5 的图像，先将这张图像转换成模型要求的输入形状或尺寸，然后在进入定义好的 activation_model。

```
image = np.reshape(image, (1,28,28,1))
```

使用上面定义好的 activation_model 对输入图像进行预测。

```
activations = activation_model.predict(image)
```

这个模型会有 3 个输出，对应前 3 层中每一层网络的结果。所以，如果先选取第一个输出，则对应的是第一层卷积层的输出。

```
first_layer_activation = activations[0]
```

这是一个形状为（1，26，26，32）的矩阵，是大小为 26×26 的特征图，有 32 个通道，也就是说，第一层卷积输出了 32 个特征图。将第 1 个通道绘制出来，也就是将这一层卷积结果中的第一张特征图绘制了出来。

```
plt.matshow(first_layer_activation[0, :, :, 1], cmap='viridis')
```

输入的图像是数字 5，从这一张绘制出的特征图（见图 9-3）来看，这一通道似乎提取到了数字 5 的上半部分。

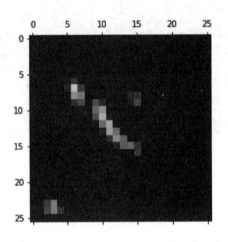

图 9-3　第一层卷积层输出的第 1 个通道

如果读者运行以上的代码来可视化网络层的特征图，要注意得到的可视化结果和这里的结果是不一样的，这是因为神经网络的学习过程是不确定的，不能说同样的模型就学到了同样的特征。

因此，对卷积神经网络的中间层进行可视化，在方法上比较直观，就是将每一层输出的特征图绘制出来。通过对中间层的可视化，可以看到输入图像经过网络的处理，变成了什么样子。实际上，可以从中间层的可视化得到更多有用的信息。下面把每一层所有的特征图都绘制出来。

```
# 我们提取网络的前 3 层
# 将网络层的名字存在一个列表里，在绘图的时候用得上
layer_names = []
```

```
for layer in model.layers[:3]:
    layer_names.append(layer.name)

# 绘图时，将 16 张特征图放在一行
images_per_row = 16

for layer_name, layer_activation in zip(layer_names, activations):
    # 特征图的形状为 (1, size, size, n_features)
    n_features = layer_activation.shape[-1]
    size = layer_activation.shape[1]

    # 定义一个显示网格 display_grid，将一层的所有特征图平铺到这个网格中
    n_cols = n_features // images_per_row
    display_grid = np.zeros((size * n_cols, images_per_row * size))

    for col in range(n_cols):
        for row in range(images_per_row):
            channel_image = layer_activation[0, :, :,
                                             col * images_per_row + row]
            # 对特征进行后处理
            channel_image -= channel_image.mean()
            channel_image /= channel_image.std()
            channel_image *= 64
            channel_image += 128
            channel_image = np.clip(channel_image, 0,255).astype('uint8')
            display_grid[col * size : (col + 1) * size,
                         row * size : (row + 1) * size] = channel_image
        scale = 1. / size

    # 开始绘图
    plt.figure(figsize=(scale * display_grid.shape[1],
                        scale * display_grid.shape[0]))
    plt.title(layer_name)
    plt.grid(False)
    plt.imshow(display_grid, aspect='auto', cmap='viridis')
```

输出每一层的特征图可视化结果如图 9-4、图 9-5 和图 9-6 所示。

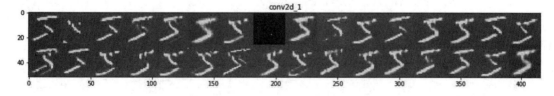

图 9-4　第一层卷积层输出的 32 个特征图

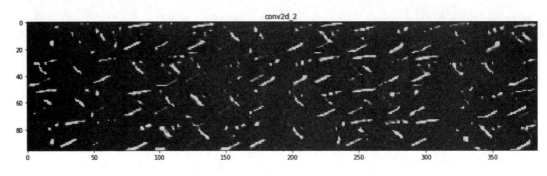

图 9-5　第二层卷积层输出的 64 个特征图

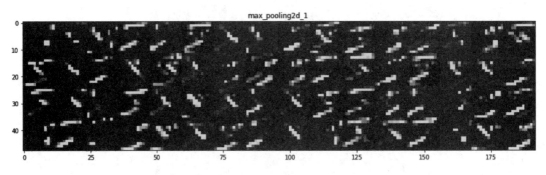

图 9-6　池化层输出的 64 个特征图

　　上面的三张图就是前 3 层网络层输出的所有特征图。通过观察每一层的特征图可视化，可以了解到卷积神经网络学习过程中的一些重要特点：

　　（1）在卷积神经网络中，通过每一层网络"看到"输入图像中的视觉特征来进行学习。这个过程就是我们所说的特征提取。

　　（2）卷积神经网络的学习是由浅入深的。一般来说，第一层是各种边缘探测器的集合，这一阶段的特征图几乎保留了原始图像中的所有信息，在例子中，第一层卷积层的特征图和原图像中的数字 5 还是非常接近的。随着层数的加深，特征图开始表示出更高层次的概念，比如 5 这个数字包括的一些笔画，特征图变得越来越不像原图了；再往后，层数越深，其中原始图像信息越来越少，而与类别有关的信息越来越多。换言之，随着层数的加深，网络开始聚焦了。

　　（3）在图 9-4 中，我们看到有一张特征图是空白的，实际上，在深层的网络层中，越来越多的特征图是空白的，但我们用的模型是一个只有两个卷积层的网络，所以没有这样的现象。反之，如果用的是层数很深的神经网络，这一现象就十分普遍。针对这样一种情况，解释说这一层的一些神经元"死掉了"（Dead Neuron）。这可能是分类任务中的自然表现，因为一些特征在一些输入图像中存在，在一些地方不存在，这正是区分图像的标准；但也可能是因为学习率设置过高，导致一些神经元失效，这也是在神经网络调参时需要注意的地方。

　　（4）原则上来说，比较理想的中间层结果应该具备稀疏（Sparse）和局部化（Localized）的特点，也就是说，随着网络的深入，特征图提取到的特征变得越来越抽象，关于输入的信息越来越少，更多地集中在一些与目标相关的特征上。如果训练出的模型用于预测某张图像时，并发现在卷积层中的特征图基本与原始输入图像长得一样，就表明出现了一些问题，就意味着这个特征图没有学到多少有用的东西。

9.2.2　可视化过滤器

上一节中，针对网络的中间输出（即特征图）做了可视化。特征图能有效地帮助我们理解输入的图像在经过网络层之后，转换成什么样子。除了特征图之外，通常还需要关注卷积层中的过滤器，这有助于理解在卷积运算中，每个过滤器容易接受的视觉模式，也更能代表卷积神经网络中进行特征提取的过滤器学习到的东西。

本节的内容主要参考 Keras 作者的文章 "How convolutional neural networks see the world[1]"（卷积神经网络如何看待世界），我们选用在 ImageNet 数据集上预训练的 VGG16 网络，因为这是一个训练好的网络，可以反映出一个好的卷积神经网络中，过滤器对视觉模式的响应。使用的方法是对输入图像做梯度上升。先输入一张空白图像，并通过梯度来更新该输入图像的值，目的是使指定的过滤器的损失值最大化，这代表了过滤器对输入图像的响应最大化。经过这一梯度上升的过程，将会得到使指定过滤器具有最大响应的图像，可以认为，指定过滤器对这一类型的图像非常敏感，对于给定的输入图像，该过滤器更容易提取到图像中这方面的特征。

现在开始这一过程。首先载入 VGG16 模型，并包括其在 ImageNet 上预训练好的权值。

```
from keras import applications
from keras import backend as K
import numpy as np

# 载入预训练好的 VGG16 模型
model = applications.VGG16(include_top=False,
                           weights='imagenet')
```

然后选择可视化 block3_conv1 层的第 0 个过滤器。

```
layer_name = 'block3_conv1'
filter_index = 0
```

对于指定的过滤器，首先定义其损失张量 loss。

```
layer_output = model.get_layer(layer_name).output
loss = K.mean(layer_output[:, :, :, filter_index])
```

为了实现梯度下降，需要得到损失相对于模型输入的梯度，使用 Keras 的 backend（后端）模块内置的 gradients 函数（梯度函数）即可。调用 gradients 函数返回的是一个列表 grads，其中第一个元素是一个张量。得到列表 grads 后，可以对其进行标准化，这样就确保了输入图像标准化后的大小被控制在相同的范围内。

```
grads = K.gradients(loss, model.input)[0]
# 对梯度做标准化
grads /= (K.sqrt(K.mean(K.square(grads))) + 1e-5)
```

---

[1] 弗朗索瓦·肖莱. Python 深度学习[M]. 张亮，译. 北京：人民邮电出版社，2018.

现在，需要计算损失张量 loss 和梯度张量 grads 的值。这里会用到 Keras 后端的 K.function 方法，K.function 会定义一个 Keras 函数，这个函数要求定义函数的输入和输出，给定输入后，可以完成输入张量到输出张量的计算。这里使用这种方法定义了一个 iterate 函数，这个函数将模型的输入（一张图像）转换成两个 NumPy 值，这两个值就是 loss 和 grads。

```
iterate = K.function([model.input], [loss, grads])
loss_value, grads_value = iterate([np.zeros((1, 150, 150, 3))])
```

在以下的代码中，可以使用循环进行 40 次随机梯度下降。在这个随机梯度下降的过程中，所使用的输入图像 input_img_data 是一张带有噪声的灰度图像。每一次循环，都会计算一次损失值 loss 和梯度值 grads，并沿着梯度的方向调节输入图像，这也是损失值 loss 最大化的方向，代表了指定过滤器的激活最大化的模式。

```
input_img_data = np.random.random((1, 150, 150, 3)) * 20 + 128.
step = 1.
for i in range(40):
    loss_value, grads_value = iterate([input_img_data])
    input_img_data += grads_value * step
```

经过随机梯度下降，得到的图像张量的形状为$(1, 150, 150, 3)$，但它的取值可能不是$[0, 255]$区间内的整数。所以，需要使用以下的函数对它进行后处理，将它转换为可显示的图像。

```
def deprocess_image(x):
    # 对 x 做均值为 0、标准差为 0.1 的标准化
    x -= x.mean()
    x /= (x.std() + 1e-5)
    x *= 0.1

    # 将 x 剪裁到[0,1]区间
    x += 0.5
    x = np.clip(x, 0, 1)

    # 将 x 转换为 RGB 数组
    x *= 255
    x = np.clip(x, 0, 255).astype('uint8')

    return x


def generate_pattern(layer_name, filter_index, size=150):
    layer_output = model.get_layer(layer_name).output
    loss = K.mean(layer_output[:, :, :, filter_index])
    grads = K.gradients(loss, model.input)[0]
    grads /= (K.sqrt(K.mean(K.square(grads))) + 1e-5)
    iterate = K.function([model.input], [loss, grads])
    input_img_data = np.random.random((1, 150, 150, 3)) * 20 + 128.

    step = 1
    for i in range(40):
        loss_value, grads_value = iterate([input_img_data])
```

```
        input_img_data += grads_value * step

    img = input_img_data[0]
    return deprocess_image(img)
```

现在将所有的部分放到一起，定义一个函数 generate_pattern，这个函数接收一个神经网络层的名称和一个过滤器索引，返回一个有效的图像张量，表示能够将特定过滤器的激活最大化的模式。

```
plt.imshow(generate_pattern('block3_conv1', 0))
```

使用 generate_pattern 这个函数生成 block3_conv1 层第 0 个过滤器的可视化，显示结果如图 9-7 所示。从图中可知，block3_conv1 层第 0 个过滤器响应的是波尔卡点（Polka-Dot）图案。也就是说，对于输入的图像，这个过滤器对其中的波尔卡点图案非常的敏感，更容易学习到输入图像中的这一特征。

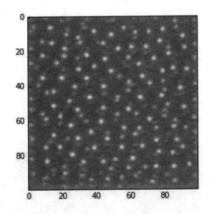

图 9-7　block3_conv1 层第 0 个过滤器的可视化

这是对指定的某一神经网络层中的某个过滤器的可视化，如果使用这个方法，将每一层的所有过滤器都进行可视化，即可得到如图 9-8~图 9-11 所示的结果。

图 9-8　block1_conv1 层的过滤器模式　　　图 9-9　block2_conv1 层的过滤器模式

175

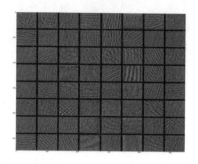 

图 9-10　block3_conv1 层的过滤器模式　　　图 9-11　block4_conv1 层的过滤器模式

从上到下，可以总结出卷积神经网络的层是如何通过过滤器提取视觉信息的。

（1）卷积神经网络中每一层都学习一组过滤器，以便将其输入表示为过滤器的组合。

（2）随着层数的加深，卷积神经网络中的过滤器变得越来越复杂、越来越精细。比如模型第一层（block1_conv1）的过滤器对应简单的方向边缘和颜色（还有一些是彩色边缘），block2_conv1 层的过滤器则对应边缘和颜色组合而成的简单纹理，更高层的过滤器类似于自然图像中的纹理，羽毛、眼睛、树叶等。

通常，我们期望的良好的过滤器被可视化出来会具备平滑的特性。比如所使用的 VGG-16 模型，因为这是一个在 ImageNet 上训练好的模型，所以对其过滤器的可视化已经呈现出这个特点。在图 9-12 中，分别给出了两种过滤器模式的对比图。

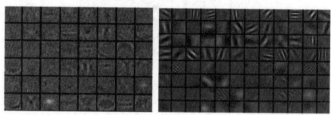

图 9-12　两种过滤器模式的对比图[1]

这两张图都是将一个神经网络的第一个卷积层的过滤器可视化出来，可以看到，左图存在很多的噪点，右图则比较平滑。出现左图这个情况，往往意味着模型训练过程中出现了问题。

9.3　对关注点进行可视化

对于一个卷积神经网络，可视化其中的中间层和过滤器，能够很直观地帮助我们理解网络提取到了哪些视觉特征。而除了对神经网络本身的理解，还需要对神经网络的结果做出一定的解释。比如训练了一个模型来识别图像中的猫，一个理想的模型应该是提取了图像中猫的视觉

---

[1] Fei-Fei Li. CS231n Convolutional Neural Networks for Visual Recognition[EB/OL]. https://cs231n.github.io/understanding-cnn/.

特征，比如猫的眼睛、耳朵等信息，而不是通过背景中其他无关的信息得出的识别结果。这对于人类来说是一个显而易见的结论，但对于网络可不是那么的想当然。

一个有名的案例是，在 1980 年左右，美国五角大楼启动了一个使用神经网络来识别坦克的项目，当时还没有深度学习的概念，所以使用的神经网络和执行的任务都相对简单。在这个项目中，工作人员使用了 100 张隐藏在树丛中的坦克照片，以及 100 张仅有树丛的照片，结果得到了一个非常完美的分类模型——这个模型可以 100%地分类有坦克和没有坦克的照片。可是，这个模型实际上不可用，因为在随后的调查中发现，原来那 100 张有坦克的照片都是在阴天拍摄的，而另 100 张没有坦克的照片是在晴天拍摄的……也就是说，这个项目花费了那么多的经费，最后就得到了一个用来区分阴天和晴天的分类模型。

这显然就是模型的关注点出了问题。如果在训练和使用模型时唯结果论，而不探究模型是使用了什么样的信息做出了决策，那么就会落入这个陷阱，最后的结果就是，虽然训练出了一个指标完美的模型，但实际上并没有什么用处。

这一节中共介绍两种方法：显著图（Saliency Map）和类激活图（Class Activation Map），这两种方法对于了解卷积神经网络的关注点很有帮助。这样一种针对网络关注点的可视化告诉我们，卷积神经网络是使用哪一部分的视觉信息做出选择的。这种可视化，本质上是将图像区域和神经网络结果联系起来。

这两种方法是近些年来对卷积神经网络可解释性研究的成果，都有可参考的论文和坚实的理论基础。因此，对于这两种方法，也有很成熟的代码支持。在本节中，将使用一个基于 Keras 的可视化包，叫作 keras-vis。这是一个 Keras 作者推荐过的可视化包，能够很好地支持 Keras 模型的可视化，包括了在上一节中讨论的对于网络的可视化，以及现在学习的显著图和类激活图。

keras-vis 的文档地址是 https://raghakot.github.io/keras-vis/，这个包在 GitHub 上的网络地址是 https://github.com/raghakot/keras-vis。

安装 keras-vis 有两种方法：

第一种是在它的 GitHub 主页下载，在命令行执行以下命令进行安装。

```
sudo python setup.py install
```

另一种是使用 pip 指令来安装。但是，pip 管理的 keras-vis 并不一定是最新版本，因此更推荐的是第一种，即从 GitHub 源头上的安装方法。

```
sudo python setup.py install
```

在要使用的时候导入即可。

```
import vis
```

9.3.1　显著图

显著图（Saliency Map）解决的问题是，图像中的像素对图像分类结果的影响，论文是"Deep Inside Convolutional Networks: Visualising Image Classification Models and Saliency Maps"（深入

卷积网络：可视化图像分类模型和显著图）。

　　生成显著图的方法并不难，通过计算输出类别对输入图像求导数来得到。导数的意思是，当输入的像素有一些小的改变时，模型输出的类别会发生怎样的变化。所以，如果输入图像中有一部分的区域，对应输出类别在这部分区域的导数是一个很大的正值，那么当这个区域发生轻微改变时，对输出类别的影响就非常大，这个区域就可以认为是输入图像中对模型分类结果有显著影响的区域。要在生成的显著图中找出这部分区域，可通过和原图像的对比或者叠加，就能知道输入图像的哪一些物体或者区域对模型的决策有显著地影响。

　　图 9-13 就是一个图像识别任务中的显著图示例。可以看到，模型的关注区域在小狗身上，当在识别小狗这个任务时，模型关注了输入图像中的正确信息。

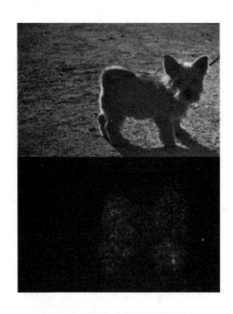

图 9-13　论文中显著图的示例

　　接下来，使用 keras-vis 来生成显著图。可以继续使用上一节中 MNIST 手写体分类的例子和 mnist_cnn 模型。

　　首先导入 mnist 数据集，并选取一张输入图像（见图 9-14），是手写体数字 0。

```
import keras
from keras.datasets import mnist
from keras.models import load_model

(x_train, y_train), (x_test, y_test) = mnist.load_data()

image = x_train[1]
plt.imshow(image)
```

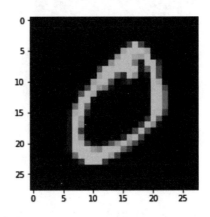

图 9-14　使用的输入图像

接下来，导入 mnist_cnn 模型。

```
model = load_model('mnist_cnn.h5')
```

在使用模型前，需要将输入图像转换成模型要求的形状。

```
image = np.reshape(image, (1,28,28,1))
```

现在，有了模型，有了输入图像，就可以生成显著图了。

（1）定位网络的输出层，即最后一层。

（2）替换输出层。在分类模型中，最后一层使用了 Softmax 激活，Softmax 对模型的输出结果进行了归一化处理，所以使用了 Softmax 的输出值并不是模型最后一层的实际计算值。因为要计算输出对输入的梯度，所以需要得到最后一层的实际计算值。那么正确的方法是将最后一层中的 Softmax 激活替换成 linear 激活。

（3）使用 keras_vis 中的 visualize_saliency 函数生成显著图。在生成显著图时必须知道的几个要素是模型、输出层、输出的类别和输入的图像。对应到 visualize_saliency 中的参数如下：

- model: 模型。
- layer_idx: 输出层在网络中的索引。
- filter_indices: 输出的类别，比如在列举的例子中，使用的是数字 0 的图像，类别就是 0。
- seed_input: 输入的图像。

所以，运行以下代码，就可以得到输入图像在分类模型的显著图。

```
from vis.visualization import visualize_saliency
from vis.utils import utils
from keras import activations

# 通过网络层的名字找到 layer_idx
layer_idx = utils.find_layer_idx(model, 'dense_2')
```

```
# 将最后一层的 softmax 替换为 linear
model.layers[layer_idx].activation = activations.linear
model = utils.apply_modifications(model)

# visualize_saliency 负责生成显著图
grads = visualize_saliency(model, layer_idx, filter_indices=0,
                           seed_input=image)

plt.imshow(grads, cmap='jet')
```

从显著图上来看（见图 9-15），模型对于输入图像，似乎更关注数字 0 的中间区域，这或许是模型区别于数字 0 和其他数字的依据。值得注意的是，每个模型根据训练结果的不同，显著图的表示也会不同。运行以上代码后，读者根据采用自己的模型，会得到对应输入图像的显著图。

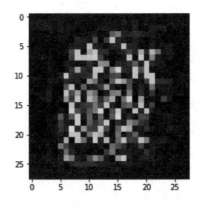

图 9-15　以热力图形式显示的显著图

9.3.2　类激活图

另一种对模型关注点的可视化，叫作类激活图（Class Activation Map，CAM）。

类激活图是和显著图非常类似的一种技术，这种技术对输入图像生成类激活的热力图。对于一张输入图像，这个热力图能够表示每个位置对该类别的重要程度。CAM 源于 MIT 的研究论文 "Learning Deep Features for Discriminative Localization"（物体定位的深层特征学习），后来又有了更通用的版本，叫作 Grad-CAM（即梯度-GAM），对应的论文是 "Grad-CAM: Visual Explanations from Deep Networks via Gradient-based Localization"（梯度-CAM：基于梯度定位的深层网络可视化解释）。现在使用的类激活图基本上是 Grad-CAM，在 Keras-vis 中的类激活图也是 Grad-CAM。

类激活图的方法很好理解。对于一个训练好的卷积神经网络而言，输入信息通过多层卷积和池化运算或操作，因而一个网络的最后一个卷积层包含了最丰富的视觉和语义信息。类激活图就是利用了这最后一个卷积层中的信息。图 9-16 是论文中关于类激活图的原理解释。作者使用 GAP（Global Average Pooling，全局平均池化）替换掉了全连接层，这相当于将最后一个卷积层的每个特征图进行了平均化，再通过"加权和"得到输出。这样一来，每个特征图都和输出直接发生了联系，"加权和"的方式类似于将每个特征图根据对于输出的贡献度进行叠加。在 GAM 之后的改进方法 Grad-CAM 中，每个特征图用于求解输出结果的权值方法有了变化，但基本上还是类激活图这个思路。

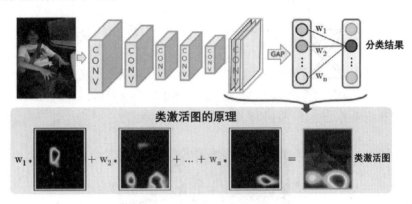

图 9-16　论文中类激活图的原理解释

图 9-17 是 Grad-CAM 类激活图的例子，对于输入到猫狗分类卷积神经网络的一张图像，Grad-CAM 生成了类别"狗"的热力图，表示图像的各个部分对类别输出"狗"的贡献程度。

原图　　　　　　　　　Grad-CAM后的效果

图 9-17　论文中 Grad-CAM 的例子

类激活图最大的好处就是，将输出结果和输入图像中的像素直接联系起来。使用类激活图，可以认为，卷积神经网络就是根据热力图中高亮的部分来判断这张图像的类别。

使用 keras-vis，可以很容易得到 grad-CAM 类激活图。生成类激活图的方式和显著图很类似，只不过对应的函数是 visualize_cam。

接着上一节的例子，继续生成 Grad-CAM 类激活图。

```
from vis.visualization import import visualize_cam

# 根据 layer name 寻找 layer idx
layer_idx = utils.find_layer_idx(model, 'dense_2')
```

```
# 将 softmax 替换成 linear
model.layers[layer_idx].activation = activations.linear
model = utils.apply_modifications(model)

grads = visualize_cam(model, layer_idx, filter_indices=0,
                        seed_input=image)

# 将可视化结果显示出来
plt.imshow(grads, cmap='jet')
```

运行以上的代码后，得到了数字 0 的类激活图（见图 9-18），这是很类似于数字 0 的热力图。通过类激活图，了解了模型确实是关注到了数字 0 的形状而做出的分类结果。这增强了对自己使用的模型和结果的信心，在向他人解释时，更有说服力。

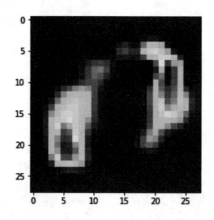

图 9-18　数字 0 的 Grad-CAM 热力图

9.4　自动驾驶的应用

神经网络的可视化具体有哪些应用呢？其实，深度学习模型可视化的应用有很多，并且随着深度学习日益广泛的应用，可视化的需求也越来越高。

从本章一开始，就指出了神经网络可视化的好处：

（1）帮助我们理解模型是怎样工作的。

（2）帮助我们找到改进模型的方向。

（3）可解释的模型有更好的说服力。

在这一节中，将使用无人驾驶的例子，来学习对深度学习模型如何应用可视化。

在无人驾驶模型中，首先会训练一个神经网络模型，这个神经网络会告诉车辆应该如何行驶。这样一种方式，被称为端到端无人驾驶。在这一方法下训练出来的神经网络，在输入端接收前方摄像头的图像，在输出端产生对车辆的控制指令，比如踩油门、踩刹车和方向盘转角等。神经网络的强大功能，能实现从输入到输出的直接映射，省去了很多手工设计规则的烦琐。所以，端到端的无人驾驶模型，毫无疑问充满了吸引力。但是，从另一个角度来说，在路上行驶的汽车，可是一项实实在在涉及生命安全的任务。神经网络固然强大，可是如果车辆所赖以行驶的神经网络是个一无所知的黑箱，而且并不知道网络看到了什么，通过什么信息做出了不同驾驶指令的决策，只是知道神经网络给出了一个结果，这显然是不能让任何人安心的。

因此，就必须依靠可视化来了解神经网络内部的工作机理，需要可视化来告诉我们，训练出来的模型是否能够识别输入图像中对驾驶"有意义"的物体或道路特征、忽略与驾驶无关的结构信息等，并由此做出对应驾驶的决策。只有做到这一点，才算得上是一个合格的无人驾驶模型。

本节的内容基于英伟达（Nvidia）公司的论文"Explaining How a Deep Neural Network Trained with End-to-End Learning Steers a Car"（解释用端到端学习训练的深层神经网络如何驾驶一辆汽车）。我们将看到无人驾驶工作者如何使用可视化帮助他们看到神经网络模式实现无人驾驶。本节不涉及论文中具体的可视化算法和代码，感兴趣的读者可以参考原论文。

在"英伟达公司"的无人驾驶实验中，已经有了一个训练好的神经网络，这个神经网络输入图像，输出车辆方向盘转角。现在，工作人员想要知道这个神经网络对于输入图像的关注点在哪里，这就涉及了网络的可视化，最好的办法是，找到输入图像的显著区域，这和上一节中显著图（Saliency Map）的想法很类似。在"英伟达公司"的可视化方法中，工作人员找到了神经网络中每一层的特征图中具有最大激活值的区域，这些区域反映了输入图像中的显著性。同样的，这些显著区域被高亮显示出来，并和原始输入图像叠在一起，就有了如图 9-19 所示的可视化结果。

图 9-19　输入图像中的"显著"部分

从图 9-19 可视化的结果可以看到，对于不同的输入图像，这个神经网络标示的显著区域包括了车道线、前方车辆和路沿。这些都是开车过程中应该关注的点。这是一个很好的可视化结果，这样训练出来的卷积神经网络关注到了需要关注的物体部分。

但是，接下来的问题是，这些显著区域，即神经网络所关注的物体部分，是否直接影响了神经网络的输出。也就是说，卷积神经网络"看到了"物体，那么神经网络是否是根据这些关注到的物体做出决策的呢？这和上一节中所提出的问题是相同的，在可视化中，显著性并不一定代表相关性，还需要进一步的实验，以建立显著区域和输出转向角之间的直接关系。

"英伟达公司"同样也为建立这一联系做了实验。在图 9-20 中，从上往下，第一张图是原始图像；第二张图是可视化方法下的显著区域，可以看到这是车道线的一部分；第三张图将显著区域单独列了出来；第四张图中，则将显著区域做了轻微的位移，所以这张图像中的车道线不是笔直的，因为其中的显著区域被移动了。

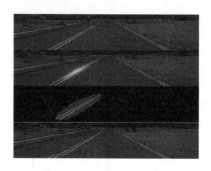

图 9-20　用于证明显著区域直接影响方向盘转角输出的实验

使用这样的方式改动图像，将以下三类图像输入模型，并观察输出的方向盘转角的变化：

（1）移动整个图像。

（2）移动图像中的显著部分。

（3）移动图像的背景部分，即非显著部分。

这一实验展示了图像信息影响方向盘转角的贡献度，最后的实验结果表明，（2）引起的方向盘转角的变化和（1）的影响程度不相上下，而（3）对方向盘转角的影响本身就不算很大。至此，很自信地说神经网络所关注的物体和方向盘转角有直接关系。神经网络学习到了开车过程中应该关注的物体和区域，并使用这些关注点来做出决策。

毫无疑问，这一套可视化工具，相当于无人驾驶神经网络的解释器，所以，在无人驾驶的工作中，也充分利用了这一可视化工具。在测试模型时（见图 9-21），无人车上的交互界面不但显示摄像头所看到的图像、输出的方向盘转角，也同时显示了模型所关注的显著区域，这一可视化工具和无人驾驶的神经网络相辅相成，有效地提升了无人驾驶工作中的安全性和合理性。

图 9-21　无人驾驶使用可视化的工作场景

第 10 章
◀ 迁移学习 ▶

本章将介绍训练深度学习神经网络中的一种常用方式——迁移学习（Transfer Learning）。在 10.1 节中，介绍迁移学习的概念。在 10.2 节中，讨论为什么需要使用迁移学习。在 10.3 节中将了解迁移学习的适用性。在 10.4 节中，将介绍在 Keras 中实现迁移学习。在 10.5 节中，了解迁移学习的应用。

10.1 什么是迁移学习

迁移学习的关键词有两个：迁移+学习。这说明有两件事：第一，这是一种学习方式，放在人工智能的大范畴里，迁移学习是机器学习人类智能的一条技术路径，从这个角度上来讲，迁移学习和机器学习、深度学习，别无二致；第二，迁移就是将已经学习到的知识，应用到新的问题上，在大多数时候，迁移学习是与机器学习、深度学习相结合来应用的。

对于人类自身来说，迁移学习是一种举一反三的能力，比如当我们学会骑自行车后，再学骑摩托车就很简单了，因为其中的一部分能力是相通的，这种能力是可以迁移的。

在深度学习中，迁移学习就是把已经训练好的模型参数迁移到新的模型中。可以认为有两个结构相同或相近的模型，一个在经过大量数据的训练后，已经有一组能够完成任务目标的参数，而另一个模型未经训练，但是这个模型要学习的任务，和前一个模型很类似。那么，与其从零开始，初始化模型参数，从头开始训练模型，不如采用更好的方法，就是用已经训练好的模型参数，在新的任务上继续训练，这个过程就叫作迁移学习。

虽然听起来很简单，似乎迁移学习只是把一套模型的参数用到另一套模型上，但实际上，迁移学习是一个很大的领域，有很多方法，也有很多研究致力于此。总的来说，迁移学习是一种将已经学会的知识，迁移套用在新的领域，从而帮助新模型学习的一种思想。迁移学习的思想有很多种方法，公认的比较权威的综述文章是香港科技大学杨强教授团队的 "A survey on transfer learning[1]"（迁移学习研究综述），有兴趣的读者可以读一读。

---

[1] Sinno Jialin Pan, Qiang Yang. A Survey on Transfer Learning[J/OL]. IEEE Transactions on Knowledge and Data Engineering, 2009. https://www.cse.ust.hk/~qyang/Docs/2009/tkde_transfer_learning.pdf.

10.2 为什么要使用迁移学习

从头学习不是一件容易的事，在深度学习中从头开始训练一个模型，尤其是网络层数很深的模型，是一件有难度的事。在现实中，深度学习必须要面对的两个挑战是——数据量有限和计算资源有限。

哪怕是现在，处在大数据时代，数据，尤其是标注好的数据，依然不是那么容易得到的。即使在有大量数据的前提下，也是需要有大量的计算资源才能处理数据和训练模型。要知道，深度学习这个大黑箱，需要大量的数据才能"喂饱"它，比如在经典的图像分类数据集 ImageNet 中，就有 120 万张标注好的图像，所以才能将 152 层的 ResNet 模型训练到大约 96.5%的正确率。而训练 ResNet 模型相当耗费计算资源，需要使用大量的 CPU 或 GPU 以及训练时间。

所以，上述原因也是迁移学习的初衷。在深度学习中，我们使用已经训练好的模型，在新问题上进行迁移学习，就是为了节省人工标注数据产生训练样本的成本，以及从头开始训练模型的计算时间。

虽然近年来，迁移学习的提及几乎总是和深度学习捆绑在一起，这其实是一个误区，迁移学习不是只能用在神经网络的训练上。要说起来，迁移学习还是机器学习的分支，作为一种学习思想，迁移学习可以和任何一种算法相结合。只是近几年，深度学习的发展太快了，而迁移学习恰好解决了大多数人在做深度学习方面的工作和研究时缺乏数据和计算资源的痛点，因而迁移学习和神经网络的联系才如此紧密。

另一方面，从深度学习的角度看，深度神经网络模型具有强大的可迁移能力，这就更加强了迁移学习在深度学习领域的适用性。深度神经网络虽然是一个黑箱，但其中最显著的特点是通过网络层的堆叠获得数据的分层特征表示（或表达）。分层是深度神经网络的重要特性，体现在网络结构上，也体现在网络功能上。一个深度学习网络，比如图 10-1 中提供的 Inception V3 模型，随着网络层级的深入，模型提取的特征从低级到高级，在一系列特征提取层之后，模型最后的部分将按照问题类型用于特定的用途，比如语义分类或者线性回归。在这样一个深度神经网络中，模型的特征提取部分，尤其是浅层网络中的低级语义特征，在不同的任务中都很类似，甚至不变，真正区别模型的是高层特征。所以，对于不同的任务，如果这些任务有相近或者类似的地方，就可以互相通用模型底层的低级语义特征，而后只需要修改模型的后几层即可。

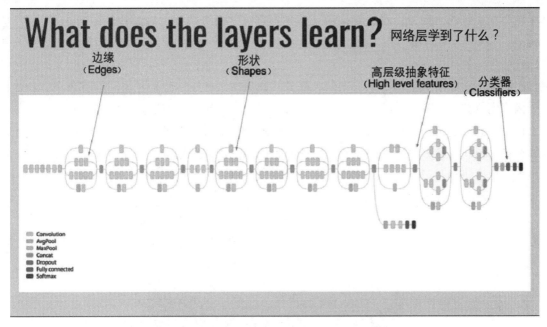

图 10-1　Inception V3 Google Research[1]

由此可见，在深度学习中迁移学习很简单，只需使用新的数据集去更新训练好的模型即可。假如有一个训练好的深度学习网络，像一些经典的网络如 AlexNet、Inception 或 ResNet，这些通常会保留底层网络的参数，即特征提取层，用新数据来更新最后几层网络的权值，以此来实现简单的"迁移"。当然，根据不同的实际情况，可以选择不同的迁移学习方法。在 10.4 节中，将给出在 Keras 中进行迁移学习的具体例子。

10.3　迁移学习的适用性

其实，迁移学习是个特别好理解的方法。对于我们来说，迁移学习几乎是一种与生俱来的能力。比如，下中国象棋，就可以类比着同样的思路学习下国际象棋；如果会骑自行车，那么学习骑摩托车也不会太难；如果会打羽毛球，那么可以借鉴其中的方法学习打网球。经常说的"举一反三"，就是这个意思。英文中经常讲到的"transferrable skills"（可迁移的技能），也是指这种可以迁移的通用技能。

不过，从上面的类比也可以看出，新旧任务的相似性，对于迁移学习格外重要。比如以上的例子，中国象棋和国际象棋、自行车和摩托车，在技能领域都是相通的，这样掌握的技能才能在新的任务上被借鉴和使用，也才谈得上迁移。在深度学习中，迁移学习的应用是让模型可以通过已有的标注数据（Source Domain Data，源域数据）向未标注数据（Target Domain Data，

[1]　Nicolas Ivanov. transfer learning using keras[EB/OL]. (2016-12-20). https://medium.com/@14prakash/transfer-learning-using-keras-d804b2e04ef8.

目标域数据）迁移。所以，在决定使用迁移学习之前，很有必要比较源数据（Source）和目标（Target）数据之间的相关性，思考已有领域的特征是否可以在新任务上发挥作用，这样才能发挥迁移学习的作用。

比如说，现在手头上有一个自动驾驶任务，如果从头开始构建数据集和训练一个性能优良的图像识别算法，说不定得耗上好几年的时间，这就没有必要了。完全可以从在 ImageNet 数据集上训练得到的经典模型开始，即预训练模型（Pre-Trained Model），比如 ResNet、Inception 等经典模型。从这些训练好的模型起步，构建自己的图像识别算法，这比从头开始要快得多，甚至效果也会更好。

为什么迁移预训练模型能有更好的效果呢？

本质上就是本节开篇提到的相关性问题。迁移 ImageNet 上预训练的模型到无人驾驶应用上会有更好的效果，因为 ImageNet 是一个种类庞大的数据集，且在 ImageNet 上训练的模型，已经见过了道路、车辆等与自动驾驶任务相关的场景，如图 10-2 所示。

图 10-2　ImageNet 上和道路相关的图像

以在 ImageNet 上训练过的模型作为预训练模型，这是因为 ImageNet 的数据量大、数据种类丰富，从而保证了训练出来的神经网络有较高的泛化性。我们用来进行迁移的模型，必须在一个大数据集上训练优化过，这样的迁移学习才有意义。如果使用小型的数据集来产生预训练模型，迁移学习就不一定有这样的效果。

那么，迁移学习就一定比从零开始学习更好吗？答案是不一定。

虽然一再强调，当新旧任务相关时，才比较适合在新任务上进行迁移学习，但是不同任务的相关性，很多时候都靠用户的主观来决定，因为有时迁移学习反而会使模型的效果下降，也就不是件奇怪的事情了。

尤其是，当新任务有大量的数据可以用来训练时，重新训练的效果通常要比迁移学习更好，比如 DeepMind 新出的 AlphaGo Zero，就是从零开始学习，它的效果就比前一个基于人类图谱的 AlphaGo 要强得多。

迁移学习是深度学习领域的一大利器，但迁移学习也不是万能的，迁移一个深度学习网络并不是简单地把老模型的参数用在新的任务上，使用迁移学习也不一定保证就有更好的效果。要知道，深度学习本身是一个黑箱，总是假设迁移学习能够"迁移"不同任务中的通用特征。

可是，哪些特征是通用的，这些特征有没有被学会、被迁移，其实在模型的训练和迁移过程中是不清楚的。

还是回到无人驾驶的例子，在无人驾驶中识别车道线和车辆是很常见的任务。那么，很直观的想法就是，这两个可以相关联的任务，无论是识别车道线还是车辆，都是用同一张图像作为输入，并且是对基础特征的提取，比如道路边缘、形状都是一样的（见图 10-3）。这看上去是两个很适合进行迁移学习的项目，可在实践中，这两者结合的神经网络不一定会更好。虽然这两个任务的关联性很强，但在训练一个神经网络同时学习这两个任务，或者先训练神经网络适用其中一个任务，再迁移到下一个任务，可能很容易出现准确率下降或者泛化能力下降的问题。这在很大程度上是因为我们无从得知模型学习到的特征，也没办法控制模型迁移的过程。

图 10-3　无人驾驶中的车道线识别和车辆识别的任务

虽然迁移学习有一些限制，在实际效果上也有一些不确定性，然而对迁移学习的研究和应用倒是越来越多。深度学习中数据匮乏问题只要存在一天，迁移学习就仍然是开始一项新任务时优先考虑的学习方式。在下一节中，将使用 Keras 从具体的例子中实践一下迁移学习。

10.4　在 Keras 中进行迁移学习

Keras 提供了一系列带有预训练权值的模型，比较熟悉的经典视觉模型，比如 Inception、ResNet、VGG 等模型，都可以在 Keras 的应用模块 Application 中找到。

在 Keras 中，包括了以下这些在 ImageNet 上预训练过的用于图像分类的模型：

- Xception
- VGG16
- VGG19
- ResNet50
- InceptionV3
- InceptionResNetV2
- MobileNet
- DenseNet
- NASNet
- MobileNetV2

当要初始化一个预训练模型时，会自动把权值下载到 ~/.keras/models/ 目录下。这些都是经典的神经网络模型，可以使用这些模型来进行预测、特征提取和调优（Finetune）。

10.4.1　在 MNIST 上迁移学习的例子

继续使用 MNIST 手写体分类问题这个案例，并使用 Keras 中的 VGG16 模型，在 MNIST 数据集上进行迁移学习，完成手写体分类的问题。

和之前构建的例子一样，先做好一系列的准备工作，包括导入要用到的包，再导入数据并进行必要的数据处理。

```python
import keras
from keras.datasets import mnist
from keras.models import Sequential, Model
from keras.layers import Dense, Dropout, Activation, Flatten
from keras.layers import Conv2D, MaxPooling2D, GlobalAveragePooling2D
from keras import applications
import numpy as np
import cv2

batch_size = 32
num_classes = 10
epochs = 5
# 输入图像的尺寸
img_width, img_height = 224, 224
```

这里尤其需要注意的是，MNIST 数据集是尺寸（28，28）的灰度图像，在使用预训练模型时，需要保持训练数据在输入尺寸上的一致。

比如在现在的例子中，VGG16 模型是使用（224，224，3）尺寸的输入图像训练出来的，这时就需要将 MNIST 数据集中的图像尺寸转换过来。

```python
# the data, shuffled and split between train and test sets
(x_train, y_train), (x_test, y_test) = mnist.load_data()

#转成 VGG16 需要的格式
x_train = [cv2.cvtColor(cv2.resize(i,(img_width, img_height)),
    cv2.COLOR_GRAY2BGR) for i in x_train]
x_train = np.concatenate([arr[np.newaxis] for arr in
    x_train]).astype('float32')

x_test = [cv2.cvtColor(cv2.resize(i,(img_width, img_height)),
    cv2.COLOR_GRAY2BGR) for i in x_test ]
x_test = np.concatenate([arr[np.newaxis] for arr in
    x_test] ).astype('float32')
```

```
print(x_train.shape)
print(x_test.shape)
```

现在，就将图像转换成（224，224，3）的尺寸了，符合 VGG16 输入要求的尺寸。转换结果如下：

```
(60000, 224, 224, 3)
(10000, 224, 224, 3)
```

还需要对输入数据进行相应的预处理。

```
# 对输入图像归一化
x_train /= 255
x_test /= 255

# 将输入的标签转换成类别值
y_train = keras.utils.to_categorical(y_train, num_classes)
y_test = keras.utils.to_categorical(y_test, num_classes)
```

要使用 Keras 中的 VGG16 模型，可以使用 applications.VGG16 载入预训练模型。

```
# weights = "imagenet"：使用 imagenet 上预训练模型的权值
# 如果 weight = None，则代表随机初始化
# include_top=False：不包括顶层的全连接层
# input_shape：输入图像的维度
model = applications.VGG16(weights = "imagenet", include_top=False,
    input_shape = (img_width, img_height, 3))
```

将模型的结构打印出来，可以看到模型包括了 VGG16 的所有卷积模块，而并没有全连接层。这是因为设置了 include_top=False。在迁移学习中，能被共用的一般只有卷积模块，所以载入预训练模型时，一般都只加载卷积层，使用 include_top=False 则会将全连接层剔除出去。

```
print(model.summary())
```

网络结构如下：

```
Layer (type)                  Output Shape              Param #
=================================================================
input 1 (InputLayer)          (None, 150, 150, 3)       0

block1 conv1 (Conv2D)         (None, 150, 150, 64)      1792

block1 conv2 (Conv2D)         (None, 150, 150, 64)      36928

block1 pool (MaxPooling2D)    (None, 75, 75, 64)        0

block2 conv1 (Conv2D)         (None, 75, 75, 128)       73856

block2 conv2 (Conv2D)         (None, 75, 75, 128)       147584

block2 pool (MaxPooling2D)    (None, 37, 37, 128)       0

block3 conv1 (Conv2D)         (None, 37, 37, 256)       295168
```

```
block3 conv2 (Conv2D)          (None, 37, 37, 256)        590080

block3 conv3 (Conv2D)          (None, 37, 37, 256)        590080

block3 pool (MaxPooling2D)     (None, 18, 18, 256)        0

block4 conv1 (Conv2D)          (None, 18, 18, 512)        1180160

block4 conv2 (Conv2D)          (None, 18, 18, 512)        2359808

block4 conv3 (Conv2D)          (None, 18, 18, 512)        2359808

block4 pool (MaxPooling2D)     (None, 9, 9, 512)          0

block5 conv1 (Conv2D)          (None, 9, 9, 512)          2359808

block5 conv2 (Conv2D)          (None, 9, 9, 512)          2359808

block5 conv3 (Conv2D)          (None, 9, 9, 512)          2359808

block5 pool (MaxPooling2D)     (None, 4, 4, 512)          0
=================================================================
Total params: 14,714,688
Trainable params: 14,714,688
Non-trainable params: 0

None
```

下面来使用 VGG16 模型。

因为 VGG16 是一个训练好的卷积神经网络，所以可以直接使用它的卷积部分，尝试重新训练输出层，即最后的全连接层。

以下代码的作用是：通过将所有的 layer 设置为 layer.trainable = False，载入的 VGG16 模型中的卷积块参数都被固化住，即使再开始对模型进行训练，这些固化的参数都不会再改变。需要做的就是为模型加上最后那一个输出层，然后通过 Model 函数建立从输入到输出的模型结构。

```python
# layer.trainable = False 可以将不想训练的网络层固化下来
# 这里将已经载入的 VGG16 的卷积块都固化下来，只训练用于分类的全连接层
for layer in model.layers:
    layer.trainable = False

# x 是最后一层卷积的输出，使用 Flatten 将 x 压平
x = model.output
x = Flatten()(x)
# 加上最后的输出层
predictions = Dense(num_classes, activation="softmax")(x)

# 创建最终的模型
model_final = Model(input = model.input, output = predictions)
```

下面对这个模型进行编译、训练和评估。

```python
model_final.compile(loss=keras.losses.categorical_crossentropy,
                    optimizer=keras.optimizers.Adadelta(),
                    metrics=['accuracy'])
```

```
model_final.fit(x_train, y_train,
                batch_size=batch_size,
                epochs=epochs,
                verbose=1,
                validation_data=(x_test, y_test))

score = model_final.evaluate(x_test, y_test, verbose=0)
                     print('Test score:', score[0])
                     print('Test accuracy:', score[1])
```

以下是经过 5 轮训练后的结果：

```
Test score: 0.041699773134939735
Test accuracy: 0.9881
```

　　其实可以看到，通过 layer.trainable = False 的设置，可以控制对哪些网络层进行固化，对哪些网络层进行训练。所以，只要模型的结构是清晰的，就完全可以根据任务的不同训练需要继续训练指定的网络层。在以上的例子中，固化了预训练模型中所有的网络层，其实可以选择训练其中的一部分网络层，将需要固化的网络层挑出来，设置为 False 即可。

```
# 固化前 20 层
for layer in model.layers[:20]:
layer.trainable = False
```

10.4.2　迁移学习的适用情况

　　一个任务，根据其训练数据量的大小以及新数据与之前数据的相似度，可以决定如何使用迁移学习。

　　图 10-4 总结了迁移学习的适用情况。虽然这些适用情况并不是一种严格的定义，但是我们可以从这些适用情况中开始尝试，并且在实验中不断调优需要的模型。

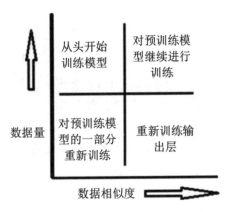

图 10-4　迁移学习适用情况的总结

1. 数据量小，数据相似度高

● 微调预训练模型的输出层

在数量小且数据相似度高的这种情况下，更需要使用迁移学习。因为数据量小，使用这部

193

分数据来训练模型，一不小心就过拟合了。这时使用预训练模型，因为数据相似度高，所以不需要重新训练一个新的模型，只需要将输出层改成符合问题场景下的结构即可。

此外，如果使用预处理模型作为特征提取器，因为数据相似度高，所以保留了特征提取器，进而训练最后几层的分类器以适应特定的任务。这是迁移学习非常常见的应用，既发挥了迁移学习在相似问题上的作用，又解决了我们模型训练中数据量不足的问题。

```
for layer in model.layers:
    layer.trainable = False
```

2. 数据量大，数据相似度高

● 微调预训练模型

这是最理想的情况，也是使用迁移学习效果最好用的情况。因为数据的相似度高，预训练模型对新任务非常有参考价值，而新任务又有大量的训练数据，所以完全可以使用预训练模型，保持原有结构和初始权值不变，并使用新的数据集重新训练。

3. 数据量小，数据相似度低

● 微调预训练模型的最后几层

在数据相似度低的情况下，迁移学习会有一定的限制，重新训练模型是必要的。然而新任务上的数据量不大，模型的训练会有过拟合的风险。

要解决这个问题，可以试图只训练一部分的模型。这时可以冻结预训练模型的前 k 层，然后重新训练后面的网络层，当然最后的分类器也需要根据实际的任务来修改，以保证输出格式的匹配。

```
for layer in model.layers[:5]:
    layer.trainable = False.
```

4. 数据量大，数据相似度低

● 从头开始训练

在这种情况下，因为新任务和预训练模型中的任务相关度低，所以迁移学习不一定是一种好的方式。不过，好在对于新任务，有一个很大的数据集，所以完全可以重新训练一个模型来解决新任务的问题。

另外，预训练模型对于深度学习模型仍然有帮助。可以根据需要，使用预训练模型中的权重作为新模型的初始权重，这样开始训练一个模型，比使用随机方法初始化参数好得多。

10.4.3 实例

以上总结了迁移学习的几种适用情况，下面将通过一个实际的例子来实践一下迁移学习。

本节的例子来自于 Keras 作者弗朗索瓦·肖莱的博客 "Building powerful image classification models using very little data"[1]（利用极少的数据建立强大的图像分类模型）。

这一例子的目的是使用少量的数据训练有效的图像分类模型，这是一个典型的迁移学习问题。在这个例子中，主要的功能如下：

- 特征提取
- 微调

在这个例子中要调用的函数：

- fit_generator
- ImageDataGenerator

1. 数据准备

在本例子中，数据集来源于 Kaggle 上的猫、狗分类数据集，Kaggle 是一个数据建模和数据分析竞赛平台。企业和研究者可在平台上发布数据，统计学者和数据挖掘专家可在平台上进行竞赛以产生最好的模型。所以，Kaggle 是一个很好的数据和算法平台，我们可以在这上面找到许多公开的数据集，并将它们用于训练模型。Kaggle 也有着良好的讨论氛围，是很适合交流和学习算法的社区。

回到这个猫、狗分类的数据集，在数据集中包括了猫狗的图像和对应的标签，这是一个很适合用作图像分类任务的数据集，这一数据集包括了 12500 张猫图像的样本和 12500 张狗图像的样本。不过，这一次的任务是使用少量的数据构建有效的模型，所以对于每个类别，只选择了 1000 个样本。另外，在每个类别中，只收集 400 张样本作为验证数据集。

图 10-5 是数据集的一些图像示例，可以看到这个数据集是由真实场景中的猫、狗图像构成的。在获取了数据之后，将图像依据训练集和验证集，对猫、狗的类别进行分组。

- 将对应 0~999 标签的猫的图像放入 data/train/cats。
- 将对应 1000~1400 标签的猫的图像放入 data/validation/cats。
- 将对应 12500~13499 标签的狗的图像放入 data/train/dogs。
- 将对应 13500~13900 标签的狗的图像放入 data/validation/dogs。

图 10-5　猫狗数据集的图像示例

---

[1] Francois Chollet. Building powerful image classification models using very little data[EB/OL]. (2016-06-05). https://blog.keras.io/building-powerful-image-classification-models-using-very-little-data.html.

分组之后，应该有以下的文件夹结构。

```
data/
    train/
        dogs/
            dog001.jpg
            dog002.jpg
            ...
        cats/
            cat001.jpg
            cat002.jpg
            ...
    validation/
        dogs/
            dog001.jpg
            dog002.jpg
            ...
        cats/
            cat001.jpg
            cat002.jpg
            ...
```

如果读者要继续使用本例后面的代码，请一定遵循该文件夹结构。如果读者使用了自定义的结构，请记得对代码进行相应的修改。

因为数据量很小，数据增强就显得很有必要。可以使用 ImageDataGenerator 进行实时的数据增强。在第 8.6 节中详细介绍过 ImageDataGenerator 的用法，下面回顾一下之前的内容，ImageDataGenerator 主要提供了以下两种方法：

● 在模型训练的时候对进入模型的数据进行实时的数据增强，这一增强包括对图像的归一化和随机转换等，可以通过构建 ImageDataGenerator 时的参数控制数据增强的具体效果。

● ImageDataGenerator 本身作为生成器，配合 Keras 中的 fit_generator、evaluate_generator 和 predict_generator 完成模型的训练、评估和预测流程。

在以下的代码中，可以通过 ImageDataGenerator 构建一个实时数据增强的生成器 datagen。将图像输入给 datagen，它会实时生成经过数据增强的图像并输出。我们使用一张示例图像（读者可以使用自己的示例图像，见图 10-6），将输出的图像保存在'preview/'目录下，下面来看看数据增强对图像的转换效果。

```
from keras.preprocessing.image import \
    ImageDataGenerator, array_to_img, img_to_array, load_img
```

```python
# 使用 ImageDataGenerator 定义实时的数据增强
datagen = ImageDataGenerator(
        rotation_range=40,
        width_shift_range=0.2,
        height_shift_range=0.2,
        shear_range=0.2,
        zoom_range=0.2,
        horizontal_flip=True,
        fill_mode='nearest')

# 在 Keras 中读入一张样例图像
img = load_img('data/train/cats/cat.0.jpg')

# 一个形状如 (3, 150, 150) 的数组
x = img_to_array(img)

# 将形状转换为 (1, 3, 150, 150)，适应网络的输入要求
x = x.reshape((1,) + x.shape)

# 使用 .flow() 生成数据 batch，这里的数据已经进行了实时的数据增强处理
# 将结果保存至 'preview/' directory
i = 0
for batch in datagen.flow(x, batch_size=1,
                          save_to_dir='preview',
                          save_prefix='cat',
                          save_format='jpeg'):
    i += 1
    if i > 20:
        break  # 退出循环，否则生成器会无限循环
```

图 10-6　数据增强的效果示例

197

2. 从头开始训练一个模型

现在进行本例的第一个尝试，从头开始训练一个模型，也就是说，自行构建一个深度学习网络，并且使用选取的每个类别共 1000 个样本的数据集来训练这个模型。

如前文所述，本例数据量很小，这能够训练一个神经网络吗？能够完成一个图像识别任务吗？回答是"能"。

卷积神经网络是图像类问题的绝佳解决方案，事实上卷积神经网络被设计出来就是为了解决图像类问题。所以，利用卷积神经网络，可以构建一个图像识别网络，即使数据量很小，卷积神经网络还是远胜于传统机器学习算法，这就是卷积神经网络神奇的地方。

但是，数据量小的最主要制约，就是会造成神经网络的过拟合问题。试想，模型只见过区区几张图像，当进入一个更广阔的场景时，必然会遇到太多从来没有见过的视觉特征，又怎么能做出正确的分类选择呢？

为了避免神经网络的过拟合，在第 6.1 节中提出过一些方法。现在，将采取其中的两种：第一种通过数据增强丰富数据量；第二种使用简单的神经网络。

因此，在接下来的代码中，定义了一个简单的卷积神经网络，这个网络有 3 层卷积层，每层使用 ReLU 激活函数，并且接入最大池化（Max-Pooling）层。这一部分由卷积层作为主体，在一个图像识别网络中，该部分的作用是提取视觉特征。之后，使用两个全连接层，在最后的输出层，可以使用一个神经元和 sigmoid 激活来完成一个二分类的输入。该部分是图像分类模型的分类器部分。综上所述，在构建一个以卷积神经网络为主体的图像分类模型时，可以将模型根据其功能分为特征提取和分类器，就像在以上两个代码中所罗列的那样。在接下来用到预训练模型的例子中，将会看到把特征提取和分类器分离带来的好处。

在编译模型时，使用 binary_crossentropy 作为损失函数来训练模型。

```python
from keras.models import Sequential
from keras.layers import Conv2D, MaxPooling2D
from keras.layers import Activation, Dropout, Flatten, Dense

model = Sequential()
model.add(Conv2D(32, (3, 3), input_shape=(3, 150, 150)))
model.add(Activation('relu'))
model.add(MaxPooling2D(pool_size=(2, 2)))

model.add(Conv2D(32, (3, 3)))
model.add(Activation('relu'))
model.add(MaxPooling2D(pool_size=(2, 2)))

model.add(Conv2D(64, (3, 3)))
model.add(Activation('relu'))
model.add(MaxPooling2D(pool_size=(2, 2)))

model.add(Flatten())
```

```
model.add(Dense(64))
model.add(Activation('relu'))
model.add(Dropout(0.5))
model.add(Dense(1))
model.add(Activation('sigmoid'))

model.compile(loss='binary_crossentropy',
              optimizer='rmsprop',
              metrics=['accuracy'])
```

接下来需要准备训练和验证需要的数据，使用 ImageDataGenerator 产生实时增强的批量数据（Batch）。因为在一开始时已经将样本分类，并且分成了训练和验证两个文件夹（'data/train'和'data/validation'），可以调用.flow_from_directory()，从这两个文件夹中生成训练和验证用的批量数据。在以下的代码中，完成了这些数据的准备，train_datagen 和 test_datagen 定义了用于增强训练数据和验证数据的配置（即定义了数据转换的配置），而 train_generator 和 validation_generator 是应用了这些数据增强配置的生成器。

```
batch_size = 16

# 训练集上的实时数据增强
train_datagen = ImageDataGenerator(
        rescale=1./255,
        shear_range=0.2,
        zoom_range=0.2,
        horizontal_flip=True)

# 验证集上的实时数据增强
test_datagen = ImageDataGenerator(rescale=1./255)

# 从文件夹 'data/train'中生成训练用的 batch
train_generator = train_datagen.flow_from_directory(
        'data/train',
        target_size=(150, 150),
        batch_size=batch_size,
        class_mode='binary')  # 配合 binary_crossentropy 损失函数

# 从文件夹 'data/ validation'中生成验证用的 batch
validation_generator = test_datagen.flow_from_directory(
        'data/validation',
        target_size=(150, 150),
        batch_size=batch_size,
        class_mode='binary')
```

配合生成器并使用 fit_generator 训练这个简单的卷积神经网络。

```
model.fit_generator(
        train_generator,
        steps_per_epoch=2000,
        epochs=50,
        validation_data=validation_generator,
        validation_steps=800)
model.save_weights('first_try.h5')
```

在经过 50 轮的训练过程之后，这一模型在验证集上达到了 0.79~0.81 的准确率。这一准确率可以用作这一实例中的基础准确率，也就是使用一个小型的数据集从头开始训练一个卷积神经网络。

训练一个卷积神经网络，当然不是本例的目的，例如在 10.4.2 节中列出来的迁移学习的使用方法，在数据量很小时，我们应该使用的迁移学习方法是"数据相似度高：Fine tune the output dense layer of the pretrained model（调优预训练模型的输出全连接层）"。

在这个小数据量的例子中，毫无疑问首先应该考虑迁移学习，并且尝试以上这种迁移学习的方法。

3. 使用预训练模型的特征提取功能

在这迁移学习的任务中，使用了 VGG16 网络，并且使用它在 ImageNet 数据集上预训练过的权值。ImageNet 数据集中包括了猫和狗的类别，所以预训练过的 VGG16 已经见过了大量的猫、狗图像的样本，并且学习了这一分类任务所需的视觉特征。所以，具体思路是，使用 VGG16 网络中的特征提取功能，即沿用其卷积神经网络的部分，在这一特定的分类任务中，重新定义作为分类器的全连接网络层，并且进行训练。这就是在上面提出的第一种方法：Fine tune the output dense layer of the pretrained model（调优预训练模型的输出全连接层）。

图 10-7 是 VGG16 的网络结构图，从 Conv block 1 直到 Conv block 5，都是卷积神经网络块，负责视觉特征的提取。我们将完全保留这一部分的网络结构和权值。这可以通过以下语句来实现，设置 include_top=False，表示将不再加载网络的分类器部分；设置 weights='imagenet'，表示使用在 ImageNet 数据集上预训练过的权值。

```
from keras import applications
model = applications.VGG16(include_top=False, weights='imagenet')
```

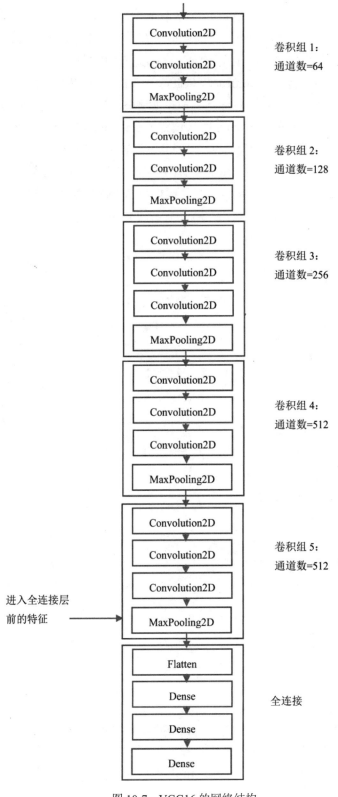

图 10-7 VGG16 的网络结构

以上的模型被加载了进来，叫作 Model，虽然看上去这只是整个 VGG16 网络的一部分网络层，但是可以把这个 Model 当作一个完整的模型来看。这个网络的输入是一个图像批量数据（Batch），输出是这一批图像的特征图，就是 Conv block5 中最后一个卷积层的输出，将这一批输出的特征图命名为瓶颈特征（Bottleneck Feature），然后将使用这些瓶颈特征。

具体的方法就在下面的代码中，从训练集和验证集中产生训练和验证所用的图像批量数据（Batch）。在 datagen.flow_flow_directory 中，设置了 class_mode=None，所以生成的批量数据中只有图像，没有标签（即只有 x，没有 y）；同时，设置 shuffle=False，所以在生成批量数据时，是按顺序从文件夹中抽取图像的，虽然没有图像的标签，但是知道前 1000 张图像中是狗，后 1000 张图像中是猫。将图像输入模型，这个模型是 VGG16 网络中的特征提取部分，使用 model.predict_generator 来产生模型的输出，就是命名的 bottleneck_features。

```python
batch_size = 16

# 在训练集上输出 bottleneck_features
generator = datagen.flow_from_directory(
        'data/train',
        target_size=(150, 150),
        batch_size=batch_size,
        class_mode=None,  # 只生成图像，没有标签
        shuffle=False)  # 生成的 batch 是有顺序的

# 输出网络最后一层卷积层的输出
bottleneck_features_train = model.predict_generator(generator, 2000)

# 将输出保存为数组
np.save(open('bottleneck_features_train.npy', 'w'),
    bottleneck_features_train)

# 在验证集上输出 bottleneck_features
generator = datagen.flow_from_directory(
        'data/validation',
        target_size=(150, 150),
        batch_size=batch_size,
        class_mode=None,
        shuffle=False)
bottleneck_features_validation \
    = model.predict_generator(generator, 800)
np.save(open('bottleneck_features_validation.npy', 'w'),
    bottleneck_features_validation)
```

在原来的图像分类模型中输入图像，输出的是图像的分类。现在将特征提取和分类分离开来，在以上的代码中，将特征保存下来。现在的任务是训练分类器，而对 VGG16 模型产生的

特征可以用作分类器的输入，并不对这些特征进行任何的改动。经过 ImageNet 数据集的训练，VGG16 模型已经具备非常优秀的特征提取功能。这是迁移 VGG16 模型的目的——迁移学习。

所以，在以下代码中，定义了一个全连接网络层作为分类器，将特征 bottleneck_features 载入，作为分类器的输入。此时按照正常的流程编译和训练模型，将模型的权值保存下来，以便在需要的时候重复使用。实际上，使用 model.save_weights 保存模型的权值是一个很好的习惯，因为训练样本很珍贵，所以模型经常都是可以被重复使用的。

```python
# 载入特征
train_data = np.load(open('bottleneck_features_train.npy'))
# 记得我们在上面的数据是没有打乱的，所以可以按顺序生成标签
# 前 1000 张是猫，后 1000 张是狗
train_labels = np.array([0] * 1000 + [1] * 1000)

# 对验证集执行同样的操作
validation_data = np.load(open('bottleneck_features_validation.npy'))
validation_labels = np.array([0] * 400 + [1] * 400)

# 构建全连接网络作为分类器部分
# 这个网络的输入是 bottleneck_features，即对 VGG16 模型产生的特征进行分类
model = Sequential()
model.add(Flatten(input_shape=train_data.shape[1:]))
model.add(Dense(256, activation='relu'))
model.add(Dropout(0.5))
model.add(Dense(1, activation='sigmoid'))

model.compile(optimizer='rmsprop',
              loss='binary_crossentropy',
              metrics=['accuracy'])

model.fit(train_data, train_labels,
          epochs=50,
          batch_size=batch_size,
          validation_data=(validation_data, validation_labels))
          model.save_weights('bottleneck_fc_model.h5')
```

训练过程及结果如下：

```
Train on 2000 samples, validate on 800 samples
Epoch 1/50
2000/2000 [==============================] - 1s - loss: 0.8932 - acc: 0.7345 -
val_loss: 0.2664 - val_acc: 0.8862
Epoch 2/50
2000/2000 [==============================] - 1s - loss: 0.3556 - acc: 0.8460 -
val_loss: 0.4704 - val_acc: 0.7725
...
```

```
Epoch 47/50
2000/2000 [==============================] - 1s - loss: 0.0063 - acc: 0.9990 -
val_loss: 0.8230 - val_acc: 0.9125
Epoch 48/50
2000/2000 [==============================] - 1s - loss: 0.0144 - acc: 0.9960 -
val_loss: 0.8204 - val_acc: 0.9075
Epoch 49/50
2000/2000 [==============================] - 1s - loss: 0.0102 - acc: 0.9960 -
val_loss: 0.8334 - val_acc: 0.9038
Epoch 50/50
2000/2000 [==============================] - 1s - loss: 0.0040 - acc: 0.9985 -
val_loss: 0.8556 - val_acc: 0.9075
```

　　在进行 50 轮训练之后，模型达到了 0.90~0.91 的准确率。前面介绍的从头开始训练的模型，其准确率是 0.79~0.81。很显然，结果显示这一分类模型的准确率大幅度提升了，这就是迁移学习的魅力。使用已经训练好的模型，哪怕只有很少量的数据，依然可以打造出一个性能优越的模型。

第 11 章
◀ 循环神经网络 ▶

在第 4 章中，学习了前馈神经网络（DNN），这是最基础的神经网络结构；在第 7 章中，又学习了卷积神经网络（CNN），这是处理空间信息最常用的神经网络结构；在本章中，将接触到深度学习中另一种结构——循环神经网络（Recurrent Neural Network，RNN），这是一种能够有效处理序列问题的神经网络结构。

什么是序列数据呢？语音、文字等这些前后关联、存在内有顺序的数据都可以被视为序列数据。序列模型可以应用于语音和文字中，深度学习在语音识别、阅读理解、机器翻译等任务上已取得了惊人的成就。在这些成就惊人的任务中，可以说几乎都用到了循环神经网络的结构或者设计思想。

毫无疑问，循环神经网络是深度学习中极为重要的一课。在这一节中，将学习这种神经网络。在 11.1 节中，首先介绍神经网络中的序列问题，帮助大家理解序列问题的形式和例子。在 11.2 节中，将对循环神经网络进行讲解，从网络结构、前向传播和反向传播几个方面理解循环神经网络的设计理念和工作原理，了解循环神经网络的优势和局限性。在 11.3 节中，将学习一种提升版的循环神经网络——长短期记忆网络（LSTM），这是一种能解决 11.2 节中循环神经网络局限性的网络，目前所使用的循环神经网络，大多数都是 LSTM。而在 11.4 节中，将了解循环神经网络在不同领域的应用场景，并给出机器翻译和推荐系统这两个应用案例。通过这一章的学习，希望大家能理解深度学习在序列问题上的处理思路，掌握循环神经网络这一重要的深度学习神经网络结构，因为循环神经网络已经应用到生活中随处可见的各种案例中。

11.1 神经网络中的序列问题

序列是常见的一种数据形式，已经出现在人们生活中。根据维基百科的定义，数学上，序列是排成一列的对象（或事件）；这样，每个元素不是在其他元素之前，就是在其他元素之后。在序列中，元素之间的顺序非常重要。

其实我们对序列都非常熟悉。

比如语句 "The sky is blue"（天空是蓝色的）。在语言模型中，每一个语句都是由一个字、一个词，按照一定顺序排列而成。

时间序列可以说是我们生活中最常见的序列了，一个统计指标的数值，按其发生的时间先后顺序排列而成的数列，就是时间序列。在日常生活中目之所及，就有很多时间序列，比如一个地铁站每小时的客流量、一个地区每天的降水量等，都是时间序列。而资本市场中的各项指标，更是时间序列的集中地，比如大家都熟知的股市每天的成交量、股票每天的收盘价等。图11-1 所示的是某公司年度销售额（2000~2018 年）按照年份绘制的图表，就是一个典型的时间序列。

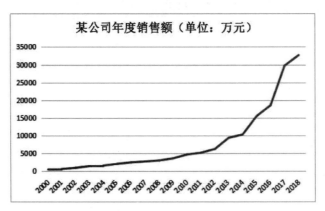

图 11-1　某公司年度销售额（2000~2018 年）

例如信号，图 11-2 就是一个记录心律波动的心电图。2017 年由吴恩达博士带领的斯坦福研究人员已经开发出一个机器学习模型，通过心电图来判断患者是否心律不齐，这是很典型的时序模型处理问题。

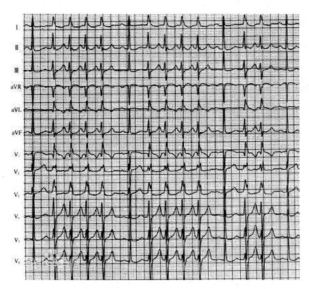

图 11-2　心电图

序列在深度学习中是很重要的一类问题，因为从以上的例子中可以看出，许多形式的数据源，在数据化之后都能以序列的形式来表示，所以在深度学习中，许多任务都可以抽象为序列学习问题（Sequence to Sequence Learning），如语音识别、机器翻译、字符识别等。

当遇到序列数据时，这类问题有如下几个特点：

（1）输入和输出都是序列。

（2）无论是输入还是输出，序列本身的长度都是不固定的。

（3）输入和输出之间，序列长度没有固定的对应关系。

传统的神经网络模型，比如前馈神经网络，并不能够很好地处理这样的序列问题，首当其冲的就是前馈神经网络和卷积神经网络都要求有固定的输入和输出长度，这是网络结构成立的前提。因此，结合序列数据本身的特性，在处理序列问题时，所需要的神经网络，至少要具备以下这几种功能：

（1）能够适用于不同长度的序列。

（2）能够保持序列中元素的顺序。

（3）能处理序列中元素之间的内在关联。

（4）能够在序列中共享参数。

这就转向了循环神经网络以及由这一概念引申出来的一系列神经网络。

11.2　循环神经网络的使用

在这一节中，将学习循环神经网络（RNN）。本节中的循环神经网络，是最基础的循环神经网络，可以称之为朴素循环神经网络（Vanilla RNN），在本书中，将这种基础循环神经网络统一称为循环神经网络，而将其他的变种网络，冠以专用的网络名称（比如下一节的 LSTM）。

11.2.1　输入/输出

到目前为止，学习过的神经网络，无论是前馈神经网络，还是卷积神经网络，都对输入和输出的形状（或尺寸）有着严格的限制。这两种神经网络在构建之初，就必须定义好输入和输出的形状，也就是说，在这两种神经网络结构下的每一个模型，它输入和输出的形状都是固定的。所以在一个模型训练好了之后，它必须接受固定形状的输入（比如一张图像），然后产生固定形状的输出（比如各个类别的概率）。

所以，这也是为什么不使用全连接神经网络来处理序列问题的原因：

（1）序列问题中，输入和输出的长度是不固定的。

（2）全连接神经网络无法实现不同位置上的特征共享。比如一个人名"David"在第一段话中的第 5 个位置出现了，并且网络学会了识别这个名字，那么当这个名字在另一个位置再次出现时，一般都希望网络能够共享这一特征。这很类似于卷积神经网络的概念，神经网络在图像的一个局部学习到的特征，在整个神经网络上是共享的，而全连接神经网络做不到这一点。

对于循环神经网络而言，不受输入和输出形状的限制。这是一个很重要也是很实用的特性，因为很多时候，我们的输入长短不定，比如在翻译模型中，输入的句子长度不固定，对应的输出长度也不固定，而用固定像素的图像训练卷积神经网络（CNN）是无法做到这一点的。

图 11-3 展示了循环神经网络的几种常见输入和输出的结构，其中每一个方块代表一个向量，每一个箭头代表神经网络中的一个函数。每一个结构都是三层，从下到上分别是输入层、神经网络层和输出层。

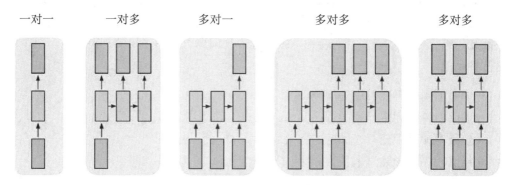

图 11-3　循环神经网络的输入和输出[1]

对于图 11-3 中列出的 5 种情况，可以从左到右依次做一个了解：

（1）一对一。最简单的一种情况就是，输入和输出的形状固定。这是一种最普通的情况，所有的神经网络结构都能处理这样的输入与输出设置。比如之前学习过的图像分类问题，就属于这样一种情况。

（2）一对多。单个输入，多个输出。这种情况的显著特点是，输入是固定的，而输出长度是不定的，输出是一个序列，即一组向量。这就是循环神经网络的特长，比如给图像加文字注释这样的任务（见图 11-4），输入是一张图像（一个向量），输出是一个句子，即一组文字（一组向量）。

三只狗在草地玩耍

图 11-4　给图像加文字注释的任务

（3）多对一。多个输入，单个输出。它与上一种情况类似，不过输入和输出调转了过来。这一类的例子如文字处理中的情感分析，输入是一个句子（一组长度不定的向量），输出是这

[1] Andrej Karpathy. The Unreasonable Effectiveness of Recurrent Neural Networks[EB/OL]. (2015-05-21). https://karpathy.github.io/2015/05/21/rnn-effectiveness/.

个句子属于正面情感还是负面情感的分类（分类问题中的一个形状固定的向量）。

（4）多对多。多输入，多输出。这是更自由的一种情况，即输入一组长度不定的向量，同时也输出一组长度不定的向量。机器翻译就是这样一种任务，比如输入是一组英文句子，输出是一组中文句子，这时输入和输出的句子都是一组向量，向量之间的长度不一定是一一对应的。

（5）多输入和多输出还有一种特殊情况，这里的输入和输出是一一对应的，比如给视频加标签这样的任务，对于视频的每一帧都要产生一个标签。这时就有一种输入/输出的同步性存在。

在上面介绍的结构中，（1）是一种通用的情况，而（2）~（5）几乎可以说是循环神经网络的特长了。

11.2.2　前向传播

输入和输出的不拘一格，注定了循环神经网络要有别于其他神经网络的设计，才能处理不一样的输入和输出。从结构上来说，循环神经网络最重要的设计，是在每一个神经元中有自身的循环。除去不同神经元之间的连接，神经元自身也是有连接的。这种自己和自己连接的结构，形成了循环神经网络中循环的结构，这种循环使得信息在神经网络内部传递，不会丢失，神经网络也就仿佛有了"记忆"一般，"记住"了在这一刻之前已经进入了神经网络的信息。这当然是很神奇的效果，对于有递进关系的序列，更是神经网络特别需要的能力。

首先，从整体的网络结构来说，循环神经网络和我们之前接触过的神经网络一样，都是遵循输入层→隐藏层→输出层这样的结构。其次，从单个的神经元来看，一个神经元的功能，是接收一个输入 x_0，计算得到参数值 W 和 b，再输出结果为 $Wx_0 + b$。这种相似的整体网络结构如图 11-5 所示。

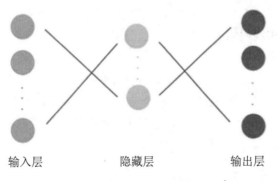

输入层　　　　　隐藏层　　　　　输出层

图 11-5　循环神经网络的全局结构[1]

因此，从神经网络的整体结构和单个神经元的计算功能来说，循环神经网络和前馈神经网络是一样的。循环神经网络的循环特性，体现在隐藏层中单个的神经元里。图 11-6 展示了循环神经网络中神经元的详细工作原理。

---

[1]　Alexander Amini. MIT 6.S191: Introduction to Deep Learning[EB/OL]. (2019). http://introtodeeplearning.com/.

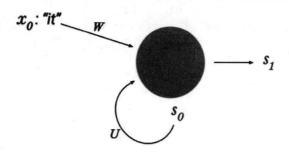

图 11-6　循环神经网络中的单个神经元在 t=0 时的展开图

图示中所使用到的记号是：

- 斜体小写字母（x_0、s_0和s_1）表示的是向量。
- 一个箭头就表示对该向量做一次变换。如图 11-6 所示中x_0、s_0和s_1分别有一个箭头连接，就表示对x_0、s_0和s_1各做了一次变换。
- 箭头旁标示的大写字母（W、U）是以上变换中神经网络计算得到的参数。

在很多论文中也会出现类似的记号，初学的时候很容易搞乱，但只要把握以上三点，就可以比较轻松地理解图示背后的含义。

循环神经网络中具体的神经元功能是，接收输入x_0（在这里假设是一组向量，比如一个英文单词"it"），这个神经元会计算参数W和U，并同时计算两个状态量s_0和s_1，其中，s_0是该神经元在 t=0 时的状态量，可以是一些初始化的数据，s_1是在 t=1 时的状态量，s_1是由x_0和s_0共同计算得出（这里使用tanh作为激活函数），那么s_1的计算公式如下：

$$s_1 = \tanh(Wx_0 + Us_0)$$

要注意的是，在计算时，每一步使用的参数 W、U 都是一样的，也就是说每个步骤的参数都是共享的，这是循环神经网络的重要特点。正是这种在每一步上的参数共享，保证了信息随着每一步计算在神经网络中传递。

对于这样一种表达方式，可以认为在循环神经网络中，每个神经元都会收到两个输入，一个是外部给定的输入（x）；另一个是自身状态的输入（s），比如当t=0时，这两个输入就是x_0和s_0。而状态值s_1，既是神经元当 t=0 时的输出，也是 t=1 时的输入。所以相同的原理，当 t=1 时，神经元会接收到两个输入x_1和s_1，如图 11-7 所示。

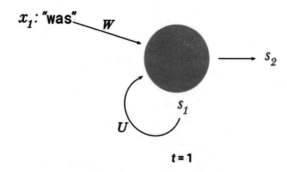

图 11-7　循环神经网络中的单个神经元当 t=1 时的展开图

通过这样的方式，循环神经网络将状态在自身网络中循环传递，如图 11-6 和图 11-7 所示，用一个转向的圆弧箭头来表示这样一种循环。

上面的两个示意图具体讨论了在最初的 t=0 和 t=1 时，单个神经元的计算。如果在时间轴上展开来看，这种循环和传递是随着时间递进的。在任意状态点i，神经元都接收外部的输入x_i和当前的状态值s_i，输出状态值s_{i+1}给到下一个神经元。图 11-8 就是随着时间展开的循环神经网络，循环神经网络的神经元中环状的循环结构看上去很神秘，但是展开了之后，可以看成是一个神经元被复制了很多次，在时间上连接并进行传递。

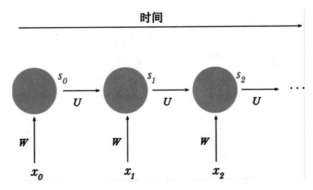

图 11-8　随着时间展开的循环神经网络

为什么循环神经网络有"记忆"呢？因为状态值s_i是根据上一步的状态值s_{i-1}计算得到的，s_{i-1}中包含了上一步的信息，循环神经网络也就是这样"记住"了前一步的状态。于是，过往的信息，随着时间在循环神经网络中依次传递了下去，这也是循环神经网络最大的功能。

而每个神经元，也是有输出的（注意，s_i是状态值，而不是这个神经元的真正输出，s_i在循环神经网络的运作中是隐藏的）。在图 11-9 中，我们加上了神经元的输出。所以，在每一个时刻，对于任意一个输入x_i都可以有一个输出y_i。

$$y_i = \text{Softmax}(Vs_i + c)$$

因为s_i已经包含了当前时刻输入的信息（x_i）和上一步的信息（s_{i-1}），所以循环神经网络的每个神经元的输出，都同时包含了现在和之前的信息。

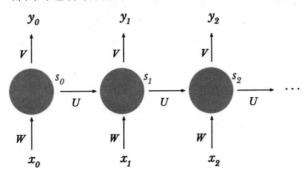

图 11-9　加上输出的循环神经网络

现在来看一个例子，以帮助我们更好地理解循环神经网络的循环传递结构。

文本型任务是循环神经网络应用中十分常见的一种任务，因为在文本或者文字处理中，经常需要结合上下文来理解一个单词，或者在一个单词中需要借助之前的字母来预测下一个可能出现的字母。所以过往的信息，对于下一步的预测非常重要。

在图 11-10 展示的例子中，正在使用循环神经网络进行字母级别的预测[1]。这个任务是，对于给定的一个序列的字母，预测下一个可能出现的字母。比如，对于"hello"这个单词，在给定了 h、e、l、l 这四个字母后，模型要能够预测出下一个出现的字母是 o。这是很常见的一种任务，无论是翻译，还是用机器模拟人类语言，对单词的预测都是最基本的任务。

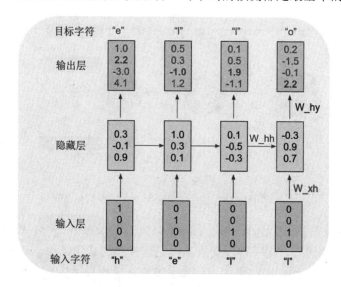

图 11-10 使用循环神经网络预测字母[2]

在图 11-10 中，每一个方块都是一个向量，每一个箭头都代表一个函数运算。通过这种方式简化了任务中的运算，提炼出神经网络的流程。

这个网络的第一层是输入层，字母 h、e、l、l 在这一层中进入网络；第二层是隐藏层，包含三个神经元；第三层是输出层，输出网络预测的应该出现的下一个字母的概率。其中 W_xh、W_hh、W_hy 分别表示输入层和隐藏层、隐藏层和隐藏层、隐藏层和输出层之间的连接。网络的连接不但发生在相邻的两层网络层之间，也发生在同层的隐藏层之间。在输入层中，把字母表示成向量，在这一步之后，语言信息就变成了数字化的时间序列；而在隐藏层中，这个序列连接到自身，从而达到了按序列顺序的反馈和传递，在这个过程中，网络能够得到之前状态的信息，形成一种"记忆"。

图 11-10 只是简单展示了网络的前向，是一个尚未完成的任务。训练这个循环神经网络的目标是，使得网络能正确地预测下一个出现的字母，比如第一个字母为 h，对应的输出就是 e；第二个字母 e，对应的输出就是 l。

1 Andrej Karpathy. Minimal character-level Vanilla RNN model[EB/OL]. https://gist.github.com/karpathy/d4dee566867f8291f086.

2 Andrej Karpathy. The Unreasonable Effectiveness of Recurrent Neural Networks[EB/OL]. (2015-05-21). https://karpathy.github.io/2015/05/21/rnn-effectiveness/.

这就是前向传播算法需要做的事情，也是下一节将要介绍的循环神经网络的反向传播。

11.2.3　反向传播

在上一节中，了解了循环神经网络的结构和这一网络的前向传播算法。可以看到，循环神经网络和一般的前馈神经网络的不同在于，网络中除了相邻网络层的直线连接外，还添加了自身网络层的环状连接。所以，循环神经网络的后向传播算法，还是遵循和一般的前馈神经网络同样的思路：

（1）计算损失函数对在每个参数的导数。

（2）向导数相反的方向更新参数，以达到降低损失函数值的目标。

当然在具体算法上，考虑到网络的结构特点，也有一些不一样，这里用到的算法叫作基于时间的反向传播算法（Back propagation Through Time，BPTT）。

在之前的结构图中，看到了循环神经网络的单个神经元带有环状连接，所以在进行后向传播算法时，首先需要展开这样的环状连接。

图 11-11 是循环神经网络根据时间展开后的结构图，在上一节也见过这个展开的结构，按照时间将循环神经网络打开展平后，在每一个时刻（Each Timestep）都有一个网络的输出（y_0，y_1，y_2，...）和对应的损失函数值（J_0，J_1，J_2，...）。

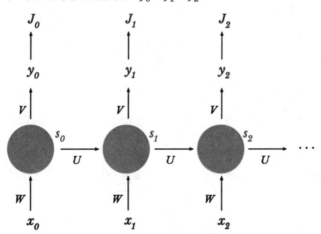

图 11-11　循环神经网络根据时间展开

对于这个循环神经网络，汇总的损失函数就是把每个时刻的损失加起来，与此相应的，对损失函数求导即是对每个时刻的损失函数求导，然后相加：

$$\frac{\partial J}{\partial W} = \sum_t \frac{\partial J_t}{\partial W}$$

现在，问题变成了在每个时刻上求导，以时间点 $t=2$ 为例，通过求解 $\frac{\partial J_2}{\partial W}$ 来看一看这个过程。首先，根据链式法则，可以将 $\frac{\partial J_2}{\partial W}$ 进行以下的分解：

$$\frac{\partial J_2}{\partial W} = \frac{\partial J_2}{\partial y_2}\frac{\partial y_2}{\partial s_2}\frac{\partial s_2}{\partial W}$$

在这里，值得注意的是，$\frac{\partial s_2}{\partial W}$并不是一个单独的计算，$s_2$不仅和$W$相关，也和$s_1$相关，因为$s_2$本身是通过$s_1$的传递计算得到的，在上一节中，推导过$s_2$的计算公式如下。

$$s_2 = \tanh(Us_1 + Wx_2)$$

s_1和s_0也是同样的道理。因为状态量s_k的相互依赖，所以当对s_2求导时，需要对从 t=2 开始，到之前的每个时刻求导，按一个个时间点推回到 t=0。这就是这种基于时间的反向传播算法中"基于时间"的由来。

对于$\frac{\partial s_2}{\partial W}$的计算，基于时间展开如下：

$$\frac{\partial s_2}{\partial W} + \frac{\partial s_2}{\partial s_1}\frac{\partial s_1}{\partial W} + \frac{\partial s_2}{\partial s_0}\frac{\partial s_0}{\partial W}$$

现在把每一步时间的导数汇总起来，在这一点上的梯度为$\frac{\partial J_2}{\partial W}$：

$$\frac{\partial J_2}{\partial W} = \sum_{k=0}^{2}\frac{\partial J_2}{\partial y_2}\frac{\partial y_2}{\partial s_2}\frac{\partial s_2}{\partial s_k}\frac{\partial s_k}{\partial W}$$

泛化推广到任意时刻点 t，就成了以下公式：

$$\frac{\partial J_t}{\partial W} = \sum_{k=0}^{t}\frac{\partial J_t}{\partial y_t}\frac{\partial y_t}{\partial s_t}\frac{\partial s_t}{\partial s_k}\frac{\partial s_k}{\partial W}$$

至此，已经推导出了循环神经网络的基于时间的反向传播算法。这个算法并不是很难计算，但是，由于一长串的链式法则的推导，却带来了梯度消失的问题。试想，如果时刻 t 是一个较大的值，那么计算该时间的导数就需要从很长的时间之后一直推回 t=0：

$$\frac{\partial J_n}{\partial W} = \sum_{k=0}^{n}\frac{\partial J_n}{\partial y_n}\frac{\partial y_n}{\partial s_n}\frac{\partial s_n}{\partial s_k}\frac{\partial s_k}{\partial W}$$

这里的$\frac{\partial s_n}{\partial s_k}$，当时间的间隔越长，这一串乘积就越长，比如$\frac{\partial s_n}{\partial s_0}$会被分解成：

$$\frac{\partial s_n}{\partial s_{n-1}}\frac{\partial s_{n-1}}{\partial s_{n-2}}\cdots\frac{\partial s_3}{\partial s_2}\frac{\partial s_2}{\partial s_1}\frac{\partial s_1}{\partial s_0}$$

在这一串乘积中，每一个诸如$\frac{\partial s_n}{\partial s_{n-1}}$的元素具体是指什么呢？

$$\frac{\partial s_n}{\partial s_{n-1}} = W^T diag[f'(W,U)]$$

这里 W 遵从标准正态分布，而函数 f 是一个 tanh 或者 sigmoid 函数，$f' < 1$。所以在计算$\frac{\partial s_n}{\partial s_k}$时，将一长串小数值（小于 1）相乘，结果很可能是一个极小的数，这就直接导致了梯度消失问题。

梯度消失是基于时间的反向传播算法中最大的问题。这样的反向传播算法很难训练，因为很多时候反馈的导数值基本上是 0 了，起不到修正网络参数的作用。随着时间间隔变长，循环神经网络在反向传播中的梯度可以确定是会消失的。这就直接导致了循环神经网络只能传递短期时间上的信息，而很难用于解决长期依赖问题。

这是什么意思呢？

要知道，很多时候序列的后端对前端有依赖性。比如这样一个句子——"我在德国生活过一年，我很喜欢那里，也学会了一些德语。"句末的德语（一种语言）和句首的德国（一个国家），是有逻辑相关性的，即通常说的上下文关联。

在循环神经网络中，这样一种联系很可能就在长时间间隔中消失了。这是循环神经网络最大的局限性，即无法处理梯度消失的问题，直接导致循环神经网络很难捕捉长期时间的概念。因此，在使用循环神经网络时，更多地会使用一种类似于提升版的循环神经网络——长短期记忆网络（LSTM），这将在下一节中介绍。

11.3 长短期记忆网络

在上一节中，了解了循环神经网络（RNN）。循环神经网络适合处理序列问题，但是不能处理长期依赖问题，当时间跨度大时，所看到的这种基础版的循环神经网络就不好用了。在这一节中，将会介绍长短期记忆（Long Short-Term Memory，简称 LSTM），看看 LSTM 是如何帮助解决长期依赖这个问题。LSTM 本身还是一种时间循环神经网络，但是其中的设计结构比上一节中的神经网络更加复杂和独特，这种独特的设计使得 LSTM 适合于处理和预测时间序列中延迟和间隔非常长的重要事件。

图 11-12 展示了一个 LSTM 的神经元结构图。虽然这个示意图看上去被分成了几块，但它仍然是一个神经元。可以认为在这个 LSTM 的单个神经元中存在着三道门，分别为遗忘门（Forget Gate）、输入门（Input Gate）和输出门（Output Gate）。信息（c_j）被输入这个神经元后，会经过这三道门被依次处理，产生输出（c_{j+1}）。

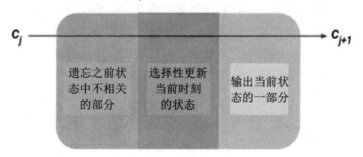

图 11-12　LSTM 神经元结构示意图[1]

"门"是关于 LSTM 的第一个概念。实际上，在 LSTM 的研究中，出现了很多个版本，其中一个重要的版本是 GRU（Gated Recurrent Unit，门控循环单元），这个名称很好地道出了 LSTM

---

[1] Alexander Amini. MIT 6.S191: Introduction to Deep Learning[EB/OL]. (2019). http://introtodeeplearning.com/.

的本质，即有"门"的循环神经单元。"门"的结构就是一个神经网络层，再加上和一个按位执行乘法的操作。在循环神经网络的基础上，LSTM 的每个神经元都引入了"门"的设计，这些"门"控制着哪些信息可以通过并进入神经元的状态。

神经元状态（Cell State）是 LSTM 的另一个重要概念。LSTM 的每一个神经元都有一个状态，事实上，LSTM 中神经元的作用就是更新神经元状态（从c_j到c_{j+1}）。关于神经元状态，可以认为是该神经元所包含的信息，以语言模型为例，这个神经元"理解"的句子，就是其神经元状态。比如一个语句"小明是计算机学院的学生，后来毕业了，成为一名软件工程师"。这里以小明为主语，"小明是计算机学院的学生"可以是一个神经元状态（c_j），"小明是一名软件工程师"也可以是一个神经元状态（c_{j+1}）。在这个例子中，神经元状态实际上经历了一次更新，可以将这个状态想象成一个传输带，神经元状态c_j进入神经元，依次经过遗忘门、输入门和输出门的处理，最终被更新为c_{j+1}。

图 11-13 更为详细地展示了 LSTM 中神经元的工作原理。对照着这个示意图，依次来看一看这几个门怎样发挥作用。

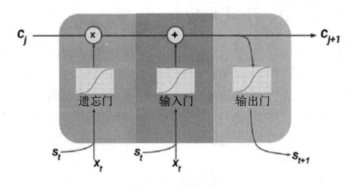

图 11-13　LSTM 神经元内门结构的示意图

首先发挥作用的是"遗忘门"，"遗忘门"决定哪部分的信息被"遗忘"。上一时间的神经元状态量s_t和上一时间的输入x_t，进入神经元中的"遗忘门"。在"遗忘门"中，s_t和x_t中有一部分信息会被"遗忘"，只剩下一部分信息通过。"遗忘门"的必要性在于，序列在经历过一段间隔后，通常都会有一些状态上的变化，这时就需要循环神经网络"遗忘"之前的状态。比如之前"小明"的例子，"小明"开始的状态是在校的学生，而之后毕业了找到了工作，状态就变成了软件工程师。这个时候，对于文本的主语小明，"在校学生"这个状态就是过去时，是需要"遗忘"的。如果神经网络还一直记得这个状态，那势必对已经更新之后的"软件工程师"状态产生不必要的影响。所以，对于这样一个文本的处理，如果有"遗忘门"，那么小明的"计算机学院的学生"身份会在通过"遗忘门"时被丢弃。决定哪一部分记忆需要被"遗忘"时，"遗忘门"实际上是对输入的信息（s_t和x_t）做了一个数学计算，产生一个 0~1 的值。当这个计算值近似于 0 的时候，将把神经网络区块中记住的值忘掉。

这之后上场的是"输入门"，"输入门"的概念其实与"遗忘门"别无二致，都是控制信息的通过，只不过，"遗忘门"的重点在于什么样的信息不能通过，而"输入门"的重点在于什么样的信息能够通过。还是之前的例子，这时小明的"软件工程师"身份，是可以通过"输入门"的，之前"遗忘门"已经"忘掉"了小明的学生身份，那么现在，"遗忘门"之后剩下的信息和"输入门"新加的信息共同被添加到神经元状态c_j中，从而替代了"小明是学生"的旧状态，更新为"小明是软件工程师"的新状态。"输入门"的计算同样产生一个 0~1 的值，当这个计算值近似于 1 时，将把神经网络区块中的值传递进入神经元。

在这之后，还有一道"输出门"，决定了神经元的最后输出。其实，在前面的两个步骤中，已经完成了对神经元状态的更新（c_j已经更新为c_{j+1}）。"输出门"的设计起到了调优的作用，神经元包含的信息量（c_{j+1}），在通过"输出门"之后，产出的是一个符合模型要求的输出信息，虽然信息可能是类似的，但是精确到具体的输出，是应该输出一个名词还是动词，名词是单数还是复数，诸如此类都可以在"输出门"中进行调优。所以，神经元的状态值还需要经过"输出门"，输出最后的值s_{t+1}。至此，一个 LSTM 神经元的工作流程才算是完成了。

根据谷歌公司的测试表明，LSTM 中最重要的是"遗忘门"（Forget Gate），其次是"输入门"（Input Gate），最后是"输出门"（Output Gate）[1]，这和以上介绍的信息流向是一样的。

最后总结一下，LSTM 神经网络最独特的设计就是其中的三道门。"遗忘门"丢弃掉过时的信息，"输入门"添加新的信息，这两者共同更新了神经元内的信息，再经过"输出门"的调优，进行最后的输出。因为可以根据需要灵活地把控信息量，LSTM 在很大程度上并不会受到长段间隔的困扰，从而解决了序列处理中的长期依赖问题。有了 LSTM 这样一种神经网络结构，循环神经网络几乎成了当之无愧的解决序列问题的神经网络。目前取得了优良效果的循环神经网络应用，多多少少都有 LSTM 的神经网络结构或者设计思想应用其中。

11.4　应用场景

循环神经网络（RNN）的应用非常多。可以说，目前在处理序列问题上的成果，几乎都离不开循环神经网络。在本节中，将看到循环神经网络的应用，一探当下的应用场景以及其中的基本原理。这里说的循环神经网络是一种广义的概念，其内部设计可以是基础的 RNN、LSTM 或者是 GRU。

循环神经网络有些什么样的应用场景呢？其实，就像在 11.1 节中指出的那样，序列化的数据在现实生活中无处不在，序列学习同样也是深度学习中的一个应用非常广泛的概念，例如机器翻译、语音识别、语言建模、机器作曲、机器写稿、自动对话、QA 系统等都属于序列学习的领域。

1. 机器翻译

机器翻译是机器学习乃至人工智能中的一个重要领域。是人们日常生活中使用度很高的自动翻译，就是这个领域研发成果的产物。如图 11-14 中所示百度翻译的例子。

[1] Jozefowicz, Rafal, Zaremba. An Empirical Exploration of Recurrent Network Architectures[J]. Journal of Machine Learning Research,2015.

图 11-14　百度翻译

虽然机器翻译已随处可见，但是依靠深度学习的机器翻译还是近期的事情。在 20 世纪 80 年代之前，机器翻译主要依赖于语言学的发展，研究者们希望机器能以人类的方式理解语言，所以主流的研究方法集中在分析句法、语义、语用等。在这个方向的尝试收效甚微之后，研究者们开始将统计模型应用于机器翻译，这种方法是基于对已有的文本语料库的分析来生成翻译结果。现如今，随着深度学习的兴起，神经网络被广泛应用于机器翻译，目前看到的机器翻译的应用，它的背后或多或少都用到了神经网络。

不过，神经网络在机器翻译上的应用，也不过是近几年的事情。在 2013 年，NalKalchbrenner 和 Phil Blunsom 提出了一种用于机器翻译的新型端到端编码器—解码器结构[1]。在 2014 年，Sutskever 等开发了一种名为序列到序列（Seq2Seq）学习的方法[2]，这是循环神经网络在机器翻译中非常经典的一种方法。

Seq2Seq 模型是一个最基础的翻译模型，由编码器（Encoder）、解码器（Decoder）以及连接两者的中间状态向量三部分组成。这个模型的输入是一个序列（比如一个英文句子），这个输入在编码器中被编码成一个固定大小的状态向量 C，即中间状态向量，C 在神经网络中被传给 Decoder，Decoder 再通过对状态向量 C 的学习来进行输出，输出一个序列（比如该英文句子所对应的法文翻译）。其中，模型的输入和输出序列的长度是可变的。图 11-15 展示了这样一个流程。

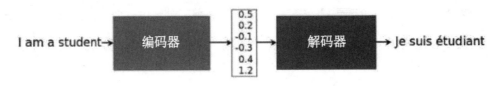

图 11-15　Seq2Seq 模型的示意图

编码器-解码器这种结构的基础还是循环神经网络。在编码器对输入的处理中，使用的结构就是一个 RNNCell（RNN、GRU、LSTM 等）。每个时间步长（Timestep），向编码器中输入一个字/词（一般是表示这个字/词的一个实数向量），直到输入这个句子的最后一个字/词 X_T。因为 Encoder 实际上是循环神经网络，每一步的输入信息都包含了之前的输入信息，所以根据最后的输入 X_T，可以计算得到整个句子的语义向量 C（一般情况下，$C=h(X_T)$）。把 C 当成这个句子的一个语义表示，这也是这个中间向量的重要之处，理论上，C 能够包含整个句子的信

[1] Kalchbrenner, Nal, Blunsom, Phil. Recurrent Convolutional Neural Networks for Discourse Compositionality [J]. Paper presented at the meeting of the CVSM@ACL,2013.

[2] llya Sutskever, Oriol Vinyals, Quoc V. Sequence to Sequence Learning with Neural Networks[J/OL]. (2014-12-14). https://arxiv.org/pdf/1409.3215.pdf.

息。在解码器中，可根据这个向量 **C**，再一步一步地把蕴含其中的信息分析出来。

图 11-16 展示了这样的流程，输入语句"ABC"在编码器进入网络，经过循环神经网络的处理产生中间向量（这里没有显示），在解码器部分输出语句"WXYZ"。这是一个简单的示意图，实际的机器翻译大体也遵循了这个流程。

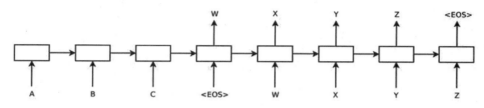

图 11-16 编码器-解码器结构[1]

Seq2Seq 其实可以用在很多地方，比如机器翻译、自动对话机器人、文档摘要自动生成、图像描述自动生成等。

在图 11-17 中，展示了谷歌公司基于 Seq2Seq 开发的一个对话模型，名为 A Neural Conversational Model[2]（神经网络对话模型），这个对话模型使用了两个 LSTM 的结构，LSTM1 将输入的对话编码成一个固定长度的实数向量，LSTM2 根据这个向量不停地预测后面的输出（解码）。在这一模型中，使用的语料是"（Input）你说的话——我答的话（Output）"这种类型的序列信息对（Pair）。

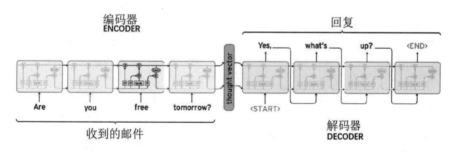

图 11-17 谷歌公司基于 Seq2Seq 模型的自动应答系统[3]

2. 推荐系统

推荐系统从来都是机器学习的兵家必争之地，传统的分类算法和协同过滤在推荐系统领域都拥有了自己成熟的算法。有意思的是，循环神经网络也越来越多地被应用到推荐系统中，并且取得了不错的效果。

目前循环神经网络（RNN）在推荐系统领域还处于比较早期的探索阶段，但各大公司都纷纷朝此方向发展。比如 Netflix 公司尝试如何使用循环神经网络根据用户的短期行为的数据作为

[1] llya Sutskever, Oriol Vinyals, Quoc V. Sequence to Sequence Learning with Neural Networks[J/OL]. (2014-12-14). https://arxiv.org/pdf/1409.3215.pdf.

[2] Oriol Vinyals, Quoc Le. A Neural Conversational Model[J/OL]. (2015-07-22). https://arxiv.org/abs/1506.05869.

[3] Nicolas Ivanov. tensorflow seq2seq chatbot[EB/OL]. (2016-12-20). https://github.com/nicolas-ivanov/tf_seq2seq_chatbot.

视频推荐的依据[1]。微软公司在搜索广告领域也有使用循环神经网络训练出搜索查询（Search Query）和广告的嵌入（Embedding）[2]。

下面看一个比较熟悉的例子——网易考拉的循环神经网络推荐系统[3]。

网易考拉的这套推荐系统，等于是把循环神经网络和协同过滤（传统的推荐算法）结合在一起。这个推荐系统所做的事情，和经常看到的所有电商的推荐系统一样，都是根据用户过往浏览的商品记录，实时向用户推荐他/她最可能购买的商品。

循环神经网络之所以能应用在推荐系统上，是因为用户的浏览记录，究其根本是一个时间序列。对于这个时间序列，引入循环神经网络的最大贡献是，循环神经网络可以根据序列的更新而进行网络参数的学习，从而达到了实时推荐的功能。比如，给定一个浏览记录序列，循环神经网络根据这个序列给出了推荐结果，如果用户进行了购买，则说明这种推荐是成功的；如果用户没有购买，则继续调整参数，让我们的学习模型更可靠。这样一来，推荐系统的结果在影响用户行为的同时，也被用户的反馈所修正。在这个推荐模型中，尤其考虑到循环神经网络在序列长度上的局限性，这个系统使用滑动窗口，以最近的 50 条浏览记录作为输入（这是因为发现一般用户浏览 50 个商品后会产生购买行为，所以说数据分析对于深度学习很有用）。不过，这个推荐系统并不会将过去的历史状态丢掉，而是将历史状态总和作为一个影响因子加入到学习系统中，最后取得了不错的推荐效果，如图 11-18 所示。

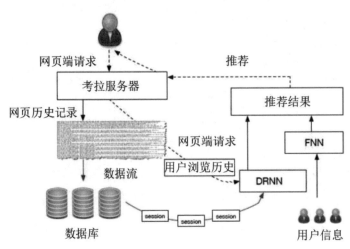

图 11-18　论文中的推荐系统示意图

至此，已经介绍了循环神经网络在不同领域的应用案例。这样的应用案例还有很多。在第 12 章中，会将循环神经网络的应用案例具体化，并学习如何使用 Keras 实现这些案例。

[1] Hidasi, Balázs, Karatzoglou. Session-based Recommendations with Recurrent Neural Networks[J]. Computer Science,2015-11-21.

[2] Zhai, Shuangfei, Chang. DeepIntent: Learning Attentions for Online Advertising with Recurrent Neural Networks[J]. ACM,2016-08-13.

[3] Sai Wu, Weichao Ren, Chengchao Yu. Personal Recommendation Using Deep Recurrent Neural Networks in NetEase[J]. 2016 IEEE 32nd International Conference on Data,2016.

第 12 章
◀ 使用Keras构建循环神经网络 ▶

本章将学习使用 Keras 构建循环神经网络（RNN）。将从 Keras 提供的循环层函数开始，在 12.1 节中介绍这些函数的用法。在 12.2 节中，将介绍 Keras 中嵌入层（Embedding）的使用，这是因为文本问题是循环神经网络经常处理的一种任务，而嵌入层是文本数据进入神经网络前常用的预处理手段。在了解相应的网络层的用法之后，将在 12.3 节中，给出一个循环神经网络的实例，以此对比多层神经网络、普通循环神经网络（SimpleRNN）和长短期记忆网络（LSTM）的表现。在 12.4 节中，将通过一个简单的函数拟合实例，详细介绍 Keras 中 LSTM 的用法，这是因为 LSTM 可以说是效果最好、最常用的一种循环神经网络，在以后的使用中经常会见到 LSTM 的身影。接下来，在 12.5 节和 12.6 节中，将会通过实例带领大家认识两种更高级的循环神经网络——状态循环神经网络和双向循环神经网络，这两种循环神经网络有新的特性，也引入了一定的复杂度，将探讨其原理和使用方法，学会在必要的时候使用它们。

12.1　Keras 中的循环层

正如之前看到的所有神经网络结构，Keras 同样提供了简单易用的循环层，供我们构建循环神经网络。

在 Keras 中，可以使用三种类型的循环层——SimpleRNN、LSTM 和 GRU，分别对应在上一章中学习的循环神经网络（RNN）、长短期记忆网络（LSTM）和门控循环单元（GRU）。使用这些网络层的第一步，和其他任何网络层一样，先导入它们。

```
from keras.layers import SimpleRNN, LSTM, GRU
```

这三类网络层的使用都很类似。Keras 将所有循环层看成一个抽象类，故而每一种类型的循环层都有共同的性质，并接受相同的关键字参数。除去和神经网络结构本身有关的特性，每一种循环层的参数略有不同外，其他的通用参数都是一样的。

无论是 SimpleRNN、LSTM 还是 GRU，每一种循环层的输入和输出格式就是一样的。这就给了我们极大的便利性和可理解性。

1. 输入

循环层接收的输入是形如 Batch_Size、timesteps、input_dim 的三维张量。

因为 Keras 中的循环层可以像其他网络层一样处理批量的数据，所以有 Batch_Size 这样的参数。

值得注意的是时间步长（timesteps）的概念。现在来回顾一下循环神经网络的结构。循环神经网络对时间序列进行处理，在每一个预测中，之前的序列对当前的预测是有影响的。比如图 12-1 所示，对x_t做时间上的展开，会看到x_0，x_1，x_2，…，x_t之前的数值。正因为循环神经网络使用时间序列进行预测，所以需要告诉我们使用的模型在每一次用来预测的时间序列的长度是多少，而这个序列的长度就是 timesteps。

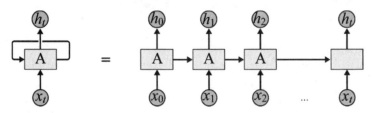

图 12-1　随着时间展开的循环神经网络[1]

input_dim 就比较好理解了，指的是输入数据的特征数，比如，用一组数据，诸如[1，2，3，4，5]这样的一维数组作为输入数据，那么 input_dim 就是 1。

当我们用循环神经网络来进行预测时，输入 3200 条一维数据进行训练，这 3200 条数据分成了 100 个 batch（批次或批量），那么每个 batch 的 Batch_Size 就是 32。如果在预测模型中，用前三个数值来预测第四个值的话，那么 timesteps 就是 3。输入数据的维度是 1。所以，这个模型输入的数据 shape（形状）就是（32，3，1）。

在使用循环层作为第一层（输入层）的时候，不用预先设置 Batch_Size，但是需要定义以下这三个量：

- 输入维度（例如 input_dim=1）。
- 输出维度（例如 output_dim=6）。
- 滑动窗口（例如 input_length=3，这就是上面说的 timesteps）。

所以，以下这三种写法是一样的。这都是当 LSTM 作为网络的第一层时需要设置的参数。

```
model.add(LSTM(input_dim=1, output_dim=6,input_length=3))
model.add(LSTM(6, input_dim=1, input_length=3))
model.add(LSTM(6, input_shape=(3, 1)))
```

其中，最后一种写法，input_shape=(3,1)，是比较常见的，也是推荐的一种写法。

2. 输出

循环层的输出，依靠 return_sequence 关键字来控制。

如果 return_sequences=True，则返回一个序列，是形如 samples、timesteps、output_dim 的三维张量。否则，返回一个值，是形如 samples、output_dim 的二维张量。请注意，如果没有指定，return_sequences 的默认值是 False。

---

[1] Colah. Understanding LSTM Networks[EB/OL].. https://colah.github.io/posts/2015-08-Understanding-LSTMs/ (2015-08-27).

通过以下的例子来了解循环层的输出。

在这个模型中，只有单个 LSTM 层没有指定 return_sequences，而采用了默认值 return_sequences=False。

```
model = Sequential()
model.add(LSTM(32, input_shape=(10, 64)))
model.summary()
```

可以看到这个 LSTM 层的输出形状是（None, 32），一个二维数组，这里的 None 是 Batch_Size。

```
Layer(type)                    Output Shape                    Param#
================================================================
lstm_1(LSTM)                   (None, 32)                      12416
================================================================
Total params: 12,416
Trainable params: 12,416
Non-trainable params: 0
```

同样的 LSTM 层，当设置 return_sequences=True 时，输出为（None，10，32）的三维张量，这是一个序列，序列长度（timesteps）是 10。

```
model = Sequential()
model.add(LSTM(32, input_shape=(10, 64), return_sequences=True))
model.summary()
```

网络的结构如下：

```
Layer(type)                    Output Shape                    Param#
================================================================
lstm_2(LSTM)                   (None, 10, 32)                  12416
================================================================
Total params: 12,416
Trainable params: 12,416
Non—trainable params: 0
```

为什么有两种输出的形式呢？这是因为，当构建循环神经网络时，通常会将多个循环层堆叠起来。这时，当前循环层的输出将会成为下一层网络层的输入，而循环层的输入要求的是 samples、timesteps、input_dim 的 shape（形状），所以中间层的循环层就要保持同样的输出形状。如下例所示：

```
model = Sequential()
model.add(LSTM(32, input_shape=(10, 64), return_sequences=True))
model.add(LSTM(10, return_sequences=True))
model.add(LSTM(3))
model.summary()
```

网络的结构如下：

```
Layer(type)                Output Shape               Param#
=================================================================
lstm_3(LSTM)               (None, 10, 32)             12416
_____
lstm_4(LSTM)               (None, 10, 10)             1720
_____
lstm_5(LS1M)               (None, 3)                  168
=================================================================
Total params: 14,304
Trainable params: 14,304
Non—trainable params: 0
```

在以上的例子中，一共搭建了3层的LSTM层，第1层的LSTM的输出会进入第2层LSTM，以便作为第2层的输入，这就需要第1层的LSTM返回完整的输出序列。同样的关系也存在于第2层LSTM和第3层LSTM之间。当设置 return_sequences=True 时，前两层的LSTM就能承担起中间层的作用，向之后的网络层传递序列。

搞清楚循环层的输入和输出结构，就了解循环层最基本的使用方法。在后面几节的实例中，将更好地掌握 Keras 中循环层的使用。

12.2 Keras 中的嵌入层

在进入实例之前，先来看一看 Keras 中的嵌入层（Embedding）。因为文本问题作为一个序列问题，是循环神经网络经常遇到的一个任务。而词嵌入（Word Embedding）是处理文本数据的简单有效的方法，Keras 中也同样提供了嵌入层来进行这样的处理工作。很多时候，词嵌入是文本任务的第一步，与此对应，在 Keras 中 Embedding 层也只能作为模型的第一层使用。

词嵌入涉及自然语言处理，是一个比较详细全面的概念。这里只需知道，词嵌入要做的是将单词转换成一个向量。比如一个句子中，单词的序列是"A，B，C，E，C，D"，在使用神经网络处理这个句子时，并不是将一个个诸如"A""B""C"这样的单词输入神经网络，而是将单词转换为向量，比如"A"对应的向量为[0.7，0.5]，"B"对应的向量为[0.2，-0.1]，再将这些向量输入神经网络。

Keras 中的嵌入层在计算形式上做的就是这样一件事，将正整数（单词的索引值）转换为具有固定大小的向量，比如输入（[4],[20]），输出（[0.25,0.1]，[0.6,-0.2]）。

为什么要使用词嵌入呢？首先就是因为在神经网络中，所处理的是数据而不是单词，词嵌入首先是将文字转换成数值的一种方式；其次是使用词嵌入将单词向量化，以方便计算单词间的距离。这是什么意思呢？当我们需要知道单词 A 和单词 B 之间的相似性，或者找单词 A 的同义词时，就可以通过计算两个向量之间的距离来得到量化的结果。

这里，使用《Python 深度学习》[1]中的一个例子说明词嵌入的作用。在图 12-2 中，展示了一个二维平面，有四个单词 Wolf（狼）、Tiger（虎）、Dog（狗）、Cat（猫）被嵌入在这个平面中。在这个二维平面中，单词被向量化，每个单词对应平面中的一个点，这些坐标点可以量化单词间的语义关系。例如，从 Cat 到 Tiger 的向量与 Dog 到 Wolf 的向量相等，这个向量可以被理解为"从宠物到野生动物"向量，这样一种关系对应过来就是人类可以理解的语义信息。同样，从 Dog 到 Cat 的向量与从 Wolf 到 Tiger 的向量也相等，这可以被解释为"从犬科到猫科"的向量。

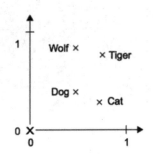

图 12-2　词嵌入空间的简单示例

以上的词嵌入空间只是一个简单示例。实际上，有没有一个万能的词嵌入空间，一旦我们要处理文本问题就使用这个空间？到目前为止，答案是"没有"。这其实也是很好理解的，首先各种不同种类的语言本身就不相同；其次，在不同任务下会产生不同的语境，嵌入空间也会有相应的不同和侧重点。

在实际使用中，更好的办法是对每个新任务都学习一个新的嵌入空间。在 Keras 中，也就是使用一个嵌入层。

Keras 中的嵌入层是怎样工作的呢？嵌入层同样也是一个神经网络层，这个神经网络层接收整数（代表特定单词）作为输入，返回相关联的向量。嵌入层起到了一种字典查找的作用，为每个单词找到对应的向量值。

在使用嵌入层时，必须指定 3 个参数：

（1）input_dim：这是文本数据中进入嵌入层的词汇表大小，即整数 index + 1。例如，使用的单词是整数编码为 0~10 之间的值，那么 input_dim 的取值为 11。

（2）output_dim：词向量的维度。这是单词被转换成向量后所在的嵌入空间的大小。比如在图 12-2 的示例中使用的维度是 2。但是在实际问题中，不太使用这么低的维度。通常会使用 256、512 或 1024 这类较高的词向量维度，越大的词汇表应该使用越高的维度。

（3）input_length：输入序列的长度，是一个固定的整数。如果嵌入层的下一层连接了 Flatten 和 Dense 层，则这个参数是必需的（没有它，Dense 层的输出尺寸就无法计算）。

以下给出了嵌入层的用法，这个嵌入层的输入词汇量是 1000，嵌入的维度是 64。对于我们的输入词汇，将其打包成一个个序列，每次输入一个序列，每一个序列包含 10 个单词。

---

[1] 弗朗索瓦·肖莱. Python 深度学习[M]. 张亮，译. 北京：人民邮电出版社，2018.

```
from keras.layers import Embedding

model = Sequential()
model.add(Embedding(1000, 64, input_length=10))
model.summary()
```

网络的结构如下：

```
Layer(type)                     Output Shape              Param#
========================================================================
embedding_2(Embedding)          (None, 10, 64)            64000
========================================================================
Total params: 64,000
Trainable params: 64,000
Non-trainable params: 0
```

　　这个嵌入层的输出是一个尺寸为 Batch_Size、input_length、output_dim 的三维张量。这是该 batch 中的单词在 64 维的嵌入空间的向量表示。这个三维张量可以作为输入进入 RNN 层或卷积层，具体会在接下来的例子中看到具体的实现。

12.3　IMDB 实例

　　本节将使用 Keras 中自带的 IMDB 数据集。该数据集包括了来自 IMDB 的电影评论，其中 25000 个训练样本、25000 个测试样本。每一条评论已经转换成整数索引的序列表示，且带有正面/负面情绪的标签。

　　如果这些还不够直观，那么将数据集中的输入样本打印出来看看。这是一条评论及其对应的整数索引序列。

Bromwell High is a cartoon comedy. It ran at the same time as some other programs about school life, such as " Teachers" ……… I expect that many adults of my age think that Bromwell High is far fetched. What a pity that it isn' t!

[23022, 309, 6, 3, 1069, 209, 9, 2175, 30, 1, 169, 55, 14, 46, 82, 5869, 41, 393, 110, 138, 14, 5359, 58, 4477, 150, 8, 1, 5032, 5948, 482, 69, 5, 261, 12, 23022, 73935, 2003, 6, 73, 2436, 5, 632, 71, 6, 5359, 1, 25279, 5, 2004, 10471, 1, 5941, 1534, 34, 67, 64, 205, 140, 65, 1232, 63526, 21145, 1, 49265, 4, 1, 223, 901, 29, 3024, 69, 4, 1, 5863, 10, 694, 2, 65, 1534, 51, 10, 216, 1, 387, 8, 60, 3, 1472, 3724, 802, 5, 3521, 177, 1, 393, 10, 1238, 14030, 30, 309, 3, 353, 344, 2989, 143, 130, 5, 7804, 28, 4, 126, 5359, 1472, 2375, 5, 23022, 309, 10, 532, 12, 108, 1470, 4, 58, 556, 101, 12, 23022, 309, 6, 227, 4187, 48, 3, 2237, 12, 9, 215]

　　以上是一个正面情绪样本，所以标签值是 1。

这是一个非常适合做文本情感分析任务的数据集。在此数据集上，将分别构建多层神经网络、RNN、LSTM 网络和基于循环神经网络的变体。

在处理序列问题上，循环神经网络（RNN 和 LSTM）会比简单的多层神经网络堆叠好得多。而在循环神经网络中，一般的 RNN（即 Keras 中的 SimpleRNN 层）通常过于简化，不是那么的实用。所以，在大多数处理序列的问题中，LSTM 都是首选。在本章中通过实例熟悉这两种网络层的使用，这也是使用最多的两种循环神经网络。

12.3.1　全连接网络

首先，载入相应的包（Package），并且定义一些参数，这在接下来的任务中会用到。其中，max_features 可以理解成为囊括的词汇表的大小，分解下来，IMDB 的数据集或许包括了大量的词汇，但是在任务中只选取其中最常出现的 20000 个词进入数据集。而 maxlen 代表用于训练的序列长度，读者可以在每 80 个词之后做一次断句，以此生成一个训练样本。

```
from keras.preprocessing import sequence
from keras.models import Sequential
from keras.layers import Dense, Embedding, Flatten
from keras.datasets import imdb

max_features = 20000
maxlen = 80
batch_size = 32
```

下一步就是载入数据集。这里使用到了 num_words=max_features，即只选取数据集中前 20000 个经常出现的单词。这样做的考虑是丢弃不常用的单词，节省空间方便处理。

```
print('Loading data...')
(x_train, y_train), (x_test, y_test) = \
    imdb.load_data(num_words=max_features)
print(len(x_train), 'train sequences')
print(len(x_test), 'test sequences')
```

在终端中看见如下的加载过程：

```
Loading data...
Downloading data from https://s3.amazonaws.com/text-datasets/imdb.npz
17465344/17464789 [==============================] - 94s 5us/step
25000 train sequences
25000 test sequences
```

对于这一类文本序列问题，通常需要对序列的长度进一步的截断和填充。例如在开头看到的，原数据集是一句话，是多个长度不等的序列，所以会调用 Keras 中的序列处理函数 pad_sequence，这个函数可以将多个序列截断或补齐。

```
print('Pad sequences (samples x time)')
x_train = sequence.pad_sequences(x_train, maxlen=maxlen)
```

```
x_test = sequence.pad_sequences(x_test, maxlen=maxlen)
print('x_train shape:', x_train.shape)
print('x_test shape:', x_test.shape)
```

这一步处理之后，可以看到样本的形状（或尺寸）已经发生了变化，原来的整数列表已经转换成形状为"samples, maxlen"的二维整数张量：

```
Pad sequences (samples x time)
x_train shape: (25000, 80)
x_test shape: (25000, 80)
```

现在来搭建一个简单的全连接模型，这个模型仅包含了一层有 128 个神经元隐藏层的全连接神经网络。

```
print('Build model...')
model = Sequential()
model.add(Embedding(max_features, 128, input_length=maxlen))
model.add(Flatten())
model.add(Dense(250, activation='relu'))
model.add(Dense(1, activation='sigmoid'))
print(model.summary())
```

网络的结构如下：

```
Build model...

Layer (type)                 Output Shape              Param #
=================================================================
embedding_1 (Embedding)      (None, 80, 128)           2560000

flatten_1 (Flatten)          (None, 10240)             0

dense_1 (Dense)              (None, 250)               2560250

dense_2 (Dense)              (None, 1)                 251
=================================================================
Total params: 5,120,501
Trainable params: 5,120,501
Non-trainable params: 0

None
```

经过编译后，对模型进行训练。注意，在这一节中并不会关心模型的优化，只是对不同神经网络在序列问题上的应用做一个展示。在处理实际任务时，这一节中的神经网络还有很大的优化空间。

```
model.compile(loss='binary_crossentropy',
              optimizer='adam',
              metrics=['accuracy'])

print('Train...')
model.fit(x_train, y_train,
```

```
                         batch_size=batch_size,
                         epochs=15,
                         validation_data=(x_test, y_test))
```

输出的结果如下：

```
Train...
Train on 25000 samples, validate on 25000 samples
Epoch 1/15
25000/25000 [==============================] - 9s 358us/step - loss: 0.4300 - acc:
0.7923 - val_loss: 0.3751 - val_acc: 0.8328
Epoch 2/15
25000/25000 [==============================] - 7s 297us/step - loss: 0.0713 - acc:
0.9740 - val_loss: 0.6404 - val_acc: 0.7899
Epoch 3/15
25000/25000 [==============================] - 6s 242us/step - loss: 0.0113 - acc:
0.9963 - val_loss: 0.9437 - val_acc: 0.8028
……
Epoch 13/15
25000/25000 [==============================] - 7s 275us/step - loss: 5.3882e-06 -
acc: 1.0000 - val_loss: 1.5477 - val_acc: 0.7984
Epoch 14/15
25000/25000 [==============================] - 7s 286us/step - loss: 2.5378e-06 -
acc: 1.0000 - val_loss: 1.5558 - val_acc: 0.7983
Epoch 15/15
25000/25000 [==============================] - 7s 283us/step - loss: 1.8633e-06 -
acc: 1.0000 - val_loss: 1.5653 - val_acc: 0.7984
```

在经过 15 轮的训练后，这样一个简单的全连接网络实际上达到了不错的结果。所以，神经网络的效果还是很强大的。在处理序列问题时，永远都可以从这样一个最简单的网络结构开始，然后随着结果的深入和数据量的增长不断丰富自己的模型。

```
        score, acc = model.evaluate(x_test, y_test,
                                    batch_size=batch_size)
        print('Test score:', score)
        print('Test accuracy:', acc)
```

输出的结果如下：

```
25000/25000 [==============================] - 2s 63us/step
Test score: 1.5653200295352936
Test accuracy: 0.79844
```

12.3.2　SimpleRNN

现在，将使用循环神经网络，首先使用的是基础版的 SimpleRNN，这个循环神经网络就像在上一节中看到的随时间展开，有自身循环的神经网络。在搭建网络之前，需要载入数据并进行相应的处理，这一部分遵循了上一节中的步骤，这里就不再赘述了。下面直接构建神经网络模型。

首先载入需要用到的 SimpleRNN 层。

```
from keras.layers import SimpleRNN
```

然后使用 SimpleRNN 层建立网络。

```
print('Build model...')
model = Sequential()
model.add(Embedding(max_features, 128))
model.add(SimpleRNN(128, dropout=0.2, recurrent_dropout=0.2))
model.add(Dense(1, activation='sigmoid'))
print(model.summary())
```

可以看到，构建循环神经网络非常简单，就像之前介绍的，循环神经网络有着和全连接神经网络一样的整体网络结构。因此，只需要将全连接层的 Dense 层替换层 SimpleRNN 层，就构建好了一个循环神经网络。SimpleRNN 层接收的参数设置可以在官网的文档中查阅到。这里设置了网络层中的神经元数量=128，dropout=0.2，这一丢弃比例用于输入的线性转换；设置了 recurrent_dropout=0.2，这一丢弃比例用于循环层状态的线性转换。

完整的神经网络结构如下所示：

```
Build model...

Layer (type)                 Output Shape              Param #
=================================================================
embedding_1 (Embedding)      (None, None, 128)         2560000

simple_rnn_1 (SimpleRNN)     (None, 128)               32896

dense_1 (Dense)              (None, 1)                 129
=================================================================
Total params: 2,593,025
Trainable params: 2,593,025
Non-trainable params: 0

None
```

接着，对模型进行编译、训练和评价。

```
model.compile(loss='binary_crossentropy',
              optimizer='adam',
              metrics=['accuracy'])

model.fit(x_train, y_train,
          batch_size=batch_size,
          epochs=15,
          validation_data=(x_test, y_test))

score, acc = model.evaluate(x_test, y_test,
                            batch_size=batch_size)
print('Test score:', score)
```

```
print('Test accuracy:', acc)
```

输出结果如下：

```
25000/25000 [==============================] - 11s 425us/step
Test score: 0.830657509765625
Test accuracy: 0.707
```

可以看到，使用了 SimpleRNN 的网络效果并不是太好，在 IMDB 情感分类这一任务上的表现甚至比不上最简单的全连接神经网络。所以，很少会真正用到 SimpleRNN，在用循环神经网络解决问题的任务中，使用的网络层一般是 LSTM 层。在接下来的实验中，就会看到 LSTM 确实有更好的效果。

12.3.3　LSTM

现在使用 LSTM 层，和上一节中相比，唯一的区别只是 SimpleRNN 被替换成了 LSTM 层。首先载入需要用到的 LSTM 层。

```
from keras.layers import LSTM
```

然后构建 LSTM 网络。

```
print('Build model...')
model = Sequential()
model.add(Embedding(max_features, 128))
model.add(LSTM(128, dropout=0.2, recurrent_dropout=0.2))
model.add(Dense(1, activation='sigmoid'))
print(model.summary())
```

网络结构如下：

```
Build model...
_____
Layer (type)                 Output Shape              Param #
=================================================================
embedding_1 (Embedding)      (None, None, 128)         2560000
_____
lstm_1 (LSTM)                (None, 128)               131584
_____
dense_1 (Dense)              (None, 1)                 129
=================================================================
Total params: 2,691,713
Trainable params: 2,691,713
Non-trainable params: 0
_____
None
```

在对模型完成编译、训练和评价后，可以看到模型的 accuracy 比之前的 SimpleRNN 层提升了许多。

```
model.compile(loss='binary_crossentropy',
              optimizer='adam',
              metrics=['accuracy'])

model.fit(x_train, y_train,
          batch_size=batch_size,
          epochs=15,
          validation_data=(x_test, y_test))

score, acc = model.evaluate(x_test, y_test,
                            batch_size=batch_size)
print('Test score:', score)
print('Test accuracy:', acc)
```

输出结果如下：

```
Test score: 1.1319447413229942
Test accuracy: 0.81224
```

对于循环神经网络的训练，损失函数和优化器很重要，不同的选择往往在模型表现上的区别很大。这并没有一个规则可以遵循，建议在实际操作中进行不同的尝试来调优模型。

实际上，在我们的问题中，IMDB 的数据集不是很大，并不是一个很能够体现出 LSTM 网络效果的任务。在一些更复杂的任务中，LSTM 会体现出更大的优势。不过，经过这一节中的简单对比，希望读者能理解，当使用循环神经网络时，使用的网络层一般是 LSTM 层，就算有其他变体，大多也是基于 LSTM 层的。接下来的两个例子，会看到使用更多样的循环神经网络。

12.3.4 双向循环神经网络

双向（Bidirectional）循环神经网络是循环神经网络的一个拓展，这种网络使用了两个不同方向的循环层叠加。可以认为双向循环神经网络不但使用了之前的信息，同时也用上了后面的信息。

比如一个句子：小花很好看，她是一个漂亮的姑娘。这里的"小花"，如果仅基于前半段信息，也许会被识别为植物小花，但是有了下一句，就知道"小花"是个女孩。这就是经常说的上下文信息，就是指要同时使用前后的信息，才能做出更准确的预测。双向循环神经网络就是基于这一原理。

双向循环神经网络也是有缺点的，因为要使用后面的信息，网络不得不等待完整序列都产生后才可以开始预测，所以双向循环神经网络并不能进行实时预测。这是其应用的局限性。

不过，在一些不需要实时响应的任务上，双向循环神经网络还是有很好的效果。下面在 IMDB 数据集上应用双向循环神经网络。

首先对数据进行同样的处理，然后开始搭建网络。在 Keras 中，使用双向循环神经网络的方法是对现有的循环神经网络层做一层 wrapper。就像下面的代码中所示的那样，首先定义了 LSTM 层，再将其包裹（wrap）在双向（Bidirectional）中。这样一来，会产生两个隐藏层，分别对输入序列进行正序和反序的处理，于是前后信息都得到了传递。这两个隐藏层的结果会被级联（Concat）在一起，作为这一层的输出。

要使用双向循环神经网络，首先需要载入 Bidirectional 层。

```
from keras.layers import Bidirectional, Dropout
```

然后开始构建网络。

```
print('Build model...')
model = Sequential()
model.add(Embedding(max_features, 128, input_length=maxlen))
model.add(Bidirectional(LSTM(64)))
model.add(Dropout(0.5))
model.add(Dense(1, activation='sigmoid'))


print(model.summary())
```

网络结构如下：

```
Build model...

Layer (type)                    Output Shape              Param #
=================================================================
embedding_1 (Embedding)         (None, 80, 128)           2560000

bidirectional_1 (Bidirection    (None, 128)               98816

dropout_1 (Dropout)             (None, 128)               0

dense_1 (Dense)                 (None, 1)                 129
=================================================================
Total params: 2,658,945
Trainable params: 2,658,945
Non-trainable params: 0

None
```

对这一模型进行编译和训练。因为 IMDB 数据集并不大，所以只进行 4 轮的训练。

```
model.compile(loss='binary_crossentropy',
              optimizer='adam',
              metrics=['accuracy'])


model.fit(x_train, y_train,
          batch_size=batch_size,
          epochs=4,
          validation_data=(x_test, y_test))
```

结果如下：

```
Train...
Train on 25000 samples, validate on 25000 samples
Epoch 1/4
25000/25000 [==============================] - 341s 14ms/step - loss: 0.4126 - acc:
0.8103 - val_loss: 0.3475 - val_acc: 0.8467
Epoch 2/4
25000/25000 [==============================] - 337s 13ms/step - loss: 0.2269 - acc:
0.9121 - val_loss: 0.4029 - val_acc: 0.8440
Epoch 3/4
25000/25000 [==============================] - 338s 14ms/step - loss: 0.1302 - acc:
0.9522 - val_loss: 0.4481 - val_acc: 0.8442
Epoch 4/4
25000/25000 [==============================] - 333s 13ms/step - loss: 0.0700 - acc:
0.9756 - val_loss: 0.5812 - val_acc: 0.8332
```

对模型进行评价，我们可以看到，无论是损失率（loss）还是准确度（accuracy），都比之前的几个例子有了提升，之前我们进行了 15 轮的训练，而这次只需要 4 轮。所以，双向循环神经网络的能力还是很实在的，对于不需要实时响应的任务，如果序列的前后信息都有用，那么还是推荐使用双向循环神经网络。

```
score, acc = model.evaluate(x_test, y_test,
                            batch_size=batch_size)
print('Test score:', score)
print('Test accuracy:', acc)
```

输出的结果如下：

```
25000/25000 [==============================] - 82s 3ms/step
Test score: 0.5812176175367832
Test accuracy: 0.83316
```

12.3.5 用了卷积层的循环网络结构

循环神经网络还可以和卷积层相结合。现在，将在 IMDB 数据集上实验这个神经网络结构，首先用一维的卷积层 Conv1D 处理输入，这是因为输入的数据是文本，是一维的。然后将卷积后的结果输入到一个 LSTM 网络中。这基本上就是一个卷积和循环神经网络相结合的网络结构了。让我们来试一试这个神经网络的效果。

还是沿用之前的数据处理，不过因为多了卷积层，所以需要添加一些参数。在下面的代码中，把需要用的参数设置都写了出来：

```
# Embedding
max_features = 20000
maxlen = 100
embedding_size = 128


# Convolution
```

```
kernel_size = 5
filters = 64
pool_size = 4

# LSTM
lstm_output_size = 70

# Training
batch_size = 30
epochs = 2
```

在搭建网络的时候，首先使用 Con1D 构建卷积层，在卷积层之后接入一层 MaxPooling（最大池化），输出因此被展平，可以进入 LSTM 层。

接下来着手搭建这样的网络，首先载入这个例子中新增的网络层。

```
from keras.layers import Conv1D, MaxPooling1D
```

然后搭建网络：

```
print('Build model...')

model = Sequential()
model.add(Embedding(max_features, embedding_size,
input_length=maxlen))
model.add(Dropout(0.25))
model.add(Conv1D(filters,
        kernel_size,
        padding='valid',
        activation='relu',
        strides=1))
model.add(MaxPooling1D(pool_size=pool_size))
model.add(LSTM(lstm_output_size))
model.add(Dense(1, activation='sigmoid'))

print(model.summary())
```

具体的神经网络结构如下：

Layer (type)	Output Shape	Param #
embedding_1 (Embedding)	(None, 100, 128)	2560000
dropout_1 (Dropout)	(None, 100, 128)	0
conv1d_1 (Conv1D)	(None, 96, 64)	41024
max_pooling1d_1 (MaxPooling1	(None, 24, 64)	0

```
lstm_1 (LSTM)                        (None, 70)                    37800

dense_1 (Dense)                      (None, 1)                     71
=================================================================
Total params: 2,638,895
Trainable params: 2,638,895
Non-trainable params: 0

_____
None
```

我们对模型进行编译和训练。因为数据量并不大，这一次只进行两轮的训练。

```
model.compile(loss='binary_crossentropy',
              optimizer='adam',
              metrics=['accuracy'])

print('Train...')
model.fit(x_train, y_train,
          batch_size=batch_size,
          epochs=epochs,
validation_data=(x_test, y_test))
```

结果如下：

```
Train...
Train on 25000 samples, validate on 25000 samples
Epoch 1/2
25000/25000 [==============================] - 68s 3ms/step - loss: 0.3866 - acc:
0.8192 - val_loss: 0.3433 - val_acc: 0.8478
Epoch 2/2
25000/25000 [==============================] - 66s 3ms/step - loss: 0.1987 - acc:
0.9248 - val_loss: 0.3404 - val_acc: 0.8583
```

可以看到，仅仅通过两轮的训练，模型就达到了不错的效果。

```
score, acc = model.evaluate(x_test, y_test,
                            batch_size=batch_size)
print('Test score:', score)
print('Test accuracy:', acc)
```

测试的结果如下：

```
25000/25000 [==============================] - 16s 647us/step
Test score: 0.3403683731108904
Test accuracy: 0.8582799928188324
```

其实，像这样一种卷积神经网络和循环神经网络结合的神经网络结构，叫作 ConvLSTM，最早是在 "Convolutional LSTM Network: A Machine Learning Approach for Precipitation Nowcasting"（卷积 LSTM 网络：结合两种神经网络的机器学习方法）论文里提出，这种神经网络结合了两种神经网络的优点，不仅具有 LSTM 的时序建模能力，而且还能像卷积神经网络（CNN）一样刻画局部特征，可以说是时空特性兼备。

12.4　LSTM 实例

本节具体解析一个时间序列预测问题，读者将会看到它是怎样被建模成一个深度学习中的回归问题，从中会学习如何使用 LSTM（长短期记忆网络）来处理时间序列问题，这都是在实际应用中常见的问题。

时间序列预测问题与一般的回归问题不同，预测时间序列的时候，我们处理的不是单个数值之间的映射，往往涉及序列的输入和输出。比如，股票价格的预测是一个典型的时间序列预测问题。关于这个问题，可能遇到以下几种情况：

（1）使用今天的股票价格，预测明天的股票价格。

（2）使用昨天和今天的股票价格，预测明天的股票价格。

（3）使用今天的股票价格，预测明天和后天的股票价格。

（4）使用昨天和今天的股票价格，预测明天和后天的股票价格。

姑且不论这样建模的有效性，这个例子告诉我们的是，时间序列预测有着序列间的相关性，所以问题变得更复杂了。而这体现在模型搭建上，就是要根据问题的情况来定义模型的输入和输出。通过上一章中对循环神经网络的介绍，以上 4 种情况分别对应的是循环神经网络处理的不同输入和输出的对应关系。

（1）一对一问题

（2）多对一问题

（3）一对多问题

（4）多对多问题

目前，循环神经网络在实际问题中取得的成果，基本上都是基于 LSTM 打造的。掌握 LSTM 的重要性不言而喻。本节将学习在 Keras 中训练和使用 LSTM，使用的例子非常简单，将会用 LSTM 拟合余弦函数（cos 函数），即通过余弦函数的过去部分预测下一步出现的数值，能够帮助我们省去数据下载和处理的麻烦。通过这个例子，读者能够学会以下这两个知识点：

● 使用 LSTM 预测未来的一个时间步长的数值。

● 使用 LSTM 预测未来的多个时间步长的数值。

相同的方法可以被应用在日后实际遇到的数据集上，这个思路也可以解决大多数的时间序列的预测问题。

12.4.1　深度学习中的时间序列问题

本节将介绍深度学习中的时间序列的预测问题，将在接下来的例子中接触到这些知识点：

（1）在深度学习中，如何将时间序列问题建模成回归问题。

（2）使用 LSTM 预测未来的一个时间步长的数值或信息。

（3）在 LSTM 中，用到过去的时间窗口，也就是使用更多的过去信息预测未来。

（4）使用 LSTM 预测未来多个时间步长的数值或信息。

在第一个例子中，将会覆盖（1）和（2）知识点。首先载入要用到的包（Package），并且生成余弦函数。

```
from keras.models import Sequential
from keras.layers import LSTM, Dense
import numpy as np
import matplotlib as plt


dataset = np.cos(np.arange(1000)*(20*np.pi/1000))


plt.plot(dataset)
```

这是一列长度为 1000 的数列，取值在-1 到 1 之间。如果打印这个数列的部分数值，会看到以下的结果，而这个余弦函数连续数据的图形如图 12-3 所示。

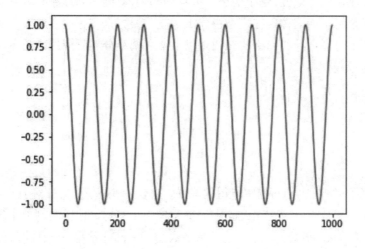

图 12-3　余弦函数的图形

结果如下：

```
1.0000
0.9980
0.9921
0.9823
0.9686
0.9511
0.9298
0.9048
0.8763
0.8443
```

我们需要对数据进行一定的处理，这是根据 LSTM 网络的特性所进行的数据预处理。关于

LSTM 网络对于输入数据的要求，读者需要知道以下两点：

（1）LSTM 对数据的范围很敏感，所以通常需要对输入数据进行归一化处理，将数据限制在一定的区间内。这里的余弦函数本身已经在（-1,1）的范围内了，故而在这个例子中省去了这一步。但是在之后的应用中，输入数据一般不会像余弦函数这样工整，所以，请一定记得对数据进行归一化处理。

（2）LSTM 网络要求的输入格式是形如[samples, time steps, features]的矩阵，所以面对各种形式的输入数据，总要将其格式转换成[samples, time steps, features]的形式。在这个余弦函数的例子中，样本数（samples）为 1000，特征数（features）为 1。而时间步长（timesteps）由建模需求决定，如果只用过去的一个时间步长进行预测，那么 timesteps 为 1；如果使用过去的多个时间步长（比如 3 个）进行预测，那么 timesteps 为 3。

我们可以定义以下的函数，它会将输入的序列转换成时间序列建模问题需要的 x 和 y。这个函数使用参数 look_back 来指定用过去几个时间步长来预测未来，它会将过去的时间步长转换成输入 x，同时生成对应的标签 y。这个函数可以被重复调用。

```
# 产生相对应的时间序列 X 和 Y
def create_dataset(dataset, look_back=1):
    dataX, dataY = [], []
    for i in range(len(dataset)-look_back):
        dataX.append(dataset[i:(i+look_back)])
        dataY.append(dataset[i + look_back])
    return np.array(dataX), np.array(dataY)
```

look_back=1 表示使用 t 时刻的数据去预测 t+1 时刻的数据。

```
x,y = create_dataset(dataset, look_back=1)
```

这个函数实际的效果是将输入序列往后做了一步位移。因此，看到了原本长度为 1000 的序列变成了 999，这就是做了一步位移的结果。如果进一步将 x 和 y 的部分数据打印出来，可以看到，y 是将 x 的序列往前移动了一步。这样一来，x 和 y 之间就形成了一种时序上的关系，x 的 t 时间和 y 的 t+1 时间相对应。

```
print(x.shape)
print(y.shape)
```

x 和 y 数组的形状：

```
(999, 1)
(999,)
```

输入序列往后做了一步位移，x 的 t 时间和 y 的 t+1 时间相对应：

```
X         y
1.0000    0.9980
0.9980    0.9921
0.9921    0.9823
```

```
0.9823   0.9686
0.9686   0.9511
0.9511   0.9298
0.9298   0.9048
0.9048   0.8763
0.8763   0.8443
```

当然，一个完整的数据处理过程包括：

（1）将一个数据集分成训练集和测试集。

（2）产生相对应的时间序列 x 和 y。

（3）将输入 x 转换成[samples, time steps, features]的形式，这可以调用 reshape 方法进行转换（即重塑形状）。

在以下的代码中，就包含了这 3 个部分。

```python
look_back = 1
# 分割训练集和测试集
train_size = int(len(dataset) * 0.7)
test_size = len(dataset) - train_size
train, test = dataset[:train_size], dataset[train_size:]

# 产生时间序列 x 和 y
trainX, trainY = create_dataset(train, look_back)
testX, testY = create_dataset(test, look_back)

# 将输入 x 转换成[samples, time steps, features]的形式
trainX = np.reshape(trainX, (trainX.shape[0], 1, trainX.shape[1]))
testX = np.reshape(testX, (testX.shape[0], 1, testX.shape[1]))

# 将数组的形状打印出来
print('trainX.shape = ', trainX.shape)
print('testX.shape = ', testX.shape)
print('trainY.shape = ', trainY.shape)
print('testY.shape = ', testY.shape)
```

通过以上的数据处理，我们的输入数据和标签值转换成以下的形状：

```
trainX.shape= (699, 1, 1)
testX.shape= (299, 1, 1)
trainY.shape= (699,)
testY.shape= (299,)
```

现在，数据已经准备完毕，可以搭建模型了。我们构建一个 LSTM 网络，这个网络非常简单，仅包括一个 LSTM 层，因为 LSTM 层用作了第一层，所以需要定义 input_shape。将这一时间序列问题定义为回归问题，因为只需要预测下一个时间步长，所以在 LSTM 层之后，直接接入输入层，即神经元数量为 1 的全连接层。

　　之后，用常规的方法编译和训练模型，就完成了这项时间序列预测问题的建模工作。注意，这里只是一个简单的例子，并不涉及模型的调优部分。

```
model = Sequential()
model.add(LSTM(32, input_shape=(look_back, 1)))
model.add(Dense(1))

model.compile(loss = 'mse', optimizer = 'adam')
model.fit(trainX,trainY,batch_size=32,epochs=10)
```

结果如下：

```
Epoch 1/10
699/699 [==============================] - 2s 4ms/step - loss: 0.4746
Epoch 2/10
699/699 [==============================] - 0s 197us/step - loss: 0.4173
Epoch 3/10
699/699 [==============================] - 0s 208us/step - loss: 0.3626
……
Epoch 8/10
699/699 [==============================] - 0s 183us/step - loss: 0.0974
Epoch 9/10
699/699 [==============================] - 0s 217us/step - loss: 0.0586
Epoch 10/10
699/699 [==============================] - 0s 199us/step - loss: 0.0313
```

　　那么预测的结果如何呢？一个非常直观的方式就是将预测值和真实值都描绘出来，放在一起进行对比，就会一目了然，如图 12-4 所示。

```
# 对训练集和测试集都生成预测的数值
trainPredict = model.predict(trainX)
testPredict = model.predict(testX)

trainPredictPlot = np.zeros(shape=(len(dataset), 1))
trainPredictPlot[:] = np.nan
trainPredictPlot[look_back:len(trainPredict)+look_back, :] = \
    trainPredict

testPredictPlot = np.zeros(shape=(len(dataset), 1))
testPredictPlot[:] = np.nan
testPredictPlot[len(trainPredict)+1:len(dataset)-1, :] = testPredict

# 将真实值、对训练集的预测、对测试集的预测都绘制出来
plt.plot(dataset, label='origin')
plt.plot(trainPredictPlot, label='trainPredict')
plt.plot(testPredictPlot, label='testPredict')
plt.legend(loc='upper right')
```

```
plt.show()
```

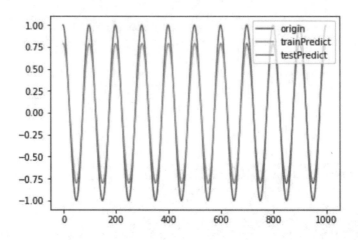

图 12-4　将预测值和真实值都描绘出来进行对比

从对比图上来看,训练的模型并没有特别好地拟合原数据,有没有办法对结果直接提升呢? 答案是"有"。在这个例子中,我们使用了过去的一步数据来预测未来的一步,一个很直接的想法就是,已知的历史数据很多,那么是否可以用更多的历史数据来做出对未来更准确的预测呢? 答案是肯定的,接下来的例子中,会看到,在时间序列预测问题中,如何使用过去的几步来预测下一步的数值。

12.4.2　使用更多的历史信息

本节的例子也很简单,对上一个例子稍作改变,将 look_back 从 1 改成 3。这一次,使用过去的 3 个时间步长来预测未来的一步,也就是使用 t-2、t-1、t 来预测 t+1。

我们沿用上一节的数据处理方式,只不过现在 look_back=3。这一结果是输入数据会进行反向 3 个步长的位移来产生 t-2、t-1、t 时刻的数据,再多一个正向步长的位移来预测 t+1 时刻的数据。

```
look_back = 3

train_size = int(len(dataset) * 0.7)
test_size = len(dataset) - train_size
train, test = dataset[:train_size], dataset[train_size:]

trainX, trainY = create_dataset(train, look_back)
testX, testY = create_dataset(test, look_back)

trainX = np.reshape(trainX, (trainX.shape[0], 1, trainX.shape[1]))
testX = np.reshape(testX, (testX.shape[0], 1, testX.shape[1]))
```

将 X 和 Y 的前几个数值打印了出来,以帮助读者更好地看到 look_back 的效果:

```
X1       X2       X3       Y
1.0000   0.9980   0.9921   0.9823
```

```
0.9980    0.9921    0.9823    0.9686
0.9921    0.9823    0.9686    0.9511
0.9823    0.9686    0.9511    0.9298
0.9686    0.9511    0.9298    0.9048
0.9511    0.9298    0.9048    0.8763
0.9298    0.9048    0.8763    0.8443
0.9048    0.8763    0.8443    0.8090
0.8763    0.8443    0.8090    0.7705
```

除此之外，模型的构建和训练也都是一样的。

```
model = Sequential()
model.add(LSTM(32, input_shape=(look_back, 1)))
model.add(Dense(1))

model.compile(loss = 'mse', optimizer = 'adam')
model.fit(trainX,trainY,batch_size=32,epochs=10)
```

训练的过程如下：

```
Epoch 1/10
697/697 [==============================] - 3s 5ms/step - loss: 0.4106
Epoch 2/10
697/697 [==============================] - 0s 339us/step - loss: 0.2401
Epoch 3/10
697/697 [==============================] - 0s 346us/step - loss: 0.0990
……
Epoch 8/10
697/697 [==============================] - 0s 329us/step - loss: 0.0101
Epoch 9/10
697/697 [==============================] - 0s 304us/step - loss: 0.0101
Epoch 10/10
697/697 [==============================] - 0s 364us/step - loss: 0.0100
```

使用相同的配置，同样经过了 10 轮训练之后。模型的预测能力有没有得到提升呢？答案是肯定的。在图 12-5 中，我们用同样的代码将预测值和原始数据放在一起比较，可以看到模型现在已经可以很好地拟合余弦函数了。

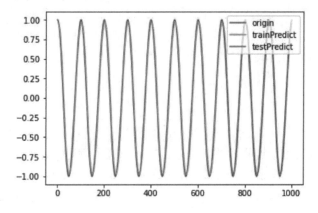

图 12-5　使用更多的历史数据进行训练，再将预测值和真实值描绘出来进行对比

所以，使用过去的多个时间步长去预测未来的数据，其实是 LSTM 网络比较常用的方式。过去的时间步长，常被称为时间窗口。关于时间窗口长度的选择，并没有一个定式，在通常情况下，采用更多的过去信息，应该对未来的预测更有帮助，但是考虑到模型的处理能力，也不是越长的时间窗口就越好。一般的建议是，尝试不同的时间窗口，这会带给我们一些规律来选取比较合适的设置值。

12.4.3　多个时间步长的预测

在上面的例子中，分别学习了使用过去的一步或者多步来对未来的一个时间步长进行预测。如果我们需要对未来的多个时间步长进行预测，应该怎么做呢？

比如，以下所示是过去 6 天的天气数据：

```
Time,    Temperature
1,       56
2,       50
3,       59
4,       63
5,       52
6,       60
```

现在想对未来两天的天气做出预测，这就是一个多步预测的时序问题。

```
Time,    Temperature
7,       ?
8,       ?
```

解决这一问题的办法有多种。

首先，可以用单独的模型来预测每一个时间步长的数值，假设有已知的过去的数据 t-1，t-2，…，t-n，想要预测未来的 t+1 和 t+2，那么我们可以建立两个模型 model1 和 model2，从而使用过去的数据对这两个未来的时间步长分别进行预测。这个方法执行起来很简单，但是对于每一个预测值都需要一个单独的模型，这样一来所需的计算量就上去了，现在不过是要预测未来的两步，如果需求是十几步，就要建立和训练十几个模型，显然很耗时和计算资源。另外，每一个预测都是独立，这就没有利用时序之间的关联性，比如 t+1 和 t+2 的数值是有联系的，但是在采用单独预测的方式中，这两个数值就没有关联了。

```
prediction(t+1) = model1(obs(t-1), obs(t-2), ..., obs(t-n))
prediction(t+2) = model2(obs(t-1), obs(t-2), ..., obs(t-n))
```

要用这两个预测值的关联性，一种解决办法是将时序用起来，也就是说，在预测 t+2 的时候，把 t+1 的预测值也用上。这样做的好处是，将时序间连续时间步长的关联性考虑了进去，而不好的地方也很明显，预测值有一定误差。当我们使用一个预测的数值来进行下一步的预测时，预测的误差是累积的。使用这种方式会观察到模型的预测，随着时间的推进越来越不准确了，这就是因为误差累积的缘故。

```
prediction(t+1) = model(obs(t-1), obs(t-2), ..., obs(t-n))
prediction(t+2) = model(prediction(t+1), obs(t-1), ..., obs(t-n))
```

当然，我们还可以结合前两种方法，使用两个模型以及前一步的预测值来进行预测。

```
prediction(t+1) = model1(obs(t-1), obs(t-2), ..., obs(t-n))
prediction(t+2) = model2(prediction(t+1), obs(t-1), ..., obs(t-n))
```

最后，也可以一步到位。使用一个模型一次预测未来的多个时间步长的数值。这种方法对模型的准确度要求更高一些，因为模型不但要学习输入和输出间的关系，同时还要学习两个输出之间的关联。因此，当使用这个方法时，模型的训练时间通常更长，要求的数据量也会更多一些。

```
prediction(t+1), prediction(t+2) = \
    model(obs(t-1), obs(t-2), ..., obs(t-n))
```

这四种方法在操作上来说都可行。在实际的工作中，我们会更倾向于最后一种，因为更符合神经网络的学习功能。并且，这个方法在代码实现上也很简单，与上面的例子相比，我们需要改进的地方只有两处：

（1）将输入和输出的数组重塑（reshape）为适应 LSTM 网络的形状。

（2）在网络的最后一个输出层，使用 Dense(y.shape[1])来生成未来几步的输出。

继续使用余弦函数的例子，来看看多步的预测是怎样完成的。我们的数据集（dataset）还是那 1000 个余弦函数值，将这 1000 个值分成 700 个训练集和 300 个测试集。

```
train_size = int(len(dataset) * 0.7)
test_size = len(dataset) - train_size
train, test = dataset[:train_size], dataset[train_size:]
```

多步预测的关键是要生成输入和输出相对应的序列。下面的函数所做的就是这样一件事情，根据输入和输出的长度来生成相对应的序列。假如要使用过去的 7 步来预测未来的 3 步，那么在任意时间 t，输入的序列包括了 7 个时间步长（t-6，t-5，t-4，t-3，t-2，t-1，t），输出序列包括了 3 个时间步长（t+1，t+2，t+3）。

```
def to_supervised(train, n_input, n_out=3):
    data = train
    X, y = list(), list()
    in_start = 0

    for _ in range(len(data)):
        # 输入序列的结束点
        in_end = in_start + n_input
        # 输出序列的结束点
        out_end = in_end + n_out
        # 确认序列不超出数据集
```

```
        if out_end < len(data):
            x_input = data[in_start:in_end]
            # 转换成网络需要的形状（重塑）
            x_input = x_input.reshape((len(x_input), 1))
            X.append(x_input)
            y.append(data[in_end:out_end])
        # 往前移动一个时间步
        in_start += 1
    return np.asarray(X), np.asarray(y)
```

我们使用这个函数生成训练样本。

```
train_x, train_y = to_supervised(train, n_input=7)
```

可以看到样本的形状体现了输入和输出序列间的长度关系，也符合 LSTM 网络的输出要求。

```
print(train_x.shape)
print(train_y.shape)
```

结果如下：

```
(690, 7, 1)
(690, 3)
```

接下来，就可以对网络进行训练了。我们构建了一个简单的 LSTM，编译之后，网络的训练过程如下。

```
# 训练时用到的参数
verbose, epochs, batch_size = 2, 10, 32
n_timesteps, n_features, n_outputs\
    = train_x.shape[1], train_x.shape[2], train_y.shape[1]

model = Sequential()
model.add(LSTM(200, activation='relu',
input_shape=(n_timesteps, n_features)))
model.add(Dense(100, activation='relu'))
model.add(Dense(n_outputs))
model.compile(loss='mse', optimizer='adam')

model.fit(train_x, train_y, epochs=epochs, batch_size=batch_size,
    verbose=verbose)
```

训练过程如下：

```
Epoch 1/10
 - 1s - loss: 0.3116
Epoch 2/10
 - 0s - loss: 0.0512
Epoch 3/10
 - 0s - loss: 0.0318
……
Epoch 8/10
```

```
 - 0s - loss: 5.8074e-04
Epoch 9/10
 - 0s - loss: 2.2642e-04
Epoch 10/10
 - 0s - loss: 1.4281e-04
```

现在，我们想使用模型来进行预测。这也很简单，根据过去时间窗口的长度，在这里是 n_input=7，生成一个长度是 7 的序列，然后将这个序列转换成神经网络要求的形状(1, len(input_x),1)，就可以将输入序列投入神经网络进行预测。

```
# 使用过去的 7 步作为输入序列的长度
n_input = 7

# 产生输入序列
input_x = test[-n_input:]
print(input_x)
print(input_x.shape)

# 转换成网络要求的形状 [1, n_input, 1]
input_x = input_x.reshape((1, len(input_x), 1))
print(input_x.shape)

# 预测
yhat = model.predict(input_x, verbose=2)
```

输出结果如下：

```
[0.90482705 0.92977649 0.95105652 0.96858316 0.98228725 0.9921147
 0.99802673]
(7,)
(1, 7, 1)
```

如果将预测值 yhat 打印出来，可以发现 yhat 是一个数组，这就是对应了未来三个时间步长的预测数值。

```
array([[0.9970692 , 0.99041796, 0.9823903 ]], dtype=float32)
```

12.5　有状态的循环神经网络

循环神经网络（RNN）是有状态的（Stateful）这一性质，使得其中的状态（State）能够更好地帮助我们处理序列间的依赖关系。

什么是状态呢？在官方的文档说明中，对循环神经网络的状态的定义是：使循环神经网络具有状态意味着每批样本的状态将被重新用作下一批样本的初始状态[1]。

---

[1] 如何使用有状态 RNN (stateful RNNs)[EB/OL]. https://keras.io/zh/getting-started/faq/#how-can-i-use-stateful-rnns.

当使用有状态的循环神经网络时，假定：

● 所有的批次都有相同数量的样本。

● 如果 x1 和 x2 是连续批次的样本，则对于每个 i，x2[i] 是 x1[i] 的后续序列。

这听上去很费解，下面来举个例子说明。假设要处理一篇文章，其中有 100 句话，那么想预测出第 101 句是什么。这是一个序列问题，所以使用 LSTM 模型。我们会将这篇文章（称它为 x）分解，这样每一个句子会成为一个样本，这些样本会用来训练 LSTM 模型。在现有的 LSTM 模型中，训练样本 x[i] 代表一句话，是一个序列，这个序列中的每一个词可以代表一个时间步长。我们知道，LSTM 是有记忆的，这种记忆指的是在一句话中的记忆，比如 x[i][0] 第一个单词（时间步长）的信息可以被记忆，传递到第 3 个单词（时间步长）x[i][3] 中。

但是，这是不够的，这样方式忽略了句子和句子之间的联系。换言之，这种 LSTM 的记忆仅限于一个句子的内部，是单词之间的记忆，而在句子和句子之间完全没有任何的记忆。这显然不符合现实情况，我们常说的上下文就是因为句子和句子之间有内在联系。如果想要学习样本（序列）之间的联系，就需要使用有状态的 LSTM（Stateful LSTM）。

在此之前所用的 LSTM 都是无状态的 LSTM（Stateless LSTM），它关心样本内部的记忆。在 Keras 中，对于无状态 LSTM 的训练，在每个样本进入网络时都会将 LSTM 网络中的记忆状态参数初始化（注意这里的初始化指的是 LSTM 内部的记忆门、遗忘门，而非网络本身的权值 w）。这是因为 Keras 在训练时会默认地打混样本（Shuffle Sample），如果我们的序列在训练时是被随机打乱的，那么序列之间的相关性就消失了，这时记忆参数在批量数据（Batch）、小序列之间进行传递就没意义了，所以 Keras 要把记忆参数初始化。

与此相反的是，在有状态的 LSTM 的训练中，我们会在 fit 中手动设置 shuffle = False。那么，在训练网络时的样本是按其本身的顺序进入网络的，这时序列和序列之间的记忆对于网络就是有意义的。对于每一个批量数据 batch（假设 batch_size=k），在 x[i]（表示输入矩阵中第 i 个样本）这个小序列训练完之后，Keras 会将训练完的记忆参数传递给 x[i+k]（表示第 i+k 个样本）作为其初始的记忆参数。这样一来，这些记忆参数就能顺利地在样本和样本之间传递，x[i+n*k] 也就能知道 x[i] 的信息。

如果需要使用有状态的循环神经网络，比如有状态的 LSTM，那么在 Keras 提供的 LSTM 层中只需要指定 stateful=True 即可。

```
LSTM(32, input_shape=(look_back, 1), stateful=True)
```

当然，循环神经网络中状态的概念不是那么容易理解的，很多时候把实际问题建模成有状态的循环神经网络（Stateful RNN）是一个比较困惑的过程。其实，很多问题并不需要使用有状态的循环神经网络就可以解决，因此，我们的建议是永远不要在不确定的情况下使用有状态的循环神经网络。

12.5.1 字母预测问题

本节通过一个简单的例子——字母预测，来学习使用有状态的 LSTM。本例是按照字母表的顺序，在给定一个字母的情况下，预测下一个出现的字母。这是一个非常简单的例子，其最大的特点是，字母表是有顺序的，所以训练的样本和样本之间有一个前后的顺序，有状态的 LSTM 可以在这类样本间的顺序问题中发挥作用。推而广之，同样的思路和解决方法也可用于人们以后遇到的更复杂的问题。

```python
import numpy as np
from keras.models import Sequential
from keras.layers import Dense
from keras.layers import LSTM
from keras.utils import np_utils
```

我们的数据集是一个包含了 26 个小写英文字母的 alphabet 字符串。

```python
# define the raw dataset
alphabet = "abcdefghijklmnopqrstuvwxyz"
```

要将这个字符串转换成样本，需要对其分解且数值化。可以使用 0~25 的数字来对应 a~z 的字母，并且定义两个字典 char_to_int 和 int_to_char 来保存字母和数字之间的对应关系。

```python
# 建立字母和数字之间的对应关系，其中 c 代表字母，i 代表数字
char_to_int = dict((c, i) for i, c in enumerate(alphabet))
int_to_char = dict((i, c) for i, c in enumerate(alphabet))
```

接下来，需要准备用于模型训练的数据集输入 dataX 和输出 dataY，这里仅使用单个长度的序列，也就是使用字母 a 来预测 b。在以下的代码中，按照字母的顺序，生成了 seq_in 到 seq_out 的关系并且打印出来，以便让读者更好地理解输入和输出的关系。但是，在进入模型训练的样本中，需要将字母数值化，这时就用到了上面的字典 char_to_int，将 seq_in 和 seq_out 转换成数值，产生输入和输出数据 dataX 和 dataY。

```python
# 准备输入 dataX 和输出 dataY
seq_length = 1
dataX = []
dataY = []
for i in range(0, len(alphabet) - seq_length, 1):
    seq_in = alphabet[i:i + seq_length]
    seq_out = alphabet[i + seq_length]
    dataX.append([char_to_int[char] for char in seq_in])
    dataY.append(char_to_int[seq_out])
print(seq_in, '->', seq_out)
```

这个字典中包含了字母的顺序关系：

```
a -> b
b -> c
c -> d
......
x -> y
```

```
y -> z
```

将输入 dataX 转换成 LSTM 需要的格式，并且进行归一化处理。

```
# [samples, time steps, features]
X = np.reshape(dataX, (len(dataX), seq_length, 1))
# normalize
X = X / float(len(alphabet))
```

对输出 dataY 进行独热码编码（One-Hot Encoding）的转换。

```
# one hot encode the output variable
y = np_utils.to_categorical(dataY)
```

现在开始搭建模型。参照以前的方法,先搭建一个 LSTM 模型,按照默认的设置,这个 LSTM 是无状态的，即只记忆一个样本内部的信息，而不关心样本序列之间的关联性。

```
# create and fit the model
model = Sequential()
model.add(LSTM(32, input_shape=(X.shape[1], X.shape[2])))
model.add(Dense(y.shape[1], activation='softmax'))
model.compile(loss='categorical_crossentropy', optimizer='adam',
              metrics=['accuracy'])
model.fit(X, y, nb_epoch=300, batch_size=1, verbose=2)
```

我们以 1 的 Batch_Size 对这个模型训练 300 轮。以下是部分的训练过程。看上去经过了 300 轮的训练，模型的准确度似乎并不高。

```
Epoch 1/300
 - 3s - loss: 3.2687 - acc: 0.0000e+00
Epoch 2/300
 - 0s - loss: 3.2613 - acc: 0.0000e+00
Epoch 3/300
 - 0s - loss: 3.2586 - acc: 0.0400
......
Epoch 298/300
 - 0s - loss: 1.9052 - acc: 0.6400
Epoch 299/300
 - 0s - loss: 1.9039 - acc: 0.6800
Epoch 300/300
 - 0s - loss: 1.9003 - acc: 0.5200
```

事实是不是这样呢？这个训练好的模型,准确率其实只有 64%,实在算不上一个好的模型。

```
# summarize performance of the model
scores = model.evaluate(X, y, verbose=0)
print("Model Accuracy: %.2f%%" % (scores[1]*100))
```

结果如下：

```
Model Accuracy: 64.00%
```

　　实际的预测结果也是如此。我们使用此模型来进行字母的预测，一个正确的结果应该是从输入字母推断出其在字母表后的一个字母，比如['a'] -> b，['b'] ->c。但是，从以下的预测结果来看，这个模型并没有很好地记忆字母之间的顺序。

```
for pattern in dataX:
    x = np.reshape(pattern, (1, len(pattern), 1))
    x = x / float(len(alphabet))
    prediction = model.predict(x, verbose=0)
    index = numpy.argmax(prediction)
    result = int_to_char[index]
    seq_in = [int_to_char[value] for value in pattern]
print(seq_in, "->", result)
```

预测结果：

```
['a'] -> b
['b'] -> b
['c'] -> c
['d'] -> e
['e'] -> f
['f'] -> g
['g'] -> h
['h'] ->i
['i'] -> j
['j'] -> k
['k'] -> l
['l'] -> l
['m'] -> n
['n'] -> o
['o'] -> p
['p'] -> r
['q'] -> r
['r'] -> t
['s'] -> t
['t'] -> u
['u'] -> x
['v'] -> z
['w'] -> z
['x'] -> z
['y'] -> z
```

　　这里看到的是一个既简单又极端的例子，我们使用的 LSTM 模型是无状态的 LSTM。这种 LSTM 的记忆仅限于一个样本的内部，假如使用的样本是 'abcdefg'，这样的样本内部之间的字母顺序是可以被 LSTM 记忆的。但是现在使用了只包含了一个字母的样本 'a'，这个样本内部并没有可以供 LSTM 记忆的顺序。在这个问题中，我们把字符串分解成了单独的一个个 'a'、'b'、'c'、'd'，只有一个字母的样本，而我们所强调的字母之间的顺序发生在一个个样本之间。有关样本之间的记忆，就要依靠有状态的 LSTM 模型了。

12.5.2　有状态的 LSTM

使用有状态的 LSTM 的方法是，在 LSTM 层中将 stateful 的选项打开，设置 stateful=True 并启用它。

```
model.add(LSTM(32, batch_input_shape=(batch_size, X.shape[1],
    X.shape[2]), stateful=True))
```

如果使用了有状态的 LSTM，在训练模型时需要把 fit 中的 shuffle 设置为 False，因为这个时候样本之间的顺序是有意义的，所以不能把样本打乱。

```
model.fit(X, y, nb_epoch=1, batch_size=batch_size, verbose=2,
    shuffle=False)
```

不过，在训练有状态的 LSTM 时，更需要注意的是每一次训练，模型会记住上一次训练的状态，然后从这个状态开始训练。这对于在一个轮次（epoch）中的训练是合理的，因为这关乎样本之间的记忆。但是，当开始新的一轮的训练时，模型并不需要上一个样本的记忆。比如在我们的问题中，上一个轮次完成了从 'a' 到 'z' 的训练，下一个轮次将重新从字母 'a' 开始，这时并不需要从上一轮中字母 'z' 开始的记忆。所以，当模型完成了一轮训练后，可以通过调用 model.reset_states()来重置状态。

因为一个轮次的内部，需要用有状态的 LSTM 来记忆样本之间的顺序，而轮次之间不需要这种记忆。我们使用以下的方式来训练模型，每一次用一个轮次的数据来训练一轮模型，然后对模型的状态进行重置。当我们编写一个 300 次的循环时，那么有状态的 LSTM 就以这样的方式训练了 300 轮。

```
for i in range(300):
model.fit(X, y, nb_epoch=1, batch_size=batch_size, verbose=2,
          shuffle=False)
model.reset_states()
```

完整的代码如下：

```
import numpy as np
from keras.models import Sequential
from keras.layers import Dense
from keras.layers import LSTM
from keras.utils import np_utils

# 定义一串字母，这是本例中的输入
alphabet = "abcdefghijklmnopqrstuvwxyz"

# 将字母按顺序建立映射字典
char_to_int = dict((c, i) for i, c in enumerate(alphabet))
```

```python
int_to_char = dict((i, c) for i, c in enumerate(alphabet))

# 将输入/输出的一对字母连接起来
seq_length = 1
dataX = []
dataY = []
for i in range(0, len(alphabet) - seq_length, 1):
    seq_in = alphabet[i:i + seq_length]
    seq_out = alphabet[i + seq_length]
    dataX.append([char_to_int[char] for char in seq_in])
    dataY.append(char_to_int[seq_out])
    print(seq_in, '->', seq_out)

# 将 X 重塑（reshape）成 [samples, time steps, features]
X = np.reshape(dataX, (len(dataX), seq_length, 1))
# 归一化
X = X / float(len(alphabet))
# 将输出 y 以独热编码成类别量
y = np_utils.to_categorical(dataY)

# 构建模型
batch_size = 1
model = Sequential()
model.add(LSTM(32, batch_input_shape=(batch_size, X.shape[1], X.shape[2]),
          stateful=True))
model.add(Dense(y.shape[1], activation='softmax'))
model.compile(loss='categorical_crossentropy', optimizer='adam',
              metrics=['accuracy'])

# 拟合模型，记得设置 shuffle=False，并在每一轮训练后重置模型的状态
for i in range(300):
    model.fit(X, y, nb_epoch=1, batch_size=batch_size, verbose=2,
              shuffle=False)
    model.reset_states()

# 打印出模型的准确度
scores = model.evaluate(X, y, batch_size=batch_size, verbose=0)
model.reset_states()
```

```
print("Model Accuracy: %.2f%%" % (scores[1]*100))

# 使用模型进行预测
seed = [char_to_int[alphabet[0]]]
for i in range(0, len(alphabet)-1):
    x = np.reshape(seed, (1, len(seed), 1))
    x = x / float(len(alphabet))
    prediction = model.predict(x, verbose=0)
    index = np.argmax(prediction)
    print(int_to_char[seed[0]], "->", int_to_char[index])
    seed = [index]
model.reset_states()

# 让我们随机选择一个字母，进行预测
letter = "k"
seed = [char_to_int[letter]]
print("New start: ", letter)
for i in range(0, 5):
    x = np.reshape(seed, (1, len(seed), 1))
    x = x / float(len(alphabet))
    prediction = model.predict(x, verbose=0)
    index = numpy.argmax(prediction)
    print(int_to_char[seed[0]], "->", int_to_char[index])
    seed = [index]
model.reset_states()
```

训练的过程如下：

```
Epoch 1/1
 - 3s - loss: 3.2829 - acc: 0.0000e+00
Epoch 1/1
 - 0s - loss: 3.2613 - acc: 0.0800
Epoch 1/1
 - 0s - loss: 3.2492 - acc: 0.1200
……
Epoch 1/1
 - 0s - loss: 0.8416 - acc: 0.8800
Epoch 1/1
 - 0s - loss: 0.8427 - acc: 0.8800
Epoch 1/1
 - 0s - loss: 0.8432 - acc: 0.8800
```

从训练的过程来看模型的表现还不错，实际上，在 300 轮的训练后，模型的准确率达到了

92%，比上一节中无状态的 LSTM 得到了很大的提升。

结果如下：

```
Model Accuracy: 92.00%
```

这一点也可以在预测结果上得到体现。

```
a -> b
b -> c
c -> d
d -> e
e -> f
f -> g
g -> h
h ->i
i -> j
j -> k
k -> l
l -> l
l -> n
n -> o
o -> p
p -> q
q -> r
r -> s
s -> t
t -> t
t -> v
v -> w
w -> x
x -> y
y -> z
New start: k
k -> b
b -> c
c -> d
d -> e
e -> f
```

由此可见，有状态的 LSTM 能够让模型学习到输入样本之间的时序特征。如果我们在处理长序列问题时把长序列分解成一个个样本进行训练，而样本之间的前后顺序相互关联，那么应该考虑使用有状态的 LSTM 来解决这类问题。

拓展阅读